移动通信系统架构设计

王晓云 段晓东 孙滔 陆璐 刘超◎著

電子工業出版社
Publishing House of Electronics Industry
北京 · BEIJING

内 容 简 介

本书系统地介绍了移动通信系统架构的概念、构成与设计方法，揭示了任务变化驱动移动通信网络架构代际变革的总体规律，并以 5G 网络架构为例，详细阐述了 5G 服务化架构的提出与设计思路。进一步地，本书从新特性、新流程、新能力三个层面剖析了 5G 服务化架构的具体细节及应用场景。此外，本书还对 6G 网络架构的设计进行了展望，提出了全服务化的逻辑架构以及分布式自治的部署架构等，为 6G 的发展提供了有益的参考。

本书适合从事移动通信系统设计、研发及运维的工程技术人员，通信行业的管理者，以及高等院校通信工程和电子信息相关专业的师生阅读参考，同时也适合对移动通信技术及其未来发展感兴趣的普通读者。

图书在版编目（CIP）数据

移动通信系统架构设计 / 王晓云等著. -- 北京 ：电子工业出版社，2025. 3. -- ISBN 978-7-121-49520-5

Ⅰ. TN929. 538

中国国家版本馆 CIP 数据核字第 2025HB4934 号

责任编辑：刘　皎

文字编辑：李利健

印　　刷：三河市华成印务有限公司

装　　订：三河市华成印务有限公司

出版发行：电子工业出版社

北京市海淀区万寿路 173 信箱　邮编：100036

开　　本：720×1000　1/16　印张：18　字数：345.6 千字

版　　次：2025 年 3 月第 1 版

印　　次：2025 年 3 月第 1 次印刷

定　　价：89.00 元

凡所购买电子工业出版社图书有缺损问题，请向购买书店调换。若书店售缺，请与本社发行部联系，联系及邮购电话：（010）88254888，88258888。

质量投诉请发邮件至 zlts@phei.com.cn，盗版侵权举报请发邮件至 dbqq@phei.com.cn。

本书咨询联系方式：faq@phei.com.cn。

序一

移动通信网络自商业化以来，已走过四十多年的发展历程，经历了多次代际变革，深刻改变了人们的生活和生产方式。如今，移动通信网络不仅是现代社会不可或缺的核心基础设施，更是支撑全球经济数字化转型的重要底座。

移动通信从 1G 到 5G 的发展，伴随着信道带宽的提升和频谱使用的相应扩展。无线空口多址技术从频分多址发展到时分多址、码分多址、正交频分多址，以及正交频分复用与空分多址的结合。上下行双工方式也从 1G 和 2G 的频分双工扩展到包括时分双工在内的多种方式。在空口技术不断换代的同时，移动通信网络架构技术也在持续演进和创新。从 1G 到 2G，网络从模拟通信转变为数字通信；从 2G 到 3G，网络从电路交换转变为分组交换；从 3G 到 4G，网络进入移动互联网时代；从 4G 到 5G，网络架构从基于连接的架构转变为基于服务的架构（Service-Based Architecture，SBA），即服务化架构。

SBA 是由以中国移动为代表的技术团队提出的新型网络架构，是自移动通信网络诞生以来系统架构设计思想的重要突破。这一架构通过软硬件解耦，以软件化的方式实现网络功能。在此基础上，进一步将网络功能解耦为若干可组合的原子能力，并通过统一的服务化接口和灵活编排的方式实现信令调用。服务化架构采用柔性设计，以积木式的模块组合推动网络能力的灵活生成和快速扩展，实现由刚性供给向按需供给的服务范式转变，达到整体协同和全局最优的效果。

移动通信网络正在向综合信息服务网络转变，其应用已拓展到工业、城市、低空、卫星等领域，服务内容也从传统的话音与视频扩展到算力和人工智能（AI）。网算融合、通感一体、天地互联、人机协同等技术的出现，极大地丰富了服务场景。同时，绿色、安全、开放、便捷、智简等多维度约束不断凸显；小众特需对网络性能提出了很高要求，而大众刚需则需要新的体验，用户与终端的多样性也需要灵活兼顾。网络架构的演进需要适应这些变化，而在创新的同时，后向兼容也是必须考虑的因素。

当前，AI for NET 为重新定义移动通信网络架构提供了新的思考方法，6G 的研究也期待新的网络架构来引导。移动通信既面临难得的发展机遇，也对移动通信网络架构提出了新的挑战。站在移动通信创新的关键节点，我们深切感受到，对移动通信网络架构的认识还有待深化。因此，体系化总结移动通信系统架构相关的理论、经验和成果显得十分必要。我们需要辨明理论研究和工程实践的着力方向，为 5G 的演进和 6G 技术的标准化梳理思路、提供指引，这正是本书的写作初心。

本书由王晓云团队倾力编写。作者团队长期专注于网络系统架构及关键技术的研究、标准制定和产业推进等领域，拥有丰富的网络建设和运营经验。如今，他们将多年的研究成果与实践经验进行了系统性总结。全书深入阐述了移动通信系统架构的概念、设计理念和实现路径，全面描述了 5G 服务化架构的架构组成、关键技术及业务应用。本书还着眼于未来 6G 技术和业务需求的变化，探索如何通过系统架构设计的创新推动新一代移动通信网络的变革，前瞻性地展望了 6G 系统架构的未来演进方向，并分析了未来移动通信系统架构演进所面临的挑战与机遇。

本书条理清晰、逻辑性强，兼具专业性、可读性和实用性，适合移动通信领域的研究开发人员、运维管理人员，以及对移动通信系统感兴趣的读者阅读。期待本书能够为读者带来启发，促进移动通信系统架构创新与发展，共同迎接移动通信网络发展的新时代。

中国工程院院士　邬贺铨

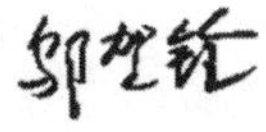

2025 年 3 月

序二

在科技发展的浩瀚长河中，移动通信网络无疑是一颗璀璨夺目的明珠。自诞生之初，移动通信便肩负着突破地域限制、实现互联互通的使命。短短几十年间，其迅猛发展已深刻改变了人类社会的生产与生活方式。从最初的语音通信到如今的 5G，再到未来的 6G 时代，移动通信的每一次变革都推动了信息社会的前进步伐，成为现代社会运转的基石。

纵观移动通信的发展史，我们可以清晰地看到，技术的迭代和创新在其中起到了至关重要的作用。空口技术和系统架构是移动通信系统的两大核心技术。空口技术负责无线信号的传输和接收，是实现无线通信的基础；系统架构作为通信系统的"骨骼"和"中枢"，直接定义了每一代移动通信网络的形态，将终端、接入网、核心网、业务网等各部分串联在一起，并为传输、交换等具体技术的创新提供了土壤。中国在这两方面均做出了重要贡献，取得了举世瞩目的成就。在空口技术方面，中国提出的时分双工（TDD）技术大幅提升了频谱效率，标志着中国在该领域已达到国际领先水平。在系统架构方面，以中国移动为代表的科研团队勇于尝试、大胆创新，提出了 5G 服务化架构，并最终促成了统一的全球标准。基于服务化架构的独立组网模式已在全球 100 多家运营商中实现规模部署，端到端地全面支持 5G 新能力，敏捷赋能千行百业。

当前，人工智能、大数据、边缘计算等多种新兴技术正在深度融合，催生了智简、语义通信等全新理念，也促使架构变革的出现。我们站在 5G 与 6G 交汇的历史节点上，面对更加复杂的需求与挑战。回顾和梳理移动通信系统架构的演变与设计方法，不仅有助于深化我们对现有通信系统的理解，也为探索更加柔性、智能、自治的未来网络系统架构提供了重要参考。

本书作者团队是一批在移动通信领域深耕多年的资深专家，他们经历并深度参与了我国移动通信技术从“1G 空白、2G 跟随”到“3G 突破、4G 并跑、5G 引领”的跨越式发展历程。作者团队对移动通信系统架构设计有独到的见解。他们通过梳理总结工程经验和技术实践，形成了“增维求解，全局协同”的移动网络组网设计方法。在书中，作者系统阐述了架构在历代通信系统演进过程中的重要性，并论述了系统架构的基础概念、分类、设计方法，详细剖析了 5G 服务化架构和关键技术，最后对 6G 网络系统架构进行了前瞻性探索。本书内容翔实，兼具深度与广度，是一本适合从事移动通信技术研究与实践的人员阅读的著作。

移动通信的创新永无止境。站在新的历史起点上，我们有理由相信，随着技术的不断发展，移动通信系统架构必将在服务化、智能化和自治化的方向上持续演进。希望本书能够激发读者对移动通信技术的浓厚兴趣，为通信领域的学者和工程师在未来的研究与实践中提供不竭的灵感源泉。同时，期望本书成为推动移动通信系统架构及相关技术持续发展的重要支撑，为 6G 乃至更长远的通信技术演进奠定坚实基础。

中国工程院院士　张平

2025 年 3 月

前　言

自 20 世纪七八十年代以来，移动通信系统历经了五代演进。从 1G 到 5G，每次技术跨越都伴随着任务需求的跃变，并驱动了移动通信系统架构（本书中也称为网络架构，二者不进行严格区分）的深刻变革。在 1G 和 2G 时代，移动通信网络主要面向语音通信，任务集中在提供基本的语音和短信服务；从 3G 到 4G 时代，数据业务成为主流需求，网络架构从电路域扩展到分组域，从单一的语音业务支持向宽带数据服务转变，以满足移动互联网发展的需求。到 5G 时代，移动通信的任务从个人互联网扩展至产业互联网，网络不再仅服务于个人用户，而是要支持智慧城市、工业互联网等多场景应用。此时，网络架构从 4G 基于固定连接的刚性架构转向了基于服务的柔性架构，以适应多样化、定制化的业务需求，实现更高的网络灵活性与效率。

可以预见的是，面对未来 6G 智能互联社会的复杂应用场景，任务需求将进一步跃迁。未来不仅需要超高速、超低时延和海量连接，还将承担支持全新的泛在智能任务的使命，实现海量智能体之间的自主协同和智能运算，推动通信与智能的深度融合。这一任务跃迁将驱动架构在服务化基础上进一步升级，向具备高度柔性、高度自治的方向演进。

中国科研技术人员在推动移动通信技术进步的过程中发挥了至关重要的作用。中国的移动通信产业在 5G 技术、标准、产品、网络和应用等方面均处于世界领先水平。特别是在国际标准化组织 3GPP 中，中国牵头制定了 5G SA（独立组网）架构标准，首次实现了我国主导新一代移动通信系统架构的突破。中国还提出了服务化架构等一系列原创技术，提交了大量国际标准文稿，在 5G 网络国际标准化方面做出了重要贡献。截至 2024 年 4 月，中国已建成全球规模最大的 5G 网络，5G 移动电话用户达到 8.89 亿户，占全球 5G 用户总数的 52%以上，广泛赋能千行百业，行业应用覆盖国民经济 97 个大类中的 67 个。

展望未来，中国正加快 6G 技术研发与标准制定的步伐，致力于引领下一代移动通信技术的发展。2021 年发布的《中华人民共和国国民经济和社会发展第十四个五年规划和 2035 年远景目标纲要》明确提出前瞻布局 6G 网络技术储备，将 6G 提升至国家战略高度。这展现了中国在全球科技竞争中的远见与决心。与此同时，以中国移动为代表的中国企业也积极参与国际 6G 标准的制定，主动发声并取得实质性进展。中国移动作为主报告人牵头了 3GPP 首个 6G 项目，为全球 6G 标准的制定贡献了中国智慧。

为了更好地总结和传播移动通信系统在架构方面的成果及进展，并为未来移动通信技术发展提供参考，本书应运而生。具体地说，本书的写作和出版有以下三个方面的目的：

首先，本书旨在系统介绍移动通信网络系统架构的概念、构成和设计方法，并以 5G 网络架构的系统设计为例，帮助读者从理论到实践全面理解 5G 技术，同时也为从事移动通信技术研究与实践的人员提供参考。

其次，信息技术领域发展日新月异。本书通过对 5G 技术的详尽描述和分析，以及对 6G 网络架构的进一步探讨，希望为 6G 架构的设计提供有价值的参考和铺垫。

最后，希望本书的出版能够激发广大读者对未来通信技术的探索热情。

本书共分 8 章，围绕移动通信系统架构这一核心议题展开。书中不仅归纳剖析了 5G 服务化架构的技术细节和应用情况，还对 6G 技术的新特点、新发展进行了深入分析和展望。第 1 章为导论部分，重点分析网络架构在移动通信系统中的关键作用，介绍了从 1G 到 5G 的技术演进路径及其对代际发展的推动作用，为后续章节奠定背景基础。

第 2 章围绕移动通信系统架构的核心概念展开，系统介绍架构的基本概念、分类以及常用设计方法，为后续章节的技术分析提供理论支撑。

第 3 章从系统论角度分析 5G 移动通信网络架构，通过研究其代际变革，归纳总结出网络架构的演进规律，为 5G 网络新架构的设计提供思路。

第 4 章聚焦 5G 服务化架构的总体设计，详细介绍层间软硬件解耦、软件功能重构与原子化拆分、原子服务的管理编排以及新型接口协议的设计等内容，并阐述了 5G 服务化架构的具体设计方案。

第 5~7 章分别从新特性、新流程、新能力三个层面对 5G 服务化架构进行更深层次的剖析，探讨移动性管理、网络智能化等新特性，注册管理、4G/5G 互操作等新流程，以及 V2X、网络切片等新能力。

第 8 章对 6G 网络架构进行展望，介绍 6G 的需求愿景、发展驱动力、网络架构设计理念、总体设计、全服务化的逻辑架构和分布式自治网络等内容。

本书由中国移动王晓云、段晓东、孙滔、陆璐、刘超组织编写，并由他们具体负责各章节的内容。此外，参与本书编写的人员还有：何继伟、施南翔、王丹、黄正磊、李琴、王楚天、韩琰、陈泽昊、孙慧晴、王时檬、胡玉双、史晓楠、张童、邵天竺、吴忠辉等。本书凝聚着中国移动的同事们多年来在研究与标准化工作中投入的心血，其成书得益于众多同人的共同努力和支持。

在本书的创作过程中，我们得到了许多人的帮助和支持，在此谨表感谢。特别感谢参与移动网络架构研究和标准化制定的一线技术人员，他们的专业知识和实践经验为本书的创作奠定了坚实基础。同时，感谢相关机构提供的资源支持，以及家人和朋友在创作过程中给予的理解和鼓励。最后，向所有为移动通信技术发展做出贡献的人士致敬，是他们的不懈努力推动了移动通信技术的持续进步。因作者水平有限，书中难免存在不足和错误之处，恳请各位读者批评、指正，提出宝贵意见和建议。

希望本书能让读者感受到通信系统的魅力，同时领略到移动通信系统架构之美。

作 者

2024 年 10 月于北京

提示：为方便查阅资料，读者可用微信扫描封底“读者服务”处的二维码，按提示说明获取本书参考文献和缩略语表。

目 录

第1章

导论

1.1 架构在移动通信系统中的作用

移动通信系统作为现代通信技术的璀璨明珠，自诞生以来便凭借其独特的特性和优势得到了迅速的发展，在现代社会中发挥着不可或缺的作用。它不仅深刻改变了人们的通信方式，也大力推动了社会进步和经济发展。

移动通信系统具有便捷性和实时性的特征，深刻改变了人们的日常生活。便捷性让人们无论身处何地，只要有信号覆盖，就能通过手机等移动设备与亲朋好友保持联系，分享生活的点滴。从繁华都市到偏远乡村，移动通信极大地缩短了人与人之间的距离，方便了信息交流，也拉近了情感联系。实时性的特征让信息的获取变得更高效快捷。无论是在上班路上浏览最新新闻，还是在金融市场中捕捉瞬息万变的行情走势，移动通信网络都以其可靠性和高效性成为人们获取信息的重要桥梁。

移动通信系统在促进社会进步、推动经济发展等方面发挥了重要作用。通过移动通信技术，政府可以更加高效地提供公共服务、管理社会事务；企业可以更加便捷地开展业务、拓展市场；个人则能更方便地参与各项社会活动。这种开放、互动、共享的社会氛围有助于推动社会的和谐稳定与发展进步。移动通信技术不仅推动了通信设备制造业、软件开发业等直接相关产业的发展，更重要的是，还赋能农业、工业、交通、医疗等传统领域实现智能化升级。例如，在农业领域，移动通信技术可实现精准农业、智能灌溉等，提高生产效率；在工业领域，通过移动通信技术连接设备与管理系统，为自动化生产提供技术支撑；在医疗领域，远程医疗服务的应用让偏远地区的患者也能享受到优质的医疗资源。

移动通信系统主要由终端、接入网和核心网三大核心部分构成，它们各自发挥着重要的作用，共同支撑起整个移动通信网络的高效运行。

终端是移动通信系统的最前端，作为用户接入移动通信网络的入口以及用户与网络交互的直接界面，为用户提供了丰富多样的通信业务。终端包括手机及各类物联网设备等。手机作为最常见的移动通信终端，集成了多种先进技术，拥有强大的处理器，能够快速处理各种应用程序和数据。智能手机支持同时运行多个应用，如社交媒体、在线购物、导航等，满足用户在不同场景下的需求。同时，配备的高分辨率显示屏为用户提供清晰、鲜艳的图像和视频显示，而高像素、多摄像头系统则使手机能够拍摄出高质量的照片和视频。除了手机，平板电脑和笔记本电脑也在移动通信系统中扮演着重要角色。它们具有更大的屏幕和更强的处理能力，适合用于办公、学习和娱乐等场景。随着物联网的发展，各类物联网设备也成了移动通信系统的终端，涵盖智能手表、智能家电、智能传感器等。这些设备通过移动通信网络与其他设备进行通信和数据交换，实现智能化的控制和管理，进一步拓展了移动通信的应用领域。

接入网负责无线信号的收发和处理，并将终端连接到核心网，承担着用户终端与核心网之间的桥梁作用。接入网的核心组成部分是基站，基站通常分布在不同的地理位置，能够为各类终端设备提供广泛而稳定的无线信号覆盖。基站通常由天线、射频单元和基带处理单元等部分组成。天线是基站与终端之间进行信号传输的关键设备，负责发送信号并接收来自终端的返回信号。射频单元在基站中起着信号转换和放大的重要作用：它将基带单元传来的信号转换成高频无线信号，经放大后由天线发射出去；同时，它也将从天线接收到的高频信号转化为基带信号，再传送至基带处理单元进行进一步处理。射频单元的质量和性能直接影响信号的传输强度和清晰度。基带处理单元则是基站内部负责数字信号处理的核心设备，对上行信号进行解码和解调，使其能够被传送到核心网进行更高级的处理；对下行信号则进行编码和调制，使其适应无线传输的要求。通过对信号的数字处理，基带单元可以有效提高通信的抗干扰能力和数据传输速率。在接入网中，基站依靠天线、射频单元和基带处理单元的协同工作，实现了对终端设备的无线信号覆盖和管理，并为核心网的进一步处理奠定了基础。

核心网是移动通信系统的核心部分，是接入网和终端的集中控制点，其主要职责包括控制接入网与终端的通信、管理用户身份信息、提供通信服务控制，以及业务数据的路由和转发等。核心网通过与接入网的协调，确保用户设备能够顺利接入网络。当用户设备发起连接请求时，核心网中的设备会验证用户的身份信息，进行认证并分配网络资源，以保证用户能够稳定、高效地接入网络。在传统的语音通信中，核心网通过移动交换中心完成通话的连接、切换和断开；在数据通信方面，核心网的分组数据网关承担着数据传输的路由和管理功能。通过这些功能，核心网可以根据网络的实际情况动态分配带宽，确保用户通信的顺畅和高效。核心网设备还存储和管理用户的身份信息，包括用户的账户、服务套餐和位置信息，并对用户身份进行验证，确保仅授权用户可接入网络，有效防止非法接入和数据泄露。同时，核心网提供高速、低时延的数据传输服务，以满足视频通话、高清视频流、在线游戏等高带宽业务需求，并确保用户在不同基站间切换时仍能保持数据连接的连续性。

除上述三大核心部分外，移动通信系统还包括支持节点等其他辅助设备，用于支持网络的正常运行和业务的扩展。例如，网管系统负责实时监控、管理和维护网络资源，确保网络的高效运作和故障快速排除。它能够监测网络性能、分析流量负载、处理告警信息，并提供网络的运维报告，有助于提升服务质量。计费系统则负责记录用户的通信行为和服务使用情况，包括语音通话、数据流量、短消息等，确保运营商的收入准确无误。计费系统还能支持不同的资费套餐和优惠活动，帮助拓展用户群体和业务模式。借助这些辅助系统，移动通信网络可以在提供稳定通信服务的同时，不断满足用户的多样化需求。

在现代移动通信系统中，架构至关重要。系统架构不仅是通信网络的基础框架，更是实现高效协作、功能扩展和产业发展的关键。架构的存在使通信系统成为一个完整的有机整体，为各部分的协同工作提供了高效的渠道。它不仅为通信网络提供了端到端的服务能力，还在充分发挥单点要素能力的同时，通过系统性设计大幅提升了网络的整体性能。此外，架构为新技术和新能力的引入提供了开放平台，助力通信系统的可持续发展，同时也为整个产业链的发展提供了坚实支撑。

架构起到了连接各方的作用，它将单体的网络元素串联起来，构建完整的通信系统并提供端到端的服务能力。通信系统的复杂性源于其多样化的网络元素和功能需求。单体网络元素，如基站、核心网节点、用户设备等，虽然各自具备独立功能，但只有通过架构的有效整合，才能打破孤立运作的局限，形成协调一致的有机整体，最终实现端到端的服务能力。

架构在通信系统中起到了统筹全局的作用，扮演着“组织者”的角色，为网络元素间的协同交互提供支持，从而系统性地提升网络的能力和性能。通过设计高效的交互模式，架构支持网络元素之间的信息共享和资源调度，推动网络从单点优化向全局优化转变，进而实现网络能力和性能的系统性提升。通信系统通过架构设计，能够实现基站、核心网和边缘计算节点之间的资源共享和动态调度。同时，核心网节点之间的负载均衡机制也通过架构提供的接口实现，保证了用户数据在各节点间的高效转发。此外，架构还支持复杂业务场景下的多层次协同。例如，在车联网场景中，架构协调接入网、核心网和边缘计算节点的资源分配，确保车与车之间的低时延通信以及车与云端的实时数据交互。这种深度协同不仅满足了低时延、高可靠性的业务需求，还兼顾了数据安全性和隐私保护。

架构还通过协同交互机制实现了网络性能的持续优化。例如，架构支持智能调度算法在多用户环境中动态调整网络资源分配策略，提升了资源利用率和用户体验。随着人工智能等技术的引入，架构将进一步支持网络的自动化运维和智能化管理，推动通信系统向更高效、更智能的方向发展。

架构还为新技术和新能力的引入提供了坚实基座，助力通信系统的可持续发展。在快速发展的科技时代，移动通信系统面临着持续革新的需求，而架构设计为其长远发展奠定了基石。移动通信系统的架构不仅要满足当前的技术需求，还必须为未来技术的演进提供必要的支撑。一个先进且灵活的网络架构能够成为新兴技术的重要集成平台。例如，5G 网络的架构设计充分考虑了物联网的海量连接、云计算的低时延和人工智能的分布式计算需求，通过预留接口和扩展性设计，使这些技术能够迅速融入移动通信系统并高效运行。此外，架构还应具备灵活的模块化设计，便于未来引入新功能模块，确保系统资源的最优配置，从而实现移动通信代际间的平滑过渡和长期的可持续发展。

架构贯穿移动通信系统的全产业链，为整个产业链的发展提供了基础支撑。从底层芯片研发、终端设备制造，到网络运营，再到内容服务提供，架构在各个环节都起到了关键的串联与协调作用。在产业上游，架构确定了统一的标准和规范，将复杂的技术栈分类细化，明确产业分工和技术路径，推动研发工作向精细化方向发展。这不仅提升了芯片与设备在通信协议上的适配性，还进一步促进了生态体系的多样性，增强了专业性，提高了研发效率，为与下游环节的协同奠定了坚实基础。在产业下游，架构为内容服务商提供了用户需求特征，指导其开发 XR 视频、云游戏等创新应用，还助力打造开放共赢的应用生态，激发更多应用场景的价值潜力。运营商通过网络架构整合上下游资源，建设和运营广泛覆盖的移动网络，为广大用户提供广域、连续的信息服务。总之，架构消除了产业隔阂，推动各方紧密配合，带动移动通信全产业链的蓬勃发展。

1.2 架构推动移动通信代际发展

过去几十年中，以架构为核心的移动通信技术发展迅猛，推动移动通信系统以大约每十年一代的速度快速演进。自 20 世纪 80 年代第一代移动通信技术兴起以来，移动通信技术经历了从 1G 网络的品质低、信号差、覆盖范围小，到 5G 网络的低功耗、高速率、低时延和海量设备连接的转变。从 1G 到 5G，通信架构在功能、性能、稳定性和灵活性上逐步升级，使移动通信技术实现了从模拟到数字、从低速到高速、从单一语音业务到万物互联的跨越发展。架构的不断优化不仅支持了新技术的应用，还为通信系统的高效扩展和业务多样化奠定了基础，如图 1-1 所示。

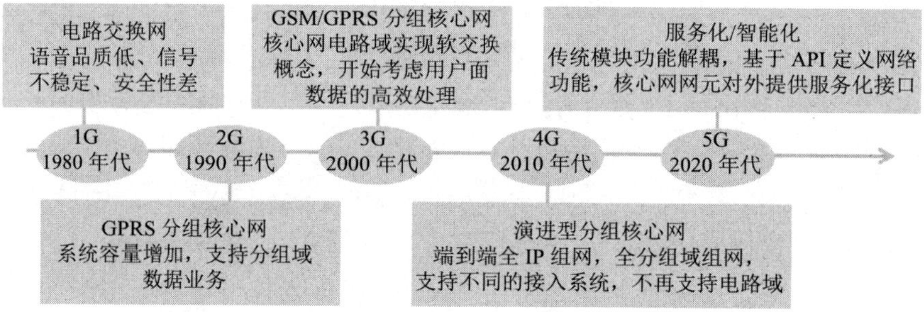

图 1-1 移动通信网络发展时间轴

第一代移动通信系统（1G）是移动通信的起点，其架构相对简单，基于模拟技术，主要支持语音通话。接入网采用蜂窝网络架构，将网络划分为多个小区域（即蜂窝），每个蜂窝区域由一个基站负责信号覆盖。这种蜂窝设计有助于提升频谱利用率，因为同一频段的信号可以在不同的蜂窝中重复使用，从而支持更多的用户接入。核心网主要负责呼叫连接和管理，通过各基站将信号连接到公共交换电话网络（PSTN），完成移动用户与固定用户，以及移动用户之间的通话连接。核心网依靠电路交换技术，为每次通话分配专用通道，通话结束后释放资源。1G 系统的架构设计开创了移动通信的基本模式，包括蜂窝网络、核心交换网络和电路交换等。然而，由于技术限制，1G 架构在容量、稳定性、服务类型和安全性上均较为有限，为后续 2G 等数字通信系统的出现埋下了变革的种子。

第二代移动通信系统（2G）在 1G 的基础上进行了重要改进，实现了移动通信系统的重要飞跃。2G 架构在延续电路交换网络用于语音通话的基础上，首次引入了分组交换技术，以支持短信业务和基本的数据传输。这种双重交换模式不仅保持了语音传输的稳定性，还显著提升了网络的带宽利用率和数据传输效率，拓宽了 2G 网络的服务范围，满足了用户日益增长的短信需求，并支持了简单的数据应用。2G 系统首次采用数字信号传输，取代了 1G 的模拟信号。这一变革使得 2G 系统能够提供更高质量的语音通话，显著减少了信号干扰和噪声问题。数字传输不仅提升了通话质量，还为数据服务奠定了基础。此外，2G 架构为用户提供了国内和国际漫游的支持，成为首个支持跨网络和跨国界的移动通信系统，极大地提升了用户的使用体验。2G 架构的这些特点为移动通信的发展奠定了坚实基础，并为后续 3G 和 4G 的发展提供了重要参考。

第三代移动通信系统（3G）的架构在 2G 的基础上进行了显著改进，为实现更高的数据速率、更丰富的多媒体应用，以及增强用户网络体验奠定了基础，推动了移动互联网的初步发展。3G 架构实现了分组交换和电路交换的分离：电路交换域主要负责处理传统的语音通话服务，保障了通话的稳定性和质量；分组交换域则专注于数据传输，显著降低了移动数据业务的延迟，提高了数据传输效率。同时，3G 架构逐步实现了网络的 IP 化，优化了数据和语音服务的传输效率。此外，3G 架构增强了对多媒体的支持，使得流媒体、视频通话和移动电视等多媒体应用得以实现。3G 架构还兼容多种数据传输协议，能够高效传输图片、视频和音频数据，为用户提供了更加丰富的移动服务体验。

总的来说，3G 系统的架构不仅在数据传输速率、网络覆盖和多媒体支持上取得了重大突破，还通过分组交换技术、核心网的 IP 化和增强的加密机制等多方面的创新，提升了用户的通信体验和数据服务能力。3G 架构的设计为后续的移动通信代际发展提供了灵活的扩展空间，成为现代移动通信架构的重要里程碑。

第四代移动通信系统（4G）的架构在 3G 的基础上采用了更高效的网络设计和新的传输技术，能够提供高速、低时延和高可靠的移动宽带服务，支持丰富的多媒体应用和流量密集型数据业务。4G 的核心网络基于全 IP 化设计，不仅提升了网络传输效率，还简化了网络结构，降低了运维成本，实现了语音、数据和视频等业务的统一传输。4G 完全取消了传统的电路交换域，所有的业务均通过分组交换域传输。这一架构优化使语音业务可以通过 VoIP 技术在分组域传输，实现语音和数据业务的融合。

4G 核心网采用扁平化架构，将移动性管理和会话管理分离，减少了网络节点，降低了网络延迟，进一步提升了用户的网络体验。4G 系统的架构创新为移动宽带服务提供了强有力的支持，实现了更高的数据传输速率、更低的网络延迟和更丰富的业务应用。全 IP 化核心网络、扁平化设计和 VoIP 技术的引入，大幅改善了用户体验，促进了移动互联网的繁荣发展。

第五代移动通信系统（5G）的架构引入了全新的技术和网络结构设计，面向三大典型应用场景：首先是增强型移动宽带（eMBB）场景，能够为超高清视频、虚拟现实等高带宽应用提供极高的数据传输速率；其次是超可靠低时延通信（uRLLC）场景，适用于工业自动化、远程医疗和智能交通等对延迟和可靠性要求极高的应用；最后是大规模机器类型通信（mMTC）场景，支持大规模设备连接，适用于智慧城市、环境监测等低功耗、广覆盖的物联网应用。5G 核心网相较于 4G，采用了服务化架构，网络功能能够按需组合，为不同业务场景灵活配置资源，实现网络功能的模块化和按需服务。核心网的控制面与用户面彻底分离，提升了网络的灵活性和扩展性。此外，5G 还引入了网络切片技术和边缘计算技术。网络切片技术可以在同一物理网络上创建多个独立的虚拟网络切片，以满足不同应用的需求；边缘计算技术则实现了计算资源的灵活调度，提供了超低时延和增强的用户体验。5G 的服务化架构具备更强的扩展性，将成为未来 6G 架构设计的重要基石。

根据移动通信“十年一代”的发展规律，预计 6G 将在 2030 年完成标准制定，系统架构将进一步革新。人工智能、通感一体、空天地一体、大数据等新技术将催生大量新产业、新业态和新模式，同时将对系统架构的设计带来新要素和新机遇。这些新兴技术将促使通信网络朝着更高的目标演进，来适配社会发展、产业升级、人类感官极致体验、万物无缝互联的需求，加速整个社会的信息化、数字化和智能化进程。

第 2 章

概念、构成与设计方法

2.1 什么是架构

“架构”一词最早来源于建筑行业，其英文“Architecture”源自拉丁语，词源可追溯至希腊语，意为“主建筑师”。中文“架构”一词在词典中的定义包括建造、构筑、框架和支架等。架构的概念随着人类社会的发展逐渐扩展，从最初的建筑领域逐渐渗透到化学、信息通信等多个领域。

在建筑领域，“架构”指的是建筑物的设计和构造方式。《大英百科全书》（*Encyclopaedia Britannica*）将“Architecture”定义为“设计和建造的技术与艺术”。这一定义强调了建筑领域的架构不仅是一种技术，更是一门艺术。它将内部结构与外部展现形式完美结合，创造出具有不同功能和风格的建筑物，为人类提供了兼具实用性与美感的生活空间。

建筑的架构通常由地基、结构框架和内部空间布局等多个要素构成，而建筑物的独特性在很大程度上取决于这些要素的设计和组织方式。地基的强度和深度直接决定了建筑物能否稳固地承受自身重量，以及风、地震等外部载荷。在湿软或不稳定的土壤中，设计深而坚实的地基至关重要，以确保建筑物的长期安全性和稳定性。结构框架是建筑的核心，其形式（如梁、柱、拱或桁架）对整体稳定性起着决定性作用。在古代，拱形结构被广泛应用于桥梁和教堂，这种设计能够将来自上方的压力均匀分散到两侧，从而大大提高了承重性能。在现代，钢筋混凝土框架则得到了广泛应用，它不仅能让建筑物达到更高的高度和更大的跨度，还能保持稳定性和灵活性。

内部空间布局是建筑架构的另一个关键要素，它直接影响建筑的功能和使用体验。此外，建筑的架构还在很大程度上决定了其外观及文化内涵。一座建筑物的外观设计往往反映了特定的时代精神或文化背景。例如，哥特式建筑以尖塔、高耸的飞扶壁和彩色玻璃窗为特色，其庄严肃穆的视觉效果象征着中世纪欧洲的宗教信仰与审美理念；而现代主义建筑则以简洁的几何形态和开放的空间布局为特点，强调功能性与实用性，同时通过极简设计展现了工业时代的理性精神。

在化学领域，“架构”指的是化学元素或化学物质的内部结构，不同的结构决定了不同物质不同的性质和功能。

元素周期表中的每种化学元素都由原子核（包含若干质子和中子）和核外的电子层组成。元素的独特性源于其内部结构的差异，具体体现在质子数量和核外电子的排布方式上。质子的数量决定了元素的类型，而电子的排布方式则影响其化学性质。例如，氢原子只有一个质子和一个电子，结构简单且化学活性高，容易与其他元素反应。碳原子有六个质子和六个中子，其核外电子排布使其能够与多种元素结合，形成丰富的化合物。

即使是同一种元素，不同的架构也会形成性质截然不同的化学物质。以碳元素为例，金刚石和石墨虽然都由碳原子组成，但它们的原子排列方式完全不同。金刚石的原子排列成三维网络结构，每个碳原子与四个邻近碳原子通过共价键紧密结合。这种结构赋予金刚石极高的硬度，使其成为自然界中最坚硬的物质之一。相比之下，石墨的原子排列成二维层状结构，每层内的碳原子通过共价键相连，但层与层之间仅靠较弱的范德华力结合。这种结构使石墨容易分层，成为一种优良的润滑剂，同时还具有良好的导电性能。

这种因架构不同而导致性质变化的现象在更复杂的物质中也很常见。例如，蛋白质由氨基酸链组成，其功能依赖于链条通过特定方式折叠形成的三维结构。不同的折叠方式决定了蛋白质的功能特性。这种架构的多样性使蛋白质能够参与多种生物活动，例如催化反应、传递信号或构建细胞结构。

在移动通信领域，“架构”指的是移动通信系统为完成目标任务所需的组成元素及其相互关系。其中，目标任务是指高效、可靠和多样化的通信业务需求，包括语音短信、数据传输、多媒体服务等；组成元素包括系统中的软/硬件模块，如基站、核心网、接入设备，以及相关的功能组件；连接关系是这些元素之间的组织方式及协作机制，主要体现为网络节点连接关系、网络拓扑结构、数据流转路径等。

2.2　架构构成及关系

移动通信系统的架构可以层次化地用“点、线、面、体”来描述，从而刻画出通信系统中的基本元素、各元素的组合和关联关系，以及系统不同维度的特征。

1. 点：系统架构的基本构成元素

点是系统架构中的基本构成元素，代表着网络实现的基础。点的具体形式多种多样，既可以是具备特定能力的独立物理设备，也可以是虚拟化资源或软件单元。物理设备形式的点包括用户设备（UE）、基站、路由器、服务器等，它们在网络中承担着接入、传输、处理等重要任务。虚拟化资源形式的点则包括虚拟机、容器等，通过虚拟化技术将物理资源抽象为逻辑资源，从而实现更高效的资源利用和更灵活的网络部署。此外，点还可以是软件化的单元或模块，如网络功能模块、原子服务等。这些点能够独立运行，并可组合成更高级的服务逻辑，为系统架构的高效性和模块化提供支持。

在系统架构中，点的解耦性是实现系统灵活性和可扩展性的关键。解耦性意味着各点可以独立开发、部署和升级，而不会对其他组件产生过多依赖，从而降低系统复杂性并提高维护效率。例如，在基于微服务架构的系统中，每个点作为一个独立的服务模块，可以独立扩展和管理。这种解耦性不仅提升了系统对异构业务场景的适应能力，还为未来技术的集成和演进提供了更多可能性，确保系统能够在复杂动态的网络环境中保持先进性。

2. 线：系统架构基本元素之间的连接

线将系统架构中各个点有机地连接起来，使原本孤立的点能够协同合作，形成功能完整的网络结构，而不仅仅是离散点的集合。线的连接不仅实现了点之间的信息交互和共享，还扩展了点的服务边界。

架构中的线可以分为物理连接和逻辑连接两种形式。物理连接是指网络中相邻硬件之间的连接，是实现网络基础功能的物理支撑，通常依托不同的通信媒介实现。无线物理连接主要通过无线电波或其他无线媒介建立，包括支持大规模用户接入的蜂窝网络、实现短距离高速通信的 Wi-Fi 技术，以及卫星通信技术等；有线物理连接则包括传统的电缆和超高速传输的光纤等。逻辑连接则是一种更高层次的抽象，它不仅限于相邻点之间的通信，还可以包括多个点之间的复杂连接。相邻点之间的逻辑连接通常通过网络协议定义，例如，网络功能之间的服务化接口，以及用于用户面网络功能间数据传输的隧道连接等。多个点共同组成的逻辑连接则更为广泛，例如，覆盖用户设备、基站、核心网和应用之间的会话连接，负责通信会话的建立、管理和维护。

3. 面：功能或性能相近点、线的集合

面是围绕特定的业务目标和技术特征，对系统架构中的点和线进行分组和聚类，形成职责明确、功能清晰的功能集合。不同面之间功能相对解耦，具有显著的 KPI 差异。例如，控制面重点关注用户和网络资源的调配，强调高可靠性；而用户面则专注于用户业务报文的转发，追求低时延和高带宽。此外，各面能够独立演进，采用针对性的优化技术。例如，信令面可以使用高性能计算芯片并设计可靠的通信机制，用户面则可结合高性能低转发芯片，应用多种低开销的加速技术。这种差异化设计不仅使面内优化更具针对性，还通过减少面之间的交互依赖，实现了模块的相对独立性和高效性，同时为资源分配和性能优化提供了更明确的方向。

随着业务需求的演进和技术的发展，系统架构中的面可能从传统的控制面、用户面扩展出新的面，如数据面和计算面，以满足系统在数据处理和计算能力方面的特定需求。例如，数据面聚焦于数据的采集、预处理、存储与共享，强调高可靠性和高同步性，可以通过可靠存储和 RDMA 等技术进行优化；计算面则专注于 AI 计算任务的分解、调度与执行，要求高性能和高效率，可以通过引入 GPU 加速等高性能计算技术提升处理能力。数据面和计算面的功能、性能及优化手段与传统的控制面、用户面存在较大差异。这些新型面的引入，将为未来网络系统的多功能支持和高效运行提供坚实基础。

4. 体：系统架构中完整的功能实体

体是一个空间概念，多维立体地描述了网络的构成，是由一系列点、线、面等共同构成的端到端功能完备的实体，可以独立提供特定维度的能力。

网络本体是最重要的网络实体，包括传统意义上的基站、核心网、传输承载等物理设备，是为用户提供信息服务的真实的、实际运行的网络。随着未来业务场景的需求进一步增多，以及网络的动态化等要求越来越高，网络运维及管理的复杂性不断增加，传统网络的故障代价高昂且试验成本巨大。因此，在 6G 时代，可以考虑建立单独的网络编排体，并对传统物理网络进行外部抽象映射，建立一个新的数字孪生体。管理编排体是对网络资源、网络能力进行智能的编排管理，实现网络全生命周期管理的功能实体，它不仅是对网络本体资源进行动态管理的工具，还成为推动网络智能化、自主化发展的重要角色。数字孪生体是对网络本体的全息化虚拟映射，利用数字技术

构建一个与物理网络行为一致、实时同步的虚拟镜像。通过和管理编排体的协同作用，数字孪生体实现对网络本体的闭环控制，来改变现有网络规、建、维、优的既定规则，有效保障网络运维，实时优化网络，推动未来网络的自治发展。

2.3 架构分类及关系

系统架构通常可以分为逻辑架构和部署架构两大类，分别聚焦于移动通信网络中功能接口等的抽象设计，以及具体设备位置容量等的实际部署，两者既有各自的侧重，又相互依存，逻辑架构负责抽象功能设计，为部署架构提供明确的功能目标和设计依据；部署架构则通过物理化实现支持逻辑架构的运行，二者相互作用，共同决定了网络的形态，并促进网络架构的发展。

1. 逻辑架构

逻辑架构是通信系统的逻辑功能和接口的抽象设计，具有较强的通用性，可根据实际部署需求进行规模化复制和扩展。通过层次化、模块化等方法，逻辑架构将复杂庞大的网络系统进行抽象，并在逻辑上划分为一系列模块或组件。每个子模块或组件承担特定的功能职责，并通过特定接口协同交互，共同完成网络功能。逻辑架构通常不关注网络的规模、实际部署位置或特定网络的定制情况，因此其设计通常是全面且通用的，能够满足大部分部署需求。在实际部署时，可根据需要选取逻辑架构中的部分功能和接口，并进行裁剪、复制和扩展。

2. 部署架构

部署架构是逻辑架构在物理层面的实现，是网络设备、链路和拓扑结构的综合表现形式。它决定了系统的硬件布局、连接方式和数据流向，直接影响网络的性能和可靠性。与逻辑架构相比，部署架构不仅需要考虑系统本身的逻辑约束，还要重点考虑现实世界的物理约束。因此，部署架构需要关注物理设备的部署位置、设备之间的连接、网络的拓扑结构、数据流向、负载均衡、灾难恢复和安全性等方面。

部署架构将逻辑架构的抽象设计转化为可运行的实体，通过硬件和网络连接完成数据的处理和传输。它可以根据业务需求动态调整网络资源的部署位置，例如，通过边缘计算实现低时延服务，或通过云化技术集中处理复杂任务。

3. 逻辑架构和部署架构的关系

逻辑架构和部署架构之间存在着密切的关系，它们相互影响、相互制约，共同构成了整个系统的架构体系。逻辑架构和部署架构分别承担了功能设计与物理实现的任务。逻辑架构决定了产品的形态和功能实现方式，为部署架构提供了基础和支持；而部署架构则决定了系统的部署形态和运行环境，为逻辑架构提供了实现平台和保障。它们之间的关系可以类比为 DNA 的双螺旋结构：两者相互解耦，又相互促进，共同形成了网络发展的双向推动力。

逻辑架构指导部署架构的设计。逻辑架构通过对功能模块的定义和职责划分，为部署架构提供了设计基础。例如，逻辑架构中对控制面和用户面的分离要求，直接影响了部署架构的设备部署方式。控制面节点通常集中部署，以便于统一管理，而用户面节点则分布在靠近用户的区域以降低时延。这种指导关系确保了部署架构的物理实现能够满足逻辑架构的功能需求。

移动通信系统的部署架构为逻辑架构的迭代设计提供了支撑。在实际网络部署过程中，由于网络部署环境复杂且业务需求多样，往往会暴露出逻辑架构在设计阶段未曾充分考虑的问题。这些问题通过部署架构的运行反馈到逻辑架构中，成为优化和迭代的重要依据。例如，在网络部署中，如果用户面节点的分布未能很好地适配高流量区域，则可能导致数据传输延迟过高甚至丢包。这种问题的发现促使逻辑架构重新审视用户面和控制面分离的设计逻辑，并通过更精准的功能划分和调度策略进行优化。此外，部署架构中的拓扑设计、资源调配和设备间的协同，也会对逻辑架构中的模块化分层和接口定义产生重要影响。通过部署架构运行中不断积累的经验和反馈，逻辑架构能够更好地适应实际需求，实现从理论设计到实践优化的闭环。

这种交互机制确保了移动通信系统在应对不断变化的技术和业务环境时具备高效性、灵活性和可持续性，从而推动通信网络的进步和演化。逻辑架构和部署架构的相互协同与共同促进，通过不断反馈和调整实现协同优化，为移动通信系统的持续发展提供了有力保障。

系统架构在标准中主要是指逻辑架构，本书如无特别说明，“架构”均指“逻辑架构”。

2.4 架构设计方法

2.4.1 全局协同化

在现代移动通信系统快速发展的背景下，传统的还原论设计方法逐渐暴露出资源孤立、适应性不足、难以应对复杂场景等局限性。为满足广覆盖、大容量、低时延以及业务供给多样化等需求，提升网络整体能力，本书通过梳理工程经验和总结技术实践，提出了基于系统论的“增维求解，全局协同”的移动网络组网设计方法。该方法通过在系统层面优化资源，强调从整体视角进行架构设计，突破了传统架构的局限，打破了各模块的孤立状态，从而有效地解决了资源浪费、效能低下等问题。其核心思想在于通过多点、多域、多要素的增维与协同，实现不同层级的高效协作与资源利用，满足系统资源的最佳配置，构建更加高效、灵活的网络架构，更好地支持复杂业务场景下的服务需求。

1. 多点协同

多点协同是指网络中功能相似的多个节点，通过节点间的关联和交互、信息共享、资源动态调配等，提升网络单点能力，进而增强整体网络架构的性能和效率。具体可分为基站间的协同和核心网内节点的协同。

基站间的协同包括频谱共享、干扰消除和 Xn 接口互通等机制和技术。基站间的动态频谱共享能够有效提升频谱利用率，进而增强网络容量。在传统网络中，不同基站通常独立分配和使用频谱资源，容易导致频谱浪费或资源冲突。而通过基站间的协作机制，各基站可以根据实时流量需求和网络条件动态调整频谱的分配与使用。例如，当某基站流量较低时，其未使用的频谱资源可以分配给其他高负载基站，优化频谱分配，减少资源闲置。特别是在高密度用户场景中，这一机制能显著提升网络容量。此外，干扰消除技术通过基站间的信息共享和联合信号处理，有效减少小区间干扰，提升边缘用户的体验。Xn 接口互通则支持基站间的快速通信，优化切换性能并提升多基站协同能力。这些协作机制共同促进了网络性能优化，提升了网络容量和用户体验，满足了现代通信的复杂需求。

核心网内节点间的协同包括池化组网、网络切换、重定向等多种机制和技术，是提高网络性能和可靠性的关键手段。池化组网通过将多类核心网节点（如接入控制和移动性管理节点、用户面网络功能等）分别组成资源池，实现节点间的资源共享和统一管理。池化内的节点可以动态调配资源，避免单一节点过载，从而提高系统的灵活性和可用性。池化机制还支持节点冗余设计，能够在单点故障时快速恢复服务，提升网络的容灾能力和可靠性。网络切换是核心网内节点协同的核心功能之一，尤其在用户跨越不同区域或小区时，核心网节点需要协同完成状态迁移和资源分配。例如，接入控制和移动性管理节点协同完成用户的上下文信息传递，而用户面节点之间协同调整数据路径，确保数据流的连续性和低时延，从而保证用户体验的平滑过渡。重定向是负载均衡的重要手段。当某节点资源过载时，可通过重定向机制将用户业务流分配到其他负载较低的节点，确保资源的最优利用。此外，重定向还能在网络故障或拥塞时快速调整路径，避免服务中断。

此外，核心网节点间的协同还包括联合认证与授权、切片重定向等技术。这些协同机制和技术共同构建了核心网的动态化管理能力，为现代移动通信网络提供了高效、稳定和灵活的运行支撑。

2. 多域协同

多域协同是指在移动通信网络中，无线接入网、核心网、传输网、业务网等多个网络域之间进行协同与交互，打破域间界限，实现跨域资源的动态调配、统一管理和服务联动。这种协同通过跨域资源的整合、动态调度与全局优化，实现了更高效的资源利用和更优质的用户体验，提升了网络的整体能力。在多域协同中，接入网与核心网的协同，以及移动网络与业务网络的协同，是提升整体网络性能和支持复杂业务需求的关键环节。

接入网与核心网的协同机制通过二者之间的动态交互和资源分配，优化了资源调度、移动性管理和会话管理等关键功能。在高流量场景下，接入网通过实时监测用户接入状态并将负载信息反馈给核心网，核心网则通过资源池化机制将更多资源分配到热点区域，从而提升服务能力。对于低流量区域，核心网可以指导接入网采取关停部分小区或进入低功耗模式等节约策略。在有边缘组网的情况下，接入网可以将部分流量卸载至边缘核心网节点，以减轻中心核心网的负担，降低核心网的拥塞风险，并提升数据处理效率。当用户跨越多个接入点或区域时，接入网和核心网需要协同完成用户状态的迁移与数据路径的调整。接入网负责实时捕捉用户的位置信息并将其上报给核心网，核心网则通过控制面和用户面的协作确保数据的无缝转发，特别是在车联网、工业控制等超低时延场景中，接入网与核心网的快速协同能够确保用户服务的稳定性和连续性。

移动网络与业务网络的协同可以提升网络整体容量、提高端到端服务保障、优化数据传输效率。移动网络通过实时感知业务网络带宽、时延和负载分布等需求，动态分配无线接入、核心网和传输网的资源。例如，在超高清直播等高流量场景中，移动网络可以根据业务需求，优先为热点区域分配更多资源，同时协调其他区域的负载，优化整体网络容量的利用率，显著增强端到端服务保障能力。同时，移动网络可以根据业务网络的特定需求（如远程医疗的低时延、高可靠性要求或工业互联网的超高连接密度需求），创建专属网络切片，在接入、传输和核心网的各个环节提供强有力的支持，确保业务网络应用的稳定性和连续性。此外，协同可以优化数据传输路径，减少网络时延并提升传输效率。例如，在自动驾驶、AR/VR 应用等实时数据处理的场景中，移动网络可以将数据卸载至边缘计算节点进行处理，减少核心网的传输延迟，从而显著提升用户体验。

3. 多要素协同

多要素协同是移动通信系统中提升综合能力的关键，通过整合和优化通信、感知、计算和智能等要素资源，不仅能增强网络的基础通信能力，还可以实现通信系统的能力增维。在传统的系统架构中，各要素数量有限且相互独立，导致资源浪费和效能低下。多要素协同打破了这些要素之间的隔离，使它们在通信系统中内生并深度融合，共同构建一个有机、动态的网络整体。具体包括通感协同、通算协同、通智协同等。

通感协同是指将感知能力嵌入通信系统，使网络具备感知环境的能力，从而实现通信与感知的深度融合。例如，在车联网（V2X）中，车辆通过通信网络不仅能与其他车辆或基础设施互联，还能感知道路状况、障碍物位置等周围环境信息，保障安全驾驶。通感协同还应用于智能制造和智慧城市中，通过通信网络实时收集环境和设备的感知数据，优化决策和操作。这种协同能够将通信网络从单一的传输功能拓展为信息感知和交互的综合平台，显著提升系统的服务能力和业务范围。

通算协同是指将计算能力内生到通信系统，构建通信与计算资源的高效协同机制，从而支持更复杂、更高效的业务需求。例如，在边缘计算场景中，计算任务可以从终端或核心网卸载至边缘节点，结合本地通信资源实现低时延、高效能的数据处理。这种协同模式在对实时性要求高的业务场景中尤为重要。通算协同还为超大数据量场景提供了强有力的支持，通过分布式计算和智能调度，解决传统通信系统中核心网过载和延迟较高的问题。

通智协同是指将 AI 技术深度融入通信网络，实现智能化管理、优化和服务。通过 AI 技术，通信网络能够实现动态频谱分配、网络流量预测和自适应资源调度等，提升网络的自优化能力。此外，智能感知和决策能力还可以大幅提高通信系统的运行效率。例如，在自动驾驶场景中，网络可以通过 AI 算法整合并分析多车、多路口的数据，实时优化路径规划。通智协同还使网络具备了面向未来的自学习、自演进能力，为 6G 及其后续网络发展奠定基础。

增维求解、全局协同化设计已成为指导 5G 及未来 6G 系统架构设计的关键方法。随着 6G 的到来，移动通信系统将面临更多、更加复杂的场景和更大规模的数据需求。增维求解和全局协同化设计将进一步推动多点、多域、多要素的全面优化，使移动通信网络在未来的智能化社会中发挥更加全面的作用，为实现高效、智能、广覆盖的通信基础设施提供支撑。

2.4.2　平台化服务化

随着移动通信系统的发展，传统架构逐渐难以满足现代社会日益多样化、复杂化的需求。通信系统需要更高的灵活性、适应性和开放性，以支持行业应用和多样化用户需求的不断增长。因此，本书提出了平台化服务化设计方法。该方法通过资源池化、能力“原子化”和控制柔性化，实现网络的服务化。在此基础上，将通信系统架构转变为聚合相关业务能力的平台，实现多样化业务的敏捷、按需供给。这不仅可以动态匹配供需关系，还能提升系统资源利用效率，扩展应对复杂多样化场景的网络能力。

资源的池化是平台化服务网络的基础。它将计算、存储和带宽等基础资源进行集中管理，形成一个可共享的资源池。这些资源能够在不同的业务场景中灵活、高效地按需分配，从而提高资源利用率，满足多样化的应用需求。基于资源池的设计，可以实现平台化的调度机制，快速响应实时业务需求和负载变化，灵活分配资源，使系统在动态环境中高效运行，并更好地支持不同行业的多业务需求。通过对资源的柔性调配，不同业务可以在不增加额外资源投入的前提下共享相同的基础资源，减少浪费。这不仅提高了系统的适应性和资源利用效率，还确保在各种场景和行业应用中提供快速、稳定的业务支持。

网络能力的原子化是实现平台化服务网络的核心。传统通信系统通常由紧密耦合的功能模块组成，这使得灵活配置和管理变得困难。平台化服务网络通过解耦网络能力，将复杂的功能模块分解为独立的原子服务。这些原子服务可以独立运行和调用，形成高度灵活的模块化架构。每个解耦后的原子服务通过标准化接口实现统一管理，使系统能够快速响应不同的业务需求。原子化设计不仅提升了架构的灵活性，还增强了系统在业务调整和快速扩展中的响应能力。每个服务模块都可以按需调用，并根据具体的业务需求灵活配置，从而提升系统对复杂场景的适应能力，为更快的业务创新提供基础。

控制的柔性化是平台化服务网络实施的关键，主要体现在服务的编排与动态复用上。通过服务编排框架与机制，系统能够按需调用各种资源，将资源配置与需求有效匹配，并根据实时业务需求进行快速编排，实现服务的灵活调度和资源供给的优化。在动态复用方面，服务模块能够基于实时业务需求的变化快速响应，确保资源利用达到最优。控制柔性化不仅满足了多样化的业务需求，还使系统在复杂、多变的应用环境中具备更强的灵活性和自适应能力，从而在不断变化的行业需求中保持高效运行。

服务化是平台化服务网络的最终目标，通过将网络能力抽象为服务形式，更高效地支撑业务需求。具体来说，服务化通过解耦网络能力，将其分解为可独立部署、按需调用的服务单元。每个服务单元通过标准化接口对外暴露能力，使业务开发者能够快速构建和部署新业务。例如，网络切片技术可以为特定行业或应用场景提供定制化的服务能力，而边缘计算则通过服务接口将计算能力下沉到用户接入点附近，为低时延、高带宽的应用提供支持。此外，服务化还引入了统一管理和调度机制，将各种网络能力以微服务的形式进行注册，业务组件可以通过服务发现机制按需调用特定的网络能力，快速响应动态业务需求。服务化使通信系统具备了互联网服务的敏捷响应特点，同时显著降低了业务开发的复杂性和成本。通信网络由此从传统的“基础设施提供者”转变为“网络服务提供者”，不仅更精准地满足了用户的个性化需求，也为整个生态系统的创新和发展注入了强大动力。

平台化服务网络的初步实践已在 5G 时代逐步展开，并预计在 6G 中将进一步深化，为通信网络架构的创新设计提供有力指引。未来，随着资源的容器化、服务的进一步解耦，以及网络控制的智能化，通信系统将逐步向多要素融合、多业务融合的动态资源平台过渡，系统的资源管理和适应能力也将得到进一步提升。

2.5　架构设计步骤及评估

2.5.1　架构的设计步骤

移动通信系统架构的设计极其复杂，需要一个体系化的设计流程。在设计中应参考增维求解、全局协同、平台化服务化等设计方法，并结合系统论等基础理论，综合分析系统的目标、关键要素、层级结构及连接关系，通过以任务为中心、要素服务化、结构平台化、连接协同，形成“定任务、定要素、定层级（物理层面）、定连接”的瀑布式设计步骤。在设计过程中将通过反复迭代、优化，最终得到综合最优的架构设计方案，具体设计步骤如图 2-1 所示。

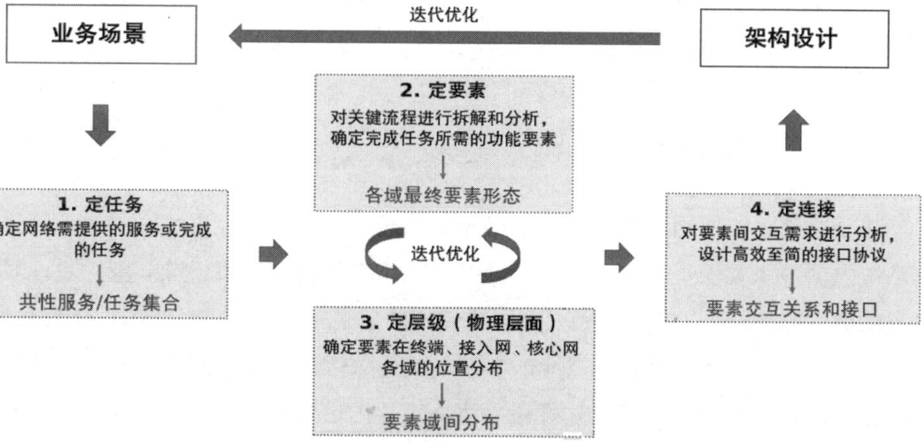

图 2-1　移动通信网络系统架构设计步骤

（1）定任务：这是移动通信网络系统架构设计的起点。在明确了业务场景之后，需要确定网络所提供的服务或完成的任务，提炼出具有共性的任务集合。一般来说，基础架构支持 80%的业务需求即可，20%的长尾需求可选，避免过度设计，降低架构的复杂性。

（2）定要素：在此步骤中，需对关键业务流程进行拆解和分析，确定完成任务所需的功能要素。这包括识别和定义系统所需的各种组件与服务，并根据任务需要引入新要素，最终生成各域的要素形态。在较高的抽象层面实现移动通信网络系统架构的要素服务化，完成网络系统架构的逻辑架构设计。

（3）定层级（物理层面）：这一步骤将确定各个要素在终端、接入网和核心网各域的位置分布。根据任务需求，将要素合理分层、分域排布，生成各要素的域间分布和协同关系，完成网络系统架构的部署架构设计。在进入下一步之前，第（2）步和第（3）步将循环迭代优化，确保最终形成的架构雏形能够提供共性服务、满足共性任务，并在能力、效率和质量三个维度上实现全局最优。

（4）定连接：最后一步是对要素间交互需求进行分析，并设计高效简洁的接口协议。基于前述步骤确定的各域要素形态和域间分布，定义适用的要素交互关系和接口，超越各要素和节点的局部优化思路，引入要素间交互的新维度，确保系统的各个组件能够以较低开销顺畅地协同工作，实现移动通信网络系统架构的全局协同化。

完成上述 4 个步骤后，将形成一个初步可用的移动通信网络系统架构设计，随后，结合实际的部署需求和业务场景，对移动通信网络的系统架构进行持续迭代优化。

2.5.2　架构的建模与评估方法

移动通信系统架构的建模与评估对于架构设计至关重要。通过抽象和量化移动通信系统内的各个要素及其复杂关系，可以对网络架构进行建模。进一步，通过对模型参数的数学分析，可以方便地梳理出网络架构中的瓶颈点，为网络架构优化提供参考。此外，通过综合量化影响架构性能的内在不确定性因素，可以整体评估网络架构的优劣。因此，本书运用超图理论对移动通信系统架构进行建模，并采用架构熵来评估系统效能，以期为移动网络架构的设计、部署及运营优化提供理论参考。

1. 网络架构的建模

结合移动通信网络架构的特点，可以选取架构中核心的业务域、逻辑域和物理域，并结合超图理论进行建模，形成网业协同的三域模型，如图 2-2 所示。

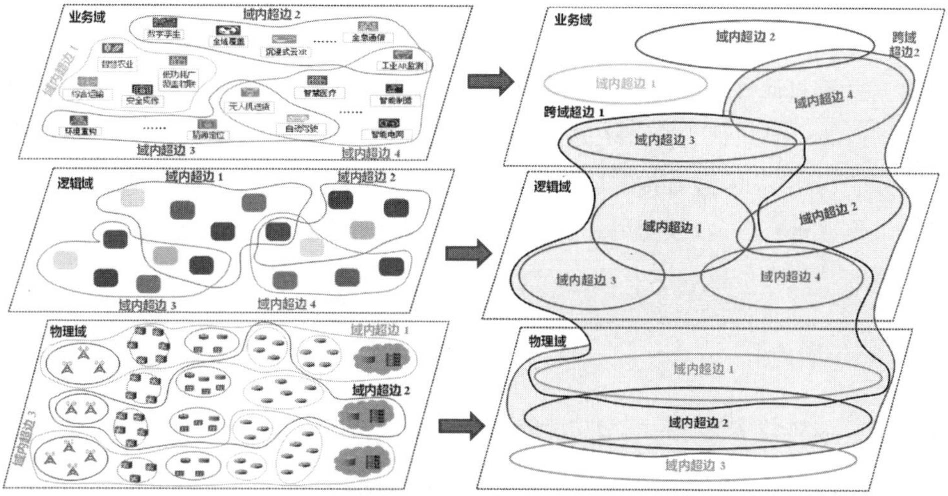

图 2-2　网业协同的三域模型

超图作为一种广义的图模型，它的一条超边可以连接任意数量的顶点，可捕捉并表述网络中各要素高阶交互和网络高阶群关系。超边超越了简单边对于成对关系的描述，这是超图与传统图论模型最本质的区别。因而超图理论对信息多维、节点多级、网络多层的复杂网络架构表征问题具有很好的适应性。在超图模型中，可以利用节点来表示网络不同域中的各类要素，用超边来描述各要素之间的关联关系。

1）业务域建模

业务域是对多样化场景中产生的各种业务的抽象建模。以 5G 网络为例，它涵盖了三大核心场景：对带宽和数据传输速率有极高要求的增强型移动宽带（eMBB）场景，需要支持高密度连接和广域覆盖的大规模机器类型通信（mMTC）场景，以及对网络时延和可靠性提出极高要求的超可靠低时延通信（uRLLC）场景。不同类型的业务可以根据其性能需求划分到不同的场景中。随着 6G 网络的发展，未来将出现更多差异化的应用，进一步推动应用场景的升级和拓展。业务域中的业务类型、业务的时空分布，以及各项性能指标（如时延、带宽等）不仅决定了网络的实际部署情况，还影响了网络升级改造的频度。因此，业务类型和差异化业务类型的划分是业务域建模的核心内容。

业务域的超图模型包含业务域中所有的不同类型业务量化形成的节点，以及业务域中同类型的业务聚合形成的超边。具体而言，业务域中所有业务的节点集合定义为 $S=\{s_1,s_2,\ldots,s_k\}$，其中，s_k 代表第 k 个业务，集合 $\mathrm{at}_k=\{\mathrm{da}_k,\mathrm{lm}_k,\mathrm{td}_k,\mathrm{rp}_k,\mathrm{tr}_k\}$ 用来描述业务 s_k 的固有属性、限制条件和性能需求。其中，da_k 表示业务 s_k 的大小（Mbit），lm_k 表示业务 s_k 的限制条件，td_k 表示业务 s_k 的时延要求，rp_k 表示业务 s_k 的可靠性要求，tr_k 表示业务 s_k 的最低传输速率要求。随后，根据每个业务的固有属性、限制条件和性能需求进行分类，属于同一类别 ξ_k 的业务可以构成业务域内的一条超边。因此，业务域的超边集合可以表示为 $\mathbb{E}_{\mathrm{intra}}^1=\{\xi_1,\ldots,\xi_N\}$，其中，$N$ 表示域内超边数量。

2）逻辑域建模

逻辑域是对网络中各种网络功能的抽象建模。以 5G 服务化架构为例，微服务被视为服务化系统架构的基本构建单元。这些微服务根据业务功能、服务协议和通信接口进行模块化封装，从而实现多样化的网络功能。这些网络功能通过有序交互和协同工作，完成从接入控制、移动性管理到会话管理等一系列端到端的移动网络信令流程。

从部署角度看，不同网络功能的组合形成了多样化的网络切片和专用网络。这些网络切片和专网的构建，依赖于网络功能的数量、微服务的总数，以及微服务在各个网络功能中的分布情况。这些核心指标在很大程度上决定了网络的整体性能和灵活性。因此，微服务的数量及其组合方式是逻辑域建模中的关键要素。

逻辑域的超图模型包含逻辑域中所有不同的微服务量化形成的节点，以及逻辑域中不同的微服务聚合形成的超边。以 5G 为例，逻辑域中所有的微服务节点集合定义为 $\mathrm{MS}=\{\mathrm{ms}_1,\mathrm{ms}_2,\ldots,\mathrm{ms}_H\}$。令 vnf_g 表示类型 g 的某种网络功能，则网络功能集合表示为 $\mathrm{VNF}=\{\mathrm{vnf}_g \mid g=1,2,\ldots,G\}$。对于特定类型的网络功能 vnf_g 定义为 $\mathrm{vnf}_g=\Theta(\mathrm{ms}_{g,1},\mathrm{ms}_{g,2},\ldots,\mathrm{ms}_{g,D})$，其中，$\Theta(\cdot)$ 表示选择 D 个相应的微服务并组合起来实现特定网络功能 vnf_g。每个虚拟网络功能构成一个逻辑域域内超边，每条超边代表一个网络功能，因此逻辑域超边集合 $\mathbb{E}_{\mathrm{intra}}^2=\mathrm{VNF}$。

3）物理域建模

物理域是对提供基础资源并运行网络功能的接入网、承载网、核心网等物理设备的抽象建模。在逻辑域中，虽然可以定义网络功能和业务流程，但缺乏实际网络节点间的路径、用户间的距离，以及网络资源的具体使用情况等关键信息。因此，物理域建模的目的是通过考虑物理实体的部署位置、类型、行为和所提供的能力等因素，将它们划分为不同的物理组件，并通过合理的组织和配置，确保网络功能能够有效地映射到真实的物理网络中，从而决定网络的实际布局和形态。以 5G 为例，这一过程对应于将网络切片部署到不同的物理组件中，以满足业务需求并提供所需的服务质量。因此，这些物理组件及其组合方式是物理域建模的关键。

物理域的超图模型包含物理域中所有的物理组件量化形成的节点，以及物理域中不同的物理组件聚合形成的超边。以 5G 为例，令 pct_y 表示类型 y 的某种物理组件，则物理组件集合表示为 $\text{PCT}=\{\text{pct}_y \mid y=1,2,\ldots,Y\}$。假设物理域网络切片的实际部署集合用 NS 表示，定义为 $\text{NS}=\{\text{ns}_1,\text{ns}_2,\ldots,\text{ns}_L\}$。其中，$\text{ns}_l=\{\text{pct}_{l,1},\text{pct}_{l,2},\ldots,\text{pct}_{l,Q}\}$，表示物理域 Q 个物理组件形成某一切片 ns_l 的实际部署，$1\leqslant l\leqslant|\text{NS}|$，$|\text{NS}|$ 表示物理域内超边数量。每个网络切片的实际部署构成一个域内超边，因此物理域超边集 $\mathbb{E}_{\text{intra}}^3=\text{NS}$。

此外，需要特别说明的是，三域之间并非彼此完全独立，而是相互关联、共同作用，并共同影响网络的最终形态。上层的业务性能和网络资源需求影响下层的网络功能组合和物理设备的部署策略，而下层物理资源的供给能力则决定了上层所能提供的网络功能和支持的业务类型。以 5G 的业务域、逻辑域和物理域之间的关系为例，业务域中的业务与逻辑域中的网络功能存在对应关系；逻辑域中的网络切片与物理域中的实际部署也存在对应关系。因此，有必要设计域间超图来表征域间各要素之间复杂且多元的关系。

业务域、逻辑域和物理域形成的跨域超图模型包括：由三域域内划分的超边所构成跨域超图的节点，以及不同的网络服务构成的跨域超边集合。具体而言，将物理域、逻辑域和业务域中划分的超边 $\mathbb{E}_{\text{intra}}^1$、$\mathbb{E}_{\text{intra}}^2$、$\mathbb{E}_{\text{intra}}^3$ 视作跨域超图的节点，节点集 $\mathcal{V}_{\text{inter}}=\mathbb{E}_{\text{intra}}^1\cup\mathbb{E}_{\text{intra}}^2\cup\mathbb{E}_{\text{intra}}^3$。实现一次完整的网络服务要实现三域协同，因此，将每个完整的网络服务看作一条跨域超边，即业务域中的业务类别、逻辑域中的网络功能，以及物理域中网络切片的组合。跨域超边包括各个域内的节点，因此，第 m 个跨域超边 $\mathcal{E}_{\text{inter}}^m$ 表示为 $\mathcal{E}_{\text{inter}}^m=\{\xi_{m,1},\xi_{m,2},\ldots,\text{VNF}_{m,1},\text{VNF}_{m,2},\ldots,\text{ns}_{m,1},\text{ns}_{m,2},\ldots\}$，三域跨域超边集 $\mathbb{E}_{\text{inter}}=\{\mathcal{E}_{\text{inter}}^1,\mathcal{E}_{\text{inter}}^2,\ldots,\mathcal{E}_{\text{inter}}^M\}$，其中，$M$ 表示跨域超边数量。这里的网络服务定义为用户在网络中的实际请求，在所提到的三域模型中分别被映射为业务域中的业务类别、

逻辑域中的网络功能和物理域中的网络切片。

2. 网络架构的评估

为了综合评估网络架构设计和部署运营的优劣，本书从熵的概念和理论出发，提出了一种基于网络架构熵的网络架构评估方法。

熵的概念最早由物理学家克劳修斯于 1865 年在经典热力学第二定律熵增原理中提出，后由玻尔兹曼发展为统计物理学的玻尔兹曼熵，即通过描述微观粒子的分布情况，从宏观的统计特性来描述系统的无序或混乱程度。熵的热力学定义随后在信息论、天体物理等领域均有重要应用。

香农在 1948 年发表的一篇题为《通信的数学理论》的文章中指出信息是用来消除随机不确定性的事物，并借鉴热力学熵的定义第一次提出了信息论的基本概念——信息熵，用来解决信息的度量问题。例如，考虑一个可能有 N 个取值的离散信源 X，即$X = \{x_1, \dots, x_N\}$，各取值对应出现的概率为$P = \{p_1, \dots, p_N\}$，则其信息熵为$H(X) = -\sum_{i=1}^{N} p_i \log p_i$。如果系统一次输出多个符号，则可以通过统计多个符号的联合分布来计算多个符号信源的联合熵。例如，如果一次输出 2 个符号 X 和 Y，则联合熵为

$$H(X,Y) = -\sum_{x \in X}\sum_{y \in Y} p(x,y)\log p(x,y) = H(X) + H(Y|X)$$

相应地，我们发现在现代移动通信网络中，多种随机因素共同影响着整个网络的表现。这些随机因素的影响可以从宏观角度通过其统计特性来衡量，即可以参考联合熵的定义来评估网络架构设计的优劣，以及网络运行的效率、稳定性等指标。

然而，上述信息熵的定义并未考虑背景知识对信息量的影响。例如，假设某地出现极端天气，这一事件发生的概率很低，因此信息熵很大；与此同时，附近一棵树倒下并砸坏很多汽车，这一事件发生的概率也很低，信息熵同样很大。但对观察者而言，后者相关性更高，也更受关注。也就是说，信息熵相同的随机变量可能拥有不同的权重。因此，本节考虑采用加权熵，以更准确地评估各因素对网络架构的影响。加权熵的定义如下（通过引入背景知识，对信息量加权后求期望）：

$$\widehat{H}(X) = -\sum_{x \in X} p(x) \times \varphi(x) \log p(x)$$

其中，$\varphi(x)$为权重函数，$-\varphi(x)\log p(x)$表示根据背景知识加权后的信息量。

因此，参考加权熵的定义形式，综合考虑影响整个网络架构优劣（复杂度）的多种随机因素，提出评估网络架构优劣的加权架构熵：

$$\widehat{H}_{\text{Arch}}(X_1,\ldots,X_N) = -\sum_{x_1\in X_1}\cdots\sum_{x_N\in X_N} p(x_1,\ldots,x_N)\varphi(x_1,\ldots,x_N)\log p(x_1,\ldots,x_N)$$

其中，$X_1,\ldots,X_N$为随机变量，表示影响网络架构状态的关键微观因素，而$\varphi(x_1,\ldots,x_N)$为权重函数。考虑到各个因素对网络架构的影响各不相同，所以乘以权重因子。在实际计算时，只选取其中最重要的前若干个因素，并将这些因素进行分类，从而得到如下通用公式：

$$\widehat{H}_{\text{Arch}}(X_1,\ldots,X_N) \approx \gamma_1 H_{\text{Arch}_1}(X_1,\ldots,X_M) + \gamma_2 H_{\text{Arch}_2}(X_{M+1},\ldots,X_B) + \gamma_3 H_{\text{Arch}_3}(X_{B+1},\ldots,X_N)$$

其中，γ_i表示解耦之后第i个子域的权重函数，H_{Arch_i}表示解耦之后独立的加权子域熵。

通过网络架构熵的计算，不仅可以评估网络的复杂性，还可以结合熵的核心特性提炼出一些指导网络架构设计的思路，从而降低网络的复杂性，提高通信系统效率、稳定性和可管理性。例如：

1）至简和内生设计

熵的大小与随机变量的个数，以及每个随机变量的概率空间有关。当随机变量数量越少且其概率空间越小时，熵的值会相对较低。因此，在网络架构设计中，可以考虑采用至简和内生设计。

至简设计是指从复杂堆叠式结构向简洁一体化结构转变，旨在减少变量数量并降低整体网络复杂度。具体而言，通过精简网络服务、聚合低复用度的功能和原子服务，提升网络效能；通过控制与数据分离、数据统一设计和多方共享，优化资源使用；通过统一接口协议，减少接口数量和协议种类，解耦接口与逻辑功能，简化互通操作。此外，网络的智能化自治能够显著降低运维复杂性，实现即插即用的灵活配置，并将网络配置和运维过程智能化，最终呈现出简单、易用的外部界面。

内生设计则是指从外挂式架构向内生式架构转变，以适应未来发展需求并适度超前，从而缩小变量空间、降低网络复杂度。在设计初期，核心功能应采用内生设计，注重框架的稳定性和可扩展性，减少大版本升级的频率。在后续版本的演进中，通过小步迭代增强网络能力，尽量避免对架构进行重大改动，从而保持系统的持续稳定性。

2）**跨域设计**

由于联合熵小于或等于各自熵之和，增加子系统之间的互熵能够有效实现系统整体熵减。因此，在网络架构设计中，可以考虑采用跨域设计。网络架构通常已经实现了层间解耦以及不同逻辑功能的解耦。在此基础上，通过一定程度的互通与联合优化，可以降低系统的复杂度，实现系统熵减。例如，可以通过跨层优化，利用层间协同与联合优化实现整体系统的最优表现；还可以通过跨系统融合，打破传统通信系统的壁垒，引入感知、智能与计算等多维能力，推动多要素的融合设计，从而提升系统的整体效能与灵活性。

3）**分布自治**

由于条件熵小于或等于无条件熵，即当某些变量在确定的条件下，系统的整体不确定性会减少。因此，在网络架构设计中，可以考虑采用分布自治的设计。通过分布式组网，在特定场景下增强行业专网的可控性。具体来说，面向不同的应用场景，某些变量可以保持不变或仅在特定条件下变化，从而减少不确定性。同时，通过减小局部网络规模，将大系统拆分为小系统，降低变量数量和变化范围，进一步提高网络的可控性和稳定性。

第 3 章

5G 网络新架构

3.1 系统论角度的移动通信网络架构

从系统论的角度看，系统是由若干相互作用和相互依赖的要素结合形成的具有一定结构和功能的有机整体。此外，这样的系统本身也可以从属于一个更大的系统。系统结构不仅包括系统内的各个组成要素，还包括这些要素之间的关系，它是系统组织化和有序化的重要标志。系统结构既是系统存在的形式，也是系统的基本属性，构成了系统整体性、层次性和功能性的基础和前提。此外，系统结构是系统保持整体性和实现特定功能的内在依据。这些关系可以表现为数量结构、空间结构、时间结构和相互作用结构等多种形式。总之，系统结构反映了各组成要素之间的相互关系和作用，规范并约束着系统中各要素的有序运作。

移动通信系统旨在支持大规模组网，其设计和规划的重点在于高效实现通信任务。移动通信系统的组网架构涉及其组成元素及其间的连接关系。组成元素包括用于实现移动终端间及终端与互联网间信息获取、交互和控制的软硬件设备，以及必要的物理资源。组成元素间的关系主要体现在软硬件设备的物理连接和网络中的分布式拓扑结构。

系统论的特性在移动通信系统中体现在以下几个方面。

（1）整体性：移动通信系统被视为一个整体，各个组成部分（包括接入网、核心网、终端等）相互协作，共同实现通信服务。例如，2G 网络架构由用户设备、基站子系统、网络子系统和外部网络构成，这些部分协同工作，确保了通信服务的连续性和可靠性。

（2）层次结构：移动通信系统按照功能分层构建，每一层负责特定的任务，同时与其他层级进行交互。例如，4G LTE 网络架构中的接入网和核心网之间通过 S1-Flex 和 X2 接口进行连接，体现了层次结构的设计理念。

（3）动态性：移动通信系统具备适应环境变化和满足用户需求变化的能力，能够动态地调整资源分配和网络配置。例如，在 LTE 网络中，资源与算力层、路由与连接层、服务化功能层和开放使能层的存在，体现了网络动态管理和优化的能力。

（4）反馈机制：移动通信系统通过反馈机制实现自我调节和性能优化。以 5G 网络为例，用户面功能（User Plane Function，UPF）可以根据流量的本地化需求进行分流，使得本地流量能够在本地得到处理，而非本地流量则通过本地 UPF 发送到中心 UPF 处理。这一机制有效地降低了数据传输的时延，并显著提升了网络的整体性能。

（5）模块化和解耦：移动通信系统采用模块化和解耦设计，允许系统的各个部分独立进行开发和升级，而不影响整个系统的正常运行。以 4G LTE 网络为例，SGW（Serving GateWay）和 PGW（Packet Data Network GateWay）实现了控制面和用户面的分离，从而增强了网络的灵活性和可扩展性。

（6）开放性和标准化：移动通信系统遵循开放的标准化接口和协议，允许不同厂商的设备和软件组件无缝集成。这种开放性不仅激发了创新和市场竞争，还保障了系统的互操作性和可维护性。

通过上述分析，我们可以看出系统论在移动通信架构设计和演进中的重要作用。它有助于构建高效、可靠且可扩展的通信网络，以适应不断变化的技术和市场的需求。从系统论的角度分析，移动通信系统由核心网、传输网、无线接入网和终端等多个子系统组成。这些子系统通过有线和无线连接以及相应的接口协议相连，共同实现语音通话、短信发送和数据交换等核心功能。移动通信网络架构由这些子系统及其相互连接构成。在设计系统架构时，必须同时考虑逻辑架构和部署架构。逻辑架构主要集中在核心网子系统，它作为网络的“管理和控制中心”，负责处理呼叫、数据传输、移动性管理、会话管理等多种功能，包括建立和管理用户连接及承载连接。部署架构则侧重于各子系统的物理位置和连接关系。

3.2　两次任务跃变驱动移动通信网络架构两次重大变革

移动通信网络自 20 世纪中叶以来经历了显著的变化，从最初的 1G（第一代移动通信系统）发展到现在的 5G（第五代移动通信系统）技术，每一次技术迭代都标志着巨大的技术进步，并带来了用户体验的显著提升。

第一代移动通信系统（1G）是模拟蜂窝系统，它在 20 世纪 80 年代初被提出，并在 20 世纪 90 年代初全面投入使用。1G 的核心技术是模拟通信，这意味着语音业务的模拟信号直接调制在高频载波上进行传输。通过采用频分多址（Frequency Division Multiple Access，FDMA）技术，该系统允许多个用户在相同的频率范围内通信，不同用户的通话通过分配独特的频率来区分。1G 主要提供模拟话音服务，缺乏多样化的业务种类，尤其是没有数据业务功能。它使用的频率范围包括 800MHz 和 900MHz 频段。然而，1G 时代的移动电话（如“大哥大”）不仅体积庞大、携带不便，而且价格昂贵。尽管 1G 基站覆盖范围相对广泛，但由于技术和基础设施的限制，信号覆盖并不均匀。北美的 AMPS（高级移动电话系统）和欧洲的 TACS（全接入通信系统）是这一时期技术的典型代表。

1G 网络的核心网设备相对简单，主要包括移动交换中心（MSC）等，负责基本的通话接续和网络管理。在 1G 网络中，归属位置寄存器（Home Location Register，HLR）和设备身份识别器（Equipment Identity Register，EIR）与用户身份有关，用于鉴权。1G 技术在商业上取得了成功，尽管存在诸多限制，但它标志着移动通信的诞生，并为后续技术的发展奠定了基础。随着 2G 数字移动通信系统的出现，1G 由于其技术上的局限性逐步被淘汰。

第二代移动通信系统（2G）是移动通信技术的一次重大进步，它标志着从模拟信号传输向数字信号传输的转变。2G 采用数字信号传输技术替代了 1G 的模拟信号，提高了通话质量和安全性。2G 技术主要包括基于 TDMA（Time Division Multiple Access）的 GSM（Global System for Mobile Communications）和基于 CDMA（Code Division Multiple Access）的 IS-95 系统。TDMA 允许多个用户在同一频率上交替传输，而 CDMA 则通过编码区分不同用户的信号。GSM 是 2G 时代使用最广泛的国际移动通信标准，它采用了 TDMA 技术，并支持国际漫游。相比于 1G，2G 网络开始支持基础的数据服务，如短信（SMS）和非常基础的数据传输，为后续移动互联网的发展奠定了基础。2G 网络主要运行在 900MHz、1800MHz 和 1900MHz 这几个频段上，这些频段为数字通信提供了更广的覆盖范围和更高的网络容量。通过采用数字技术，2G 大幅增加了网络能够同时支持的用户数量，极大地促进了通信服务的普及和效率的提升。

2G 网络架构由无线接入系统、核心网和应用系统三大模块构成，涵盖了基站子系统（BSS）和手机设备等关键元素。核心网作为架构的第二层，负责接收和转发来自无线接入系统的信号。无线接入系统与核心网通过接入网相连，接入网由传输介质和设备构成。传输介质通常包括光纤和微波无线，而传输设备则包括传输交换机和传输路由器等。传输交换机负责信号的交换和转发，传输路由器则负责数据的路由和寻址。此外，2G 网络采用了分布式控制方式，将核心网的控制功能分散到各个组件中，从而增强了网络的可靠性和稳定性。在功能上，2G 网络架构包括移动客户端（如手机和平板电脑）、基站发射台（BTS）、基站控制器（BSC）、移动交换中心（MSC）、访问位置寄存器（VLR）和归宿位置寄存器（HLR）等关键组件，如图 3-1 所示。MSC 是 2G 网络的核心部件，管理着 BSC 和 VLR 等组件；BTS 负责与移动客户端通信；BSC 控制和管理多个 BTS；VLR 记录用户的位置信息；HLR 则存储用户的身份信息。2G 网络架构以其清晰的层级结构、模块化设计和良好的可扩展性著称。各组件间功能明确，可根据不同规模和需求进行扩展。这种设计不仅支持语音和短信服务，还为未来移动通信网络的发展奠定了坚实的基础。

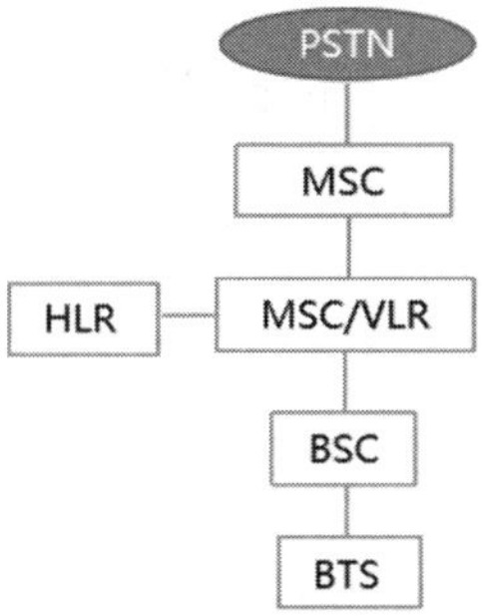

图 3-1　2G 核心网网络架构

2G 网络自 20 世纪 90 年代初期开始商用，并迅速在全球范围内普及，有力地推动了移动通信的广泛应用。在 2G 向 3G 过渡期间，出现了 2.5G 技术，包括 GPRS（通用分组无线服务）和 EDGE（增强数据速率 GSM 演进）。GPRS 网络于 1997 年正式启用，首次实现了手机上网、发送短信和接收电子邮件等功能，开启了移动数据服务的新时代。EDGE 网络则在 2003 年开始商用，作为 GPRS 的进化版本，它提供了更快的数据传输速度。这些技术进步显著提升了数据传输速率，为 3G 技术的到来做好了准备。2G 不仅改善了通信质量，还在移动通信的商业化和普及方面发挥了重要作用，为后续 3G、4G 乃至 5G 技术的发展奠定了坚实的基础。

第三代移动通信系统（3G）标志着移动通信技术的重大飞跃和业务范围的显著扩大。在 2G 技术的基础上，3G 通过采用多种多址接入技术，如宽带码分多址（WCDMA）、CDMA2000 和 TD-SCDMA，实现了更高的数据传输速率，支持了包括视频通话、在线游戏和移动电视在内的宽带互联网接入和多媒体服务。遵循国际电信联盟（ITU）的 IMT-2000 标准，3G 旨在实现全球无线通信的统一，从而大大增强了全球漫游的能力，让用户可以在世界各地享受高质量的移动服务。

3G 网络架构融合了无线通信与国际互联网等多媒体通信的优势，专注于提供高速数据传输和丰富的多媒体服务，以满足不断增长的数据通信需求。为了提高数据传输的效率和可靠性，3G 采用了先进的信号处理、编码和调制技术。其网络架构主要分为无线接入网（RAN）和核心网（CN）两大部分。无线接入网负责无线信号的传输和接收，而核心网则专注于数据的处理和路由。与 2G 不同的是，3G 核心网引入了分组交换（PS）机制，实现了电路域和数据域的分离，进一步提高了网络的效率和灵活性，并促进了核心网和接入网的 IP 化进程。

在功能上，3G 核心网具备高可靠性和高吞吐量的特点，能够支持大量用户的通信需求。它包括多个功能模块，如移动交换中心（MSC）、服务节点（SGSN）和接入网关（GGSN）等，如图 3-2 所示。这些模块协同工作，处理和转发用户的通信请求。其中，GGSN 和 SGSN 起到了关键作用，它们接入 IP 网络，为用户提供必要的数据业务支持。

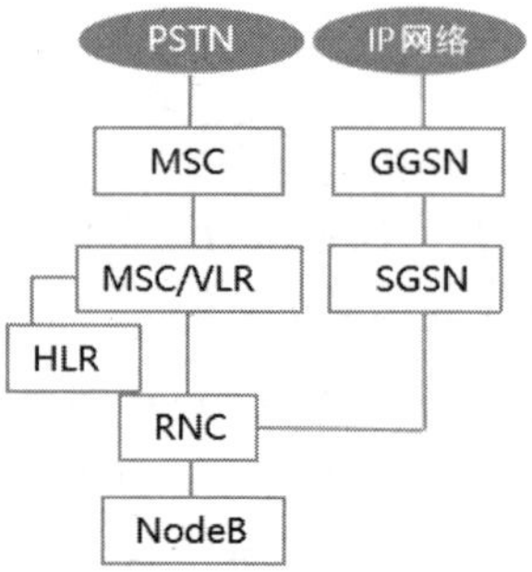

图 3-2　3G 核心网网络架构

3G 网络能够处理包括图像、音乐和视频流在内的各种多媒体内容，这有力地促进了移动互联网和多媒体服务领域的快速发展。它针对不同的业务需求，提供差异化的网络服务质量（QoS），确保了诸如实时音视频通信这类对延迟要求严格的应用能够顺畅运行。

尽管 3G 网络在 21 世纪初开始商用，但由于初期建设成本较高、终端设备技术不成熟，其普及速度受到了一定限制。然而，随着技术的进步和用户需求的增加，3G 技术最终为智能手机的广泛普及和移动应用程序的激增打下了坚实的基础。3G 的普及不仅催生了移动互联网的繁荣，还为后续 4G 和 5G 技术的发展积累了宝贵的经验和技术基础。随着时间的推移，为了满足更高的数据传输速率和网络效率需求，3G 逐渐过渡到更加先进的 4G，后者凭借更快的速度和更高效的网络架构，成为新一代移动通信的标准。

第四代移动通信系统（4G）是继 3G 之后的又一重大技术革新，它在数据传输速率、网络容量、频谱效率和用户体验等方面都有显著提升。4G 技术提供了更高的数据传输速率。理论上，下行速率可达到 100Mbps 甚至 1Gbps，上行速率也显著提高，这使得高清视频流、高速互联网访问和大容量数据下载成为可能。4G 利用 MIMO（多输入多输出）技术，通过使用多个发射和接收天线来提高数据传输速率和信号质量。它还采用了 OFDM（正交频分复用）技术，这是一种高效的频谱利用技术，能够在多径传播环境下保持信号的稳定性和减少干扰。

4G 网络架构是第四代移动通信技术的核心，其设计旨在为用户提供高速、高质量的移动数据服务。这一网络架构的关键组成部分包括物理层、数据链路层、网络层和应用层。物理层是 4G 网络架构的底层，主要负责传输数据的物理介质和信号处理。它使用多天线技术，如 MIMO 和 OFDM，提高信号的传输速率和稳定性。这些技术使得 4G 网络能够更有效地利用频谱资源，提供更高的数据传输速率和更好的抗衰落能力。网络层则是 4G 网络架构的核心层，负责路由选择和数据包传输。它确保数据包能够高效、准确地从源地址传输到目标地址，为各种应用提供稳定可靠的网络连接。

4G 核心网架构也被称为 EPC，是 4G 移动通信网络的核心组成部分。这个架构具备用户签约数据存储、移动性管理和数据交换等移动网络的传统能力，并能为用户提供超高速的上网体验。如图 3-3 所示，具体来说，4G 核心网架构主要包括以下网元：移动性管理实体（Mobility Management Entity，MME）是 4G 核心网中的核心网元，主要负责移动性管理和控制，包括用户的鉴权、寻呼、位置更新和切换等控制信令的处理；SGW 作为本地基站间切换时的锚定点，主要负责在基站和公共数据网关之间传输数据信息，为下行数据包提供缓存，以及基于用户的数据流量计费等。此外，PGW 和 HSS（Home Subscriber Server，归属签约用户服务器）也是 4G 核心网的重要组成部分。4G 核心网架构的特点是仅有分组域而无电路域，基于全 IP 结构，控制与承载分离且网络结构扁平化。这样的设计使得网络更加灵活、高效，能够支持更高速的数据传输和更丰富的业务应用。

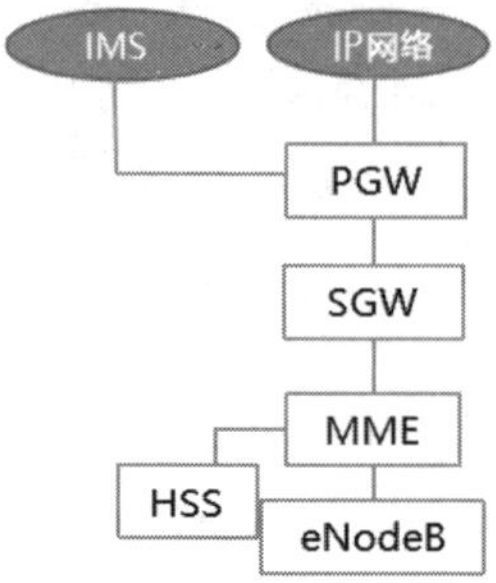

图 3-3　4G 核心网架构

4G 网络架构基于 IP 设计，简化了结构，提高了数据传输效率，并降低了成本。它通过优化网络设计和无线接口，显著降低了通信延迟，这对实时应用（如在线游戏和视频通话）至关重要。4G 增强了与 3G 和 Wi-Fi 的互操作性，支持更广泛的国际漫游，并促进了移动互联网应用的多样化，涵盖社交网络、在线视频、移动支付、远程医疗和智慧城市等领域。自 2010 年起，4G 的商用迅速推进，极大地推动了移动互联网的发展。然而，随着用户对高速率和低时延的需求增加，4G 逐步向 5G 过渡。5G 旨在提供更高的数据传输速率和更广泛的应用场景。

IMT-2020 于 2014 年发布的“5G 总体愿景”指出，为应对移动数据流量的爆炸式增长、海量设备连接，以及新兴业务和应用场景的需求，5G 系统（5G System，5GS）将提供光纤级的接入速率、近乎零的时延、千亿级的设备连接能力、超高流量密度、超高连接数密度和超高移动性，实现智能优化并大幅提升网络能效和降低成本，最终实现“信息随心至，万物触手及”。

随着 5G 愿景的提出和业务需求的演变，4G 网络架构的功能耦合、连接固定和架构封闭等问题凸显。业务上线缓慢、网络升级复杂、演进困难，成为 5G 新业务发展的瓶颈。例如，中国移动在 4G 网络中引入 NB-IoT 时，需升级 5 类网元和 10000 余套设备，耗时 1 年。此外，核心网中的网络功能不断增加，传统的耦合和封闭架构无法满足 5G 的需求。鉴于此，5G 网络架构借鉴了 IT 微服务的理念，创新性地设计了基于服务化的架构，以适应移动通信的发展需求。

从 1G 到 5G 的演进历程中，每次技术跨越都伴随着通信网络架构的根本性变革。在这个过程中，任务发生了两次关键的转变，如图 3-4 所示。

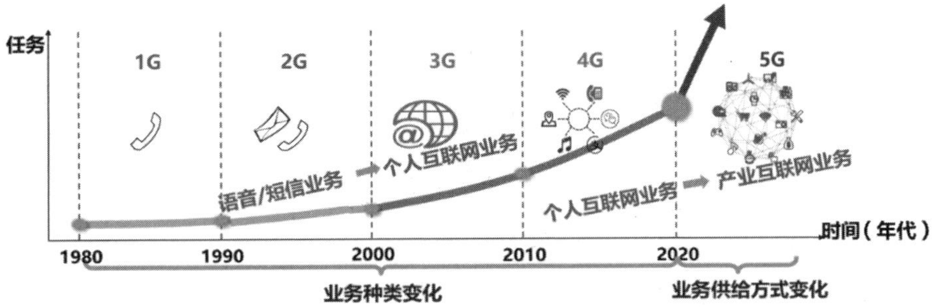

图 3-4　移动通信系统中任务的两次重大转变

第一次转变是业务种类的巨大变迁。从 1G 和 2G 的单一语音和短信服务发展到 3G 和 4G 的以数据为主导的个人互联网服务，这一变化促使移动通信网络架构在原有的纯电路域基础上增加了分组域。无线接口通过持续的技术创新，大幅提升了数据传输速率，以满足不断增长的带宽需求，共同推动了移动互联网的蓬勃发展。

第二次转变是业务供给方式的深刻变革。从 4G 迈向 5G 乃至未来的 6G，移动通信网络不再仅仅支撑消费互联网，而是转向支持产业互联网的范式变革。这一阶段不仅仅是网络能力在多维度上的扩展，更重要的是从固定的业务供给模式转变为敏捷灵活的供给模式。通过 5G 服务化架构（SBA）的创新，移动通信网络正向着赋能各行各业的“平台化网络”方向演进。尽管如此，移动通信业务所需的低时延、高可靠和强时序等特点仍然得以保留。

面对 5G 愿景中提出的三大应用场景——增强型移动宽带（eMBB）、大规模机器类型通信（mMTC）和超可靠低时延通信（uRLLC），传统移动通信网络架构已难以满足需求。因此，网络架构必须继续创新，以适应未来通信技术的发展和多样化的业务需求。

两次任务跃变驱动系统架构发生了两次重大变革。第一次业务种类从语音/短信业务跃变到个人互联网业务，驱动网络架构在 2G 纯电路域的基础上拓增数据域，实现双域共存；第二次从个人互联网业务跃变到产业互联网业务，业务供给方式发生跃变，驱动网络架构由传统点到点架构向 5G 服务化架构演进，如图 3-5 所示。

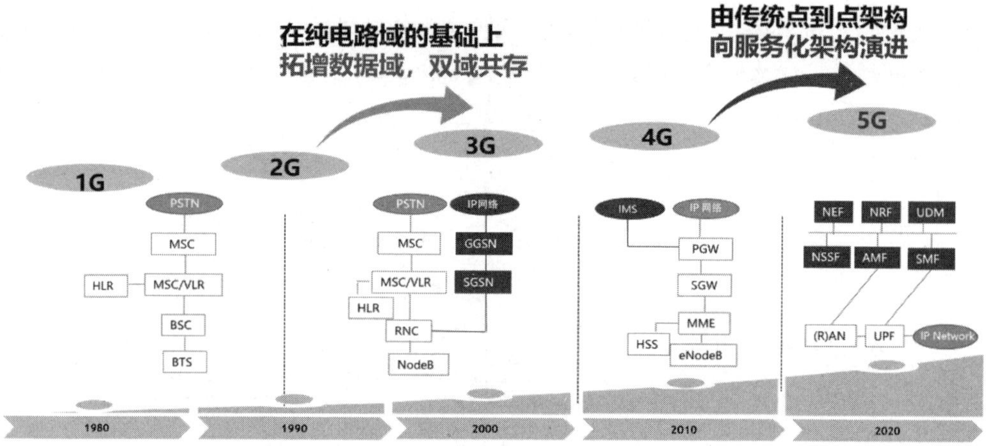

图 3-5　移动通信系统中架构的两次重大变革

3.3　5G 时代任务的重大变化

在 4G 时代，由于数据的传输速率已达到 100Mbps 以上，相比于 3G，移动通信网络可以满足更高要求的个人互联网业务。但是，4G 只支持个人的语音、短信和数据业务，单一网络能力支持三类同质化业务，同时传统网络架构难以适配 5G 业务需求，出现新业务上线慢、升级难的问题，成为新业务能力发展的瓶颈。例如：中国移动 4G 引入窄带物联网，升级 5 类网元、10000 余套设备，历时 1 年之久。可以看出，网络的升级扩容在原有架构的基础上存在着很大瓶颈。

然而，随着 IMT-2020 发布 5G 愿景，5G 网络需要支持三大应用场景：增强型移动宽带（eMBB）旨在应对移动互联网数据流量的快速增长，为用户提供超高清视频、虚拟现实等高带宽应用的极致体验；大规模机器类型通信（mMTC）服务于智慧城市、智能家居和环境监控等需要大量数据采集和传感的应用；超可靠低时延通信（uRLLC）则满足了工业控制、远程医疗、自动驾驶等行业对极低时延和高可靠性的严格要求。另外，5G 网络在性能上也提出了相应的要求，用户体验速率可达到或超过 1Gbps，网络时延降低至 1 毫秒以下，同时需支持每平方公里百万级设备的连接能力。这要求 5G 具备同时支持多张虚拟专网子网的能力，以及多样化功能和极致的性能。

综上所述，从 4G 到 5G 的演进是全方位的跃变，具体如下。

1）业务场景从个人互联网转变成产业互联网，支持个人、交通、医疗、工业等多样化场景。

2）网络性能支持极致速率和更低的时延，同时支持子网专网的业务稳定与隔离。

3）业务供给方式需要按需定制，灵活供给。

因此，4G 架构及其演进方案已难以满足上述需求，5G 网络的架构需要进行变革设计。

3.4　5G 服务化网络架构的提出

3.4.1　IT 系统架构演进概述

IT 系统的演进也是为了满足越来越多样化的业务灵活供给，与通信系统的演进需求相似。因此，通信系统的演进可以借鉴 IT 系统深度耦合的演进趋势。

IT 系统架构的发展历程包括了从单一架构向微服务架构的转变，以及进一步演进到无服务器计算模式。这一系列演进旨在应对不断出现的技术挑战，并适应日益变化的业务需求。下面是 IT 系统架构演进的主要阶段概述。

1. 单体架构

1968 年的软件危机促进了软件工程和面向对象高级语言的发展（如 1972 年的 C 语言），并且形成了单体式技术架构（简称单体架构）。单体架构的主要特征是所有的代码逻辑都紧密集成在一个项目中，将应用程序的所有功能打包成一个单独的单元。这种架构旨在通过减少部署节点和降低成本，实现所有功能的集中部署。单体架构的优势在于开发简单、资源共享便捷、易于测试和部署，但它在扩展性、灵活性和可靠性方面存在明显的限制。

2. 垂直架构

进入20世纪80年代，随着大型和超大型应用的兴起，尤其是操作系统和数据库的广泛应用，系统代码量急剧增加，达到数百万行。业务发展导致单体架构变得越来越庞大，代码库不断膨胀，多位开发人员在同一系统上的协作效率显著下降，系统故障率上升。为了解决这些问题，人们开始将大型应用分解为多个相互独立的小型应用，从而诞生了垂直架构。在这种架构下，不同的功能模块被拆分并部署到不同的服务上，每个服务都有自己的数据库和业务逻辑。垂直架构通过将大项目分割成多个单体结构的小项目来实现，这些小项目之间存在数据冗余和较高的耦合性，主要通过数据库同步等方式进行数据交换。

垂直架构的优点包括开发成本低、架构简单、系统间相互独立，便于水平扩展，提高容错率，并能针对性地进行优化和扩容。然而，它也存在一些缺点：系统间的调用依赖于特定的端口和 IP 地址，一旦发生变化需要手动调整；代码复用性差，相同的逻辑代码需要在不同系统中重复；性能扩展主要依靠增加集群节点，这不仅成本高昂，而且存在扩展瓶颈。

3. SOA 架构

随着互联网的发展，软件用户数量急剧增加，应用的用户规模呈指数级增长，拥有海量用户的软件变得普遍。垂直架构难以满足承载大量用户的需求，分布式理论和技术的成熟促使面向服务的架构（SOA）出现并广泛应用于关键系统（如金融核心交易系统）。

SOA 通过服务注册中心，利用服务发现和注册机制，提高了系统的灵活性和可维护性。服务可以独立部署、升级和替换，增强了系统的模块化。SOA 强调服务的独立性和可重用性，允许服务在多个应用程序和系统之间共享，减少了重复开发和维护的工作量，提高了开发效率。由于服务是独立且松耦合的，系统可以轻松地添加、修改或删除服务，以适应不断变化的业务需求，快速响应市场变化。SOA 还促进了服务的标准化和规范化，降低了系统集成的复杂性，提高了系统的互操作性。然而，SOA 架构也存在缺点：系统的复杂性较高，需要更多的时间和资源来确保服务的正确协同工作；服务之间的网络交互可能带来性能开销和安全威胁；实施 SOA 需要具备一定的技术能力和经验。

4. 微服务架构

随着移动互联网（Web 3.0）的蓬勃发展，互联网用户规模经历了新一轮的快速增长。在此背景下，传统的面向服务的技术架构在应对海量用户需求时显得力不从心。具体而言，SOA 架构中的企业服务总线（ESB）存在单点故障的风险，而远程过程调用（RPC）机制缺乏有效的服务治理能力。这些局限性使得 ESB 和 RPC 架构难以满足移动互联网时代对高并发用户的支持需求。因此，微服务的理念应运而生，并迅速成为现代技术架构的主流。

微服务架构通过实现系统解耦和持续集成，确立了清晰的服务边界。相比于 ESB 和传统 SOA 架构，微服务的粒度更小，这使得系统能够通过轻量级的通信机制进行高效交互。微服务架构具备更强的扩展性和弹性，能够更加灵活且迅速地响应业务变化。作为 SOA 架构的演进和深化，微服务架构倡导使用一组小型的、独立的服务来构建应用程序，每个服务专注于实现特定的业务功能，并通过轻量级的通信手段（如 HTTP RESTful API）进行相互协作。

2005 年，Dr. Peter Rodgers 在 Web Services Edge 大会上提出了“Micro-Web-Services”的概念。2011 年，一个软件架构工作组使用了“Microservice”一词来描述一种架构模式。2012 年，该工作组正式确定用“Microservice”来代表这种架构。2014 年，James Lewis 和 Martin Fowler 合写了关于微服务的一篇学术性的文章“Microservices: a definition of this new architectural term”，该文章详细阐述了微服务。

微服务架构风格是一种开发单个应用程序的方法，它涉及将应用分解为一组小型服务，每个服务都在自己的独立进程中运行，并通过轻量级的通信机制（通常基于 HTTP RESTful API）进行交互。这些小服务围绕具体的业务功能进行设计，并且能够独立地进行部署，得益于完全自动化的部署流程。这种架构允许服务使用不同的编程语言和数据存储技术，从而提高了开发效率和灵活性。尽管服务是分散管理的，但这种方式在保持系统整体效率方面表现优异。

微服务设计在 IT 系统中遵循的原则包括康威定律、AKF 扩展立方体理论以及无状态服务设计理论。接下来，我们将详细解释这些理论。

康威定律是马尔文·康威（Melvin Conway）于 1967 年提出的，他最初的措辞如下："Organizations which design systems are constrained to produce designs which are copies of the communication structures of these organizations. — Melvin Conway"（设计系统的组织产生的设计等同于组织内、组织之间的沟通结构。——马尔文·康威）

系统的架构受制于产生这些设计的组织的沟通结构。这个观点最初出现在杂志上，后来被计算机和软件先驱弗雷德里克·布鲁克斯（Frederick Brooks）在其著作 *The Mythical Man-Month: Essays on Software Engineering, Anniversary Edition*（《人月神话》）一书中加以阐述，并被命名为康威定律，并进一步引申为以下四条。

第一定律指出，组织沟通方式会通过系统设计表达出来。

第二定律指出，时间再多，一件事情也不可能做得完美，但总有时间做完一件事情。

第三定律指出，线性系统和线性组织架构之间有潜在的异质同态特性。

第四定律指出，大系统总是比小系统更倾向于分解。

康威定律对软件工程和系统设计有着深远的影响，它强调了组织结构和沟通方式对技术架构的影响。在微服务架构中，康威定律尤其重要，因为它提倡按照业务而不是技术来划分组织，从而使得每个团队负责特定的服务或功能，这有助于降低沟通成本，提高系统的可维护性和可扩展性。

康威定律还建议，为了达到有效的设计，组织的灵活性至关重要。这意味着组织结构应该能够适应系统设计的需要，通过优化组织结构来优化系统设计。此外，康威定律还提到了其他几个观点，例如，第二定律指出，时间再多，一件事情也不可能做得完美，但总有时间做完一件事情，这与敏捷开发和持续集成的理念相呼应。

康威的第四定律给出了 IT 系统演进的方向，就是系统越复杂，规模越大，成本越高，机构越臃肿，决策效率就越低，越倾向于分而治之。这也符合软件技术的发展趋势，从过去的单体架构到分层架构，再到中台架构、微服务架构、服务网格架构、云原生架构等。牵一发而动全身的体系架构很难适配组织和业务的发展。架构体系朝着更加高内聚低耦合的方向发展，进一步解放了组织的生产力。

尽管认识到系统设计与组织架构之间的关联，但实际上要突破固有的、封闭的大系统架构并不简单。康威的第一定律和第三定律指出，系统设计与组织架构之间存在着一种内在的对应关系。这种对应不是一朝一夕形成的，而是企业自创立以来，经过长期发展和积累的结果，甚至企业在过去取得的成功也可能部分归因于这种架构。

综上所述，康威定律不仅仅是关于系统设计和组织架构的理论描述，它更为实际地提供了一个思考维度——通过调整和优化组织架构，我们可以有效地改进系统设计，从而更好地适应业务需求和技术发展的变化。

AKF 扩展立方体又被称为可扩展性立方体，是一种用于设计和理解如何扩展系统的模型。该模型包含三个核心维度，每个维度代表扩展系统的一种策略。

X 轴（水平扩展）：通过在多台服务器上复制应用实例来提高系统的处理能力。这种方法适用于无状态应用，因为任意实例都能处理任意请求。负载均衡器被用来均等地分配流量到各个实例。

Y 轴（功能扩展）：通过将系统分解为多个功能子系统或服务来扩展。每个子系统专门负责特定的功能区域。这种方法是微服务架构的基础，可以提升系统的负载承受能力和功能性，但也随之增加了系统的复杂性。

Z 轴（数据扩展）：依据数据的不同分区来扩展系统，比如按照地理位置、用户属性等标准对数据进行分割。这种方法有利于实现地理分布式的多活架构，增强系统的可扩展性，但其实现复杂度较高。

AKF 立方体理论为系统扩展提供了系统化的方法，以应对各种性能挑战。在实践中，可以根据具体场景和需求选择最合适的扩展策略，甚至可以综合运用多个维度以实现更佳的扩展效果。例如，在面临高流量挑战时，优先考虑沿 *X* 轴进行水平扩展，通过增加应用实例的数量来分散负载。当应用内组件需要更低的耦合度或更高专业化时，则可以沿 *Y* 轴进行功能性的拆分。而对于数据量庞大造成的性能瓶颈，沿 *Z* 轴进行数据的分区处理往往是有效的解决方案。

AKF 扩展立方体模型源自 *The Art of Scalability* 一书，如图 3-6 所示，目的是帮助架构师和开发者理解各种扩展策略之间的利弊，并指导他们设计出更加灵活且具有高度可扩展性的系统。

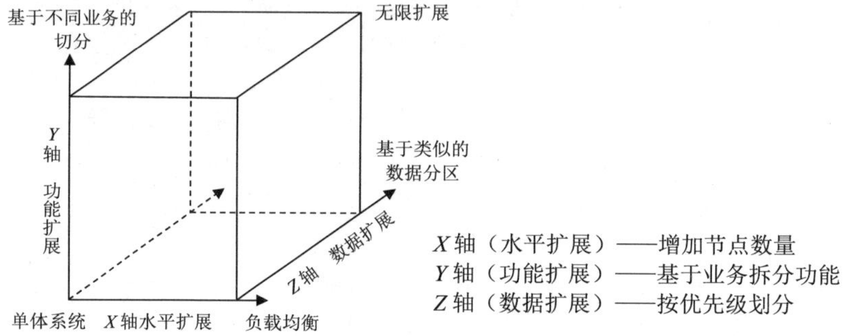

图 3-6　AFK 扩展立方体模型

无状态服务设计是分布式系统和网络应用中广泛采用的一种架构理念，其核心在于服务在处理请求时不对之前交互的任何状态信息产生依赖。每个请求都被视为独立事件，无须访问或维护持久化状态或跨请求的信息。这样的设计能够显著提升系统的可扩展性和可靠性，并且简化了故障排查的过程，因为它减少了状态不一致导致的问题。

无状态服务设计的几个关键点如下。

（1）独立请求：每个请求都是独立的，服务端不需要存储或回忆任何关于客户端的信息。

（2）水平扩展：由于服务不依赖于状态信息，因此可以简单地通过增加更多的服务实例来进行水平扩展。

（3）高可用性：无状态服务通常更容易实现高可用性，因为服务实例可以随时被替换或重启，而不会对系统状态产生影响。

（4）简化故障恢复：无状态服务可以快速重启或替换，从而简化了系统的故障恢复过程。

（5）负载均衡：无状态服务通常与负载均衡器配合使用，后者可以将请求均匀分配给不同的服务实例。在需要维持会话的上下文（如用户认证）中，无状态服务需要通过其他机制（如 Token、Cookies 或外部会话存储）来管理会话状态。

（6）状态隔离：任何状态信息都应该由服务之外的组件管理，例如数据库、缓存或分布式存储系统。在设计无状态服务时，需要考虑如何有效地管理可能需要的状态信息，同时保持服务的无状态性。

（7）Serverless 架构：无状态服务与 Serverless 架构中的函数即服务（FaaS）模型相契合，其中函数执行是短暂和无状态的，如图 3-7 所示。

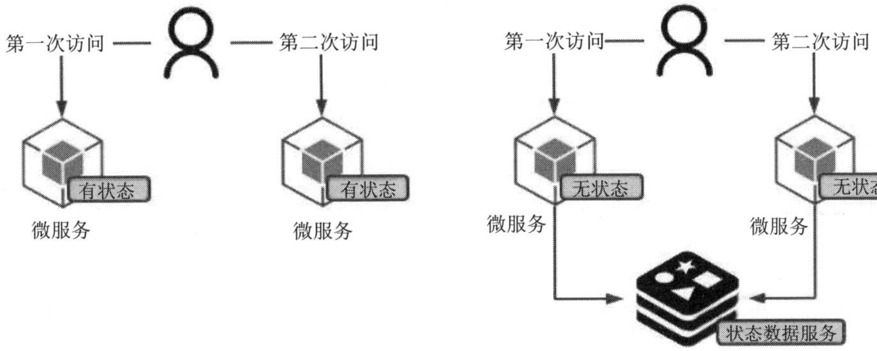

图 3-7　无状态服务与有状态服务架构

无状态服务设计理论的核心在于解耦服务行为和状态管理，使得服务能够更加灵活和高效地运行在分布式环境中。通过这种方式，系统可以更容易地进行扩展和维护，同时提高整体的稳定性和可用性。

3.4.2　5G 网络新架构的设计思路

在 5G 之前，系统架构是"专有响应"的一体式架构，网元为烟囱式设备，功能之间紧密耦合。这种设计使得网络架构呈现出刚性特点。例如，如果某个业务需要依次完成 n 个功能，那么这 n 个功能就会与特定的设备和资源一一绑定，即业务链是预先固定的，整个系统由 n 个刚性的子系统串行构建。假设设备集合为 I，那么系统可以表示为$X_{4G}=\{(i^{C,R})\}$，其中 C 和 R 是参数而非变量，系统的解空间大小为$|X_{4G}|=|I|$。这种架构的刚性导致了两方面问题：一方面，架构无法自由组合以快速生成新能力，只能依赖于增加设备；另一方面，系统中引入新功能时，需要大部分网元同步升级。

借鉴 IT 领域的变革思路，并结合电信网络的目标与需求，5G 系统架构可以构建为"平台化"的积木式系统，如图 3-8 所示。5G 系统架构通过软硬件解耦，将网元上

的功能通过软件化的“网络功能”来实现，并将网络功能进一步解耦为可以自由组合的若干原子能力，即“要素”，从而实现网络架构由刚性变为柔性，能力自由度显著提升。由于网络功能与设备不再绑定，可以将 5G 系统架构视为在服务、资源域、映射方式三个层面上各有一个选择自由度，从而实现网络架构由刚变柔，能力自由度增维。由于网络功能与设备不再绑定，可以将 5G 系统架构看作在服务、资源域、映射方式三个层面上各有一个选择自由度，表示为$X_{5G}=\{(m(c,r),c,r)\}$。假设系统可以由 R 项资源和 C 个原子服务构建，而对于这些网络要素存在 M 种不同的映射方式，则系统解空间大小为$|X_{5G}|=|M|\times|C|\times|R|$。因此，5G 架构能给出更多组合以支持多样化业务。通过对网络功能的柔性重构，以及积木式按需组合的方法，我们可以实现网络功能的可扩展性和新能力的灵活生成，以及实现业务模式从固定供给向灵活供给的根本转变，从而有效地应对业务供给方式变化所带来的架构适应性挑战。

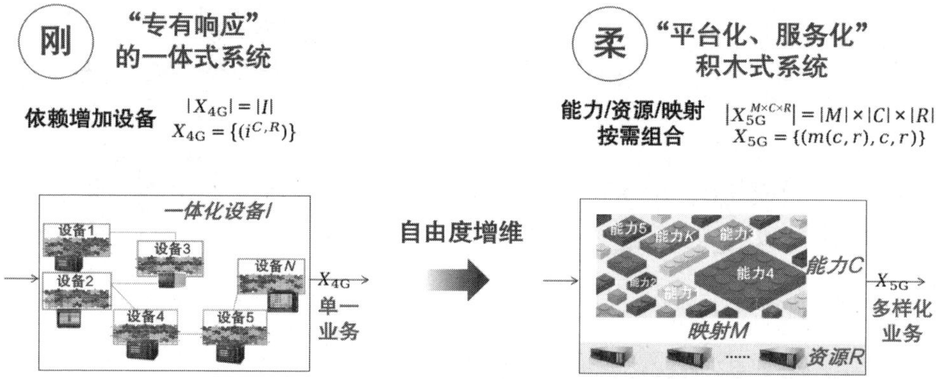

图 3-8　5G 服务化架构创新总体思路

5G 系统架构的柔性设计面临着诸多挑战，例如，如何有效地拆分紧密耦合的功能模块以确定原子能力，如何连接网络元素以保证业务一致响应，并实现电信级可靠性，以及如何让原子服务高效地自发现、自匹配、自组织以快速提供业务。因此，可以考虑采用一种设计原则，即原子化服务拆分，确保每个服务自包含、可重用且独立管理。同时，设计一个统一、开放且可靠的协议体系来“连接”网络中的各个要素，以及一个逻辑内嵌的轻量化编排机制，为网络的柔性“层级”化部署提供基础。这样做的目的是解决效率、可靠性和灵活性之间的矛盾，实现 5G 网络的平台化和服务化转型，进而支持从个人互联网到产业互联网的业务供给模式的转变。

第 4 章

5G 服务化架构总体设计

4.1　层间软硬件解耦

网络功能虚拟化（NFV）是推动移动通信网络实现软硬件分离的核心技术。借助通用硬件平台和虚拟化技术的力量，NFV 使传统上绑定在专有硬件上的网络功能转变为可在通用硬件上执行的软件应用程序，如图 4-1 所示。这一技术革新减少了对特定硬件的依赖，极大地增强了网络的灵活性和可扩展性，并加速了新服务的部署过程。

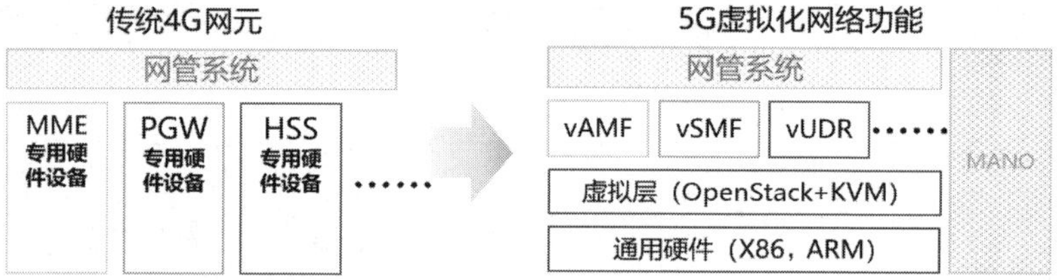

图 4-1　5G 层间软硬件解耦

在移动通信网络中，软硬件解耦的核心意义在于，网络功能不再依赖于特定的物理硬件，而是作为独立的软件模块在虚拟化环境中运作。这一变革减少了对成本高昂的专用硬件的依赖，进而降低了网络建设与维护的成本。此外，它允许网络功能的迅速部署与更新，以敏捷响应市场变化。资源可以根据流量和业务需求动态调整，实现弹性的扩展与收缩。软硬件解耦还促进了新技术和应用的融入，加速了服务创新的步伐，并为 5G 服务化架构奠定了基础。

在 5G 移动通信网络中，NFV 的应用至关重要，因为 5G 旨在支持广泛的服务和应用场景，这对网络的灵活性、扩展性和性能提出了更高的要求。通过 NFV 实现的软硬件解耦，使得 5G 网络能够更加出色地满足这些需求，从而为用户带来更加多样化和高品质的服务体验。

4.2　软件功能重构和原子化拆分

5G 网络架构摒弃了传统网元之间紧密耦合的黑盒设计，引入了网络能力的原子化拆分策略，以此为基础，确保业务需求能够得到快速而灵活的响应。我们提出了原子服务设计的“三要素”模型，结合具体的业务逻辑，实现对服务的最小化拆分，从而降低系统复杂度，并解决了服务粒度设计中的 NP 难题。

基于对业务模型的统计分析和未来预测，我们建立了解耦功能集，确保每个服务都能够独立运作。“三要素”为我们构建原子服务提供了指导。

（1）自包含：每个服务都应具备完整的功能，不依赖于其他服务的执行。如果服务 B 必须依赖于服务 C 才能执行，说明它们在逻辑上是强耦合的，应当考虑将 B 和 C 合并为一个服务，以减少不必要的调用链长度，提升系统整体的灵活性。即若对任意 A→B，都会导致 A→B→C，那么 B 和 C 应该合并为同一个服务。

（2）可重用：只有当一个服务被多个其他服务调用时，才认为它是值得独立存在的。如果某个所谓的“原子服务”A 仅被单一服务 B 调用，在当前和可预见的业务逻辑中都是这样，那么这种划分实际上增加了系统复杂性而无明显收益。在这种情况下，我们应该考虑将服务 A 的功能合并到其他服务中，以简化设计。

（3）独立管理：各服务间的状态存储应保持相互独立。这意味着每个服务对其状态数据都拥有完全的控制权，不会将自己的状态数据存储在其他服务中。通过这种方式，服务可以独立地进行生命周期管理，包括独立部署、升级和迁移等操作。

上述三个要素共同构成了服务设计的基础，它们有助于避免因服务粒度过小而导致的系统复杂性增加。在实际的系统设计过程中，应依据这些要素进行服务粒度的优化设计。首先，根据网络业务的逻辑流程，将网络中的能力拆解至最小粒度，形成最小能力集合。其次，根据能力之间的依赖关系、功能交互频率、数据传输量、协同需求以及业务使用频率等统计量和信息，分析最小能力之间的关联性，并确定哪些能力可以聚合。最后，基于关联性分析结果，构建一张关联性图，其中顶点代表各个最小功能，边的权重表示邻接最小功能的关联强度。通过图的最小割算法，将图划分为多个子图（即原子功能），并聚类形成优化的原子能力集。图 4-2 展示了基于服务设计三要素优化服务粒度的流程。

随着网络技术的发展和人们对业务应用需求的增长，EPC 的局限性逐渐凸显，如图 4-3 所示。整体式网元结构使得业务调整变得复杂，控制面与用户面消息的交织增加了部署和运维的难度。因此，5G 网络新架构的设计首先着眼于功能的重构和软件化。5G 核心网朝着控制面和用户面完全分离的架构发展，使用户面功能不再受“中心化”的限制，能够灵活地部署在核心侧或接入侧。通过功能重构，5G 实现了软件定义的网络功能和连接，将 4G 时代的“网元”重塑为 5G 的网络功能。

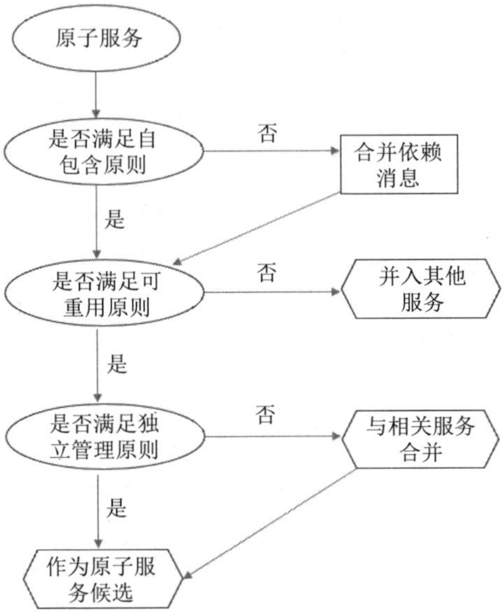

图 4-2 基于服务设计三原则优化服务粒度的流程

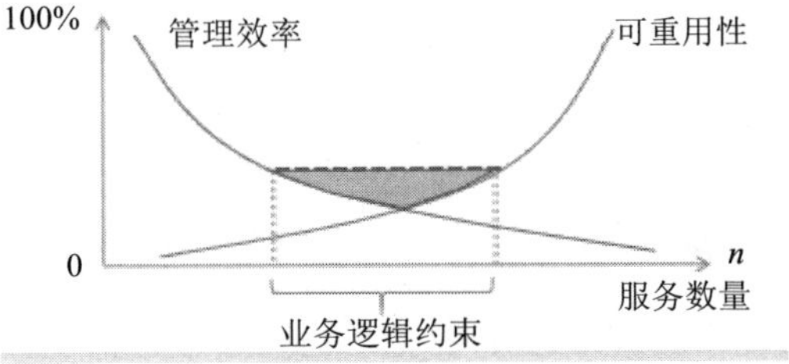

图 4-3 业务逻辑约束

如图 4-4 所示，5G 网络并不是从头开始构建的全新体系，而是在 4G 网络基础上进行的增强和优化。尽管 5G 核心网包含与 4G 类似的功能组件，但其在网络功能实体的划分上更合理，更易于扩展和部署。具体来说，5G 将原本分散在 4G 网络 MME、SGW、PGW 中的会话管理功能整合起来，形成了新的 SMF（Session Management Function，会话管理功能）。同样，将涉及鉴权的功能从 MME 和 HSS 中提取并集中，创建了 AUSF（Authentication Service Function，鉴权服务功能）。经过这样的调整，MME 的剩余功能聚焦于接入和移动性管理，成为 AMF（Access and Mobility

Management Function，接入和移动性管理功能）；而 HSS 的其余部分则转为 UDM（Unified Data Management），专注于统一处理前端数据，涵盖用户标识、签约信息、鉴权数据等。此外，UDR（Unified Data Repository，统一数据仓库）负责存储结构化数据，比如用户签约信息和策略数据；UDSF（Unstructured Data Storage Function，非结构化数据存储功能）则管理非结构化数据，例如会话 ID 和状态信息。与 4G 相比，5G 还引入了 NRF（Network Repository Function，网络仓库功能）来负责网络功能的注册与管理，以及 NSSF（Network Slice Selection Function，网络切片选择功能）来协助管理和选择网络切片相关的配置信息。

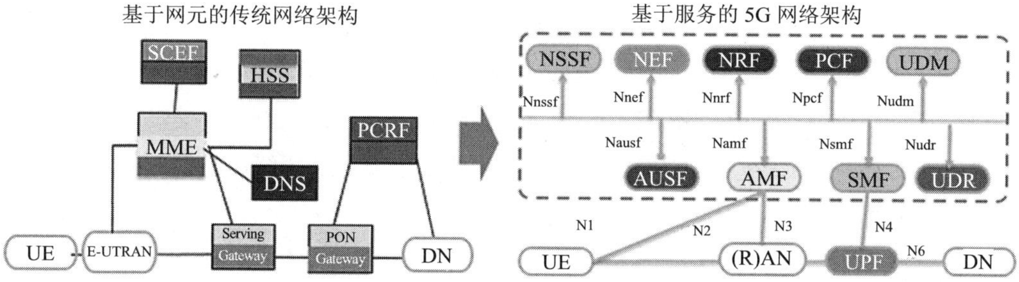

图 4-4　5G 网络架构演进

4.3　原子服务的管理编排

服务化框架是构成服务化架构的核心，尤其针对电信系统严格的时序要求，设计了一种逻辑内嵌且轻量化的编排机制，实时感知状态，动态编排业务流程，以实现业务能力的快速构建，如图 4-5 所示。该框架基于业务流程分析，形成能力间的有向逻辑，设计逻辑内嵌的轻量化编排，降低网络配置量三个数量级，解决柔性架构下业务的高效、可靠问题。该框架通过服务注册、发现和调用，搭建起网络功能/服务间的基本通信平台，为 5G 核心网的新功能提供了一种即插即用的创新引入模式。

服务化编排框架将在实时负载、安全等约束下，优化流程的物理路径$\mathcal{L}$，使得时延$T(\mathcal{L})$尽可能小，链路长度$|\mathcal{L}|$尽可能短。

$$\min_{\mathcal{L}}(\alpha_1 T(\mathcal{L}) + \alpha_2 |\mathcal{L}|)$$

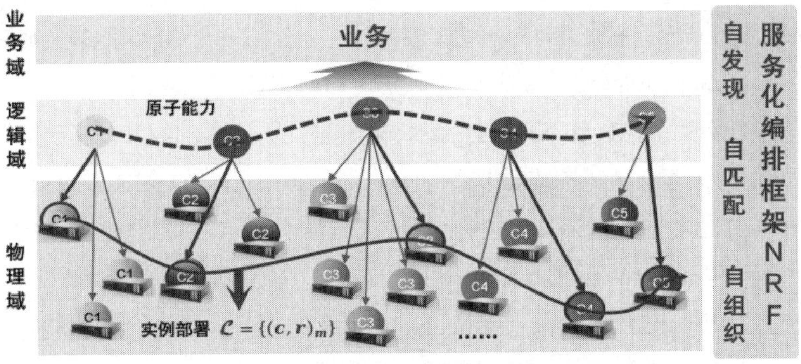

图 4-5　服务化自动编排框架机制

在服务化架构的控制面，网络功能不再采用传统的点对点通信机制，而是采纳了全新的服务化接口（SBI 接口）。每个网络功能通过自己的服务化接口对外提供服务，并允许其他经过授权的网络功能访问或调用这些服务。在此过程中，提供服务的网络功能被称为服务提供者或生产者，而访问和调用这些服务的网络功能则被称为服务使用者或消费者。

1. 服务间的交互

服务消费者与服务生产者之间的交互可以使用“请求-响应”和“订阅-通知”两种方式。

“请求-响应”方式：当服务消费者向服务生产者发送请求消息时，会激发服务生产者提供特定服务，该服务可能涉及执行某个操作、提供某些信息，或两者兼而有之。服务生产者根据接收到的请求来履行服务。为了满足请求，服务生产者可能还需要调用其他 NF 提供的服务。在这一机制中，消费者和生产者之间的通信是直接且一对一的，且生产者对消费者的响应通常是针对该请求的一次性答复。

“订阅-通知”方式：在此方式下，服务消费者 NF 向另一个服务生产者 NF 订阅服务。值得注意的是，多个 NF 可以同时订阅同一项服务。当服务生产者有新的服务结果时，它会主动通知所有订阅了该服务的 NF。在发起订阅请求时，服务消费者需要提供其接收通知的端点信息，以便服务生产者能够在事件发生时（比如所请求的信息发生变化、达到设定阈值等）向其发送周期性更新或事件触发的通知消息。

2. 服务注册和去注册

为了简化服务管理和调用，5G 网络引入了 NRF 这一网络功能，它负责存储和维护所有可用的 NF 实例及其所提供的服务信息。

NF 实例在其首次上线或内部服务实例状态发生变化（如激活或去激活）时，可通过服务注册过程通知 NRF 其可用状态。在注册过程中，每个 NF 实例不仅要申报自己支持的服务列表，而且要为每项服务提供相应的端点信息，特别是针对那些需要接收通知的服务类型。此外，NF 实例能够随时更新或删除这些服务的相关参数，比如移除不再使用的通知端点。

当一个 NF 实例准备以有序的方式下线或脱离网络时，它应通过服务去注册流程告知 NRF。相比之下，如果 NF 实例因故障（如进程崩溃或网络中断）而变得不可用或无法访问，则由授权的管理系统自动从 NRF 中将其注销。

3. 服务发现

服务消费者通过查询本地的 NRF 来进行服务发现，从而找到所需的 NF 及其服务列表。在发起服务请求时，服务消费者会附带特定参数，比如位置信息、DNN（数据网络名称）、网络切片信息等。基于这些参数，NRF 会向服务消费者返回符合条件的 NF 实例、服务的 IP 地址或完全限定域名（FQDN），同时提供有关 NF/服务的容量、支持功能等信息。之后，服务消费者依据自身的策略选择一个适合的 NF/服务实例并发起调用。响应消息中应包含一个有效期，在该有效期内，服务消费者可以缓存搜索结果，也就是满足搜索条件的 NF 配置文件对象数组（例如，所有提供特定 NF 服务名称的 NF 实例）。

在部署有多个 NRF 的公共陆地移动网络（PLMN）中，若单个 NRF 无法满足服务发现请求，它可以通过递归或迭代的方法查询其他 NRF 中的资源，以全面响应服务消费者的需求。

4. 服务授权

服务授权机制确保只有经授权的服务消费者才能访问服务生产者提供的服务。这一授权过程可能基于运营商的策略、不同运营商间的协议等多种因素。服务生产者处可以配置服务授权信息，明确列出获准使用该服务生产者的 NF/服务列表。

根据运营商的具体策略和漫游协议，服务消费者的授权需考虑用户身份、漫游状态和 NF 类型等因素。在服务发现阶段，NRF 会验证服务消费者是否有权限发现请求中的 NF 服务生产者实例，这一验证是按 NF 级别进行的。而当服务生产者接收到请求时，它会进一步检查服务消费者是否有权访问其服务，这项检查细化到了用户设备（UE）级别。

4.4 新型接口协议的设计

在电信系统面临严格时序要求、追求高可靠性和低时延的背景下，我们设计了一个适应 ICT（信息通信技术）融合趋势的协议体系，如图 4-6 所示。这一设计旨在应对从传统网元间固定交互转向基于原子服务的网状交互所带来的挑战，后者导致接口数量显著增加。为了解决这些问题，协议体系需要既统一又简单，同时为了支持新功能的即插即用和未来业务的动态供给，接口协议必须具备敏捷性和开放性。

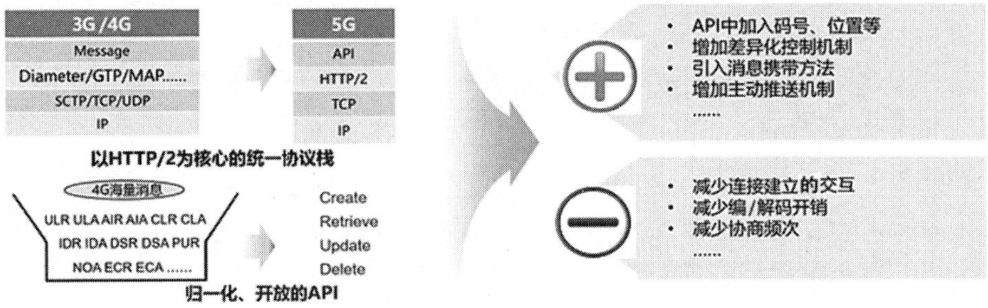

图 4-6 统一、开放、可靠的协议体系

基于 IT 协议的基础，我们进行了适当的增减调整，例如：在 API 中加入码号、位置等信息，同时增加差异化控制机制和主动推送机制，减少连接建立的交互、协商频次和编/解码开销，以确保达到电信级别的高可靠性和低时延特性。为了向不同用户提供多样化的能力，服务化架构将网络功能 NF 进一步分解成一系列自包含、自管理且可重用的网络功能服务，如图 4-7 所示。这些服务彼此间实现了解耦，能够独立升级和弹性扩展，它们通过标准化接口相互通信，并能够通过编排工具根据不同需求进行编排和实例化部署。每一个 NF 服务都可通过特定接口进行访问，这些接口可以包含一个或多个操作。

在 5G 确定采用服务化架构（SBA）作为其网络基础架构之后，设计 5G 网络内部 NF 之间的接口协议成为实现服务化架构实际落地的核心问题。SBA 接口的设计涵盖了多个层面和技术选择，包括传输层、应用层、数据序列化方法、API 设计规范以及接口描述语言（IDL）。随着各种协议选项进入业界的考量范围，经过广泛的分析、讨论、仿真测试、比较评估和筛选过程，3GPP 最终选择了基于 TCP、HTTP/2、JSON 格式数据、Restful API 设计风格以及 OpenAPI 3.0 规范的组合，作为 5G 网络的标准服务化接口协议，如图 4-8 所示。

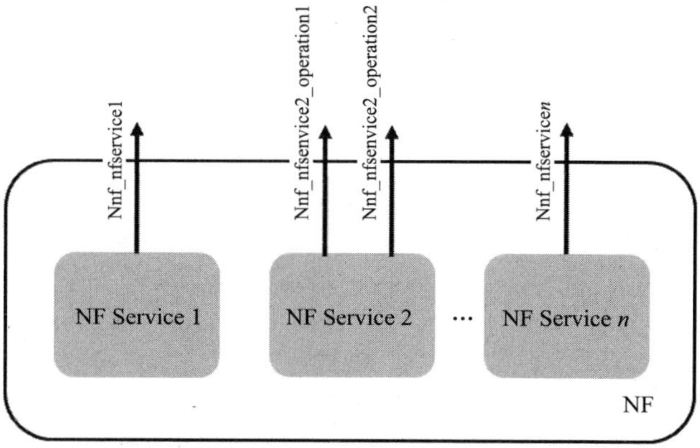

图 4-7　网络功能，NF 服务和 NF 服务操作

协议栈	备选协议
接口描述语言（IDL）	OpenAPI 3.0 YANG
序列化协议	JSON BSON CBOR ProtoBuf
API 设计方式	RESTful RPC
应用层	HTTP 1.1、HTTP 2、Diameter、GTP
传输层	TCP、UDP、QUIC、SCTP

选择结果
OpenAPI 3.0
JSON
RESTful
HTTP/2
TCP

图 4-8　服务化接口

SBI 协议标志着电信核心网领域的一次重大创新，它放弃了长期以来使用的 Diameter、GTP 等传统协议，转而引入 HTTP/2、JSON 等互联网技术。这种设计利用了云原生和互联网技术的优势，实现了网络功能和服务的快速部署、持续集成，以及新功能的无缝发布，同时也极大地方便了运营商自有业务乃至第三方业务的开发与集成。

4.5　5G 服务化架构具体设计

5G 服务化架构主要包括 AMF、SMF、NRF、UDM、PCF、UPF 等网元，按照网元功能可划分为控制面、用户面、数据面和能力提升类网元。其中控制面网元主要为 AMF、NRF、SMF、UDM 和 PCF 等，AMF 负责用户接入和移动性管理，SMF 负责会话管理，NRF 负责网络存储库功能，UDM 和 PCF 分别负责用户数据和策略数据管理，计费功能。用户面网元主要为 UPF，负责用户数据报文的路由转发、业务识别与策略执行等功能；数据面网元主要为 UDR，负责 5G 用户数据、策略数据以及能力开放数据的存储；能力提升类网元主要包括 NEF、NWDAF 等，NEF 负责将 5G 核心网的服务化能力及信息对外部网络进行开放，网络数据分析功能网元 NWDAF 负责采集并分析网络状态信息（如网络切片的拥塞情况），并向 PCF 提供策略决策信息。

10 余项网络功能（NF）和 100 多项原子能力，如图 4-9 所示。

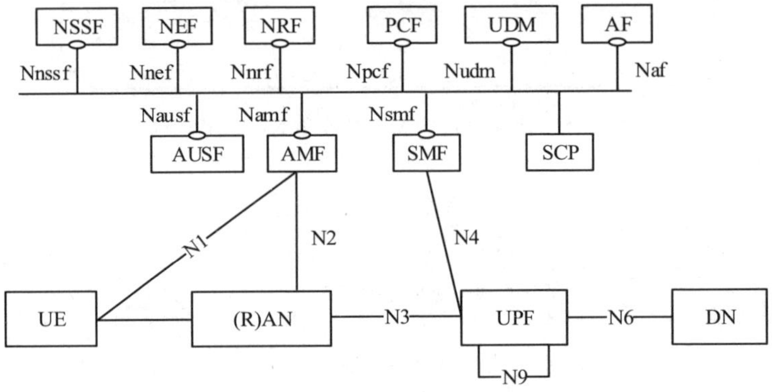

图 4-9　服务化标识的 5G 网络架构

1. AMF

AMF 是接入和移动性管理功能实体，它可以类比于 4G 的 MME。AMF 的主要功能如下。

（1）RAN 信令接口（N2）的终结点，NAS（Non-Acecess Stratum，非接入层）（N1）信令（MM 消息）的终结点。

（2）负责 NAS 消息的加密和完整性保护，以及注册、接入、移动性管理、鉴权、短信等功能。

（3）在与 EPS 网络交互时还负责 Eps Bearer Id 的分配。

AMF 包含的原子能力如表 4-1 所示。

表 4-1　AMF 包含的原子能力

原子能力	描　述
Namf_Communication	使 NF 消费者能够通过 AMF 与 UE 和/或 AN 接入网通信
Namf_EventExposure	使其他 NF 消费者能够订阅或获得与移动性相关的事件和统计信息的通知
Namf_MT	使 NF 消费者确保 UE 是可访问的
Namf_Location	使 NF 消费者能够请求目标终端的位置信息
Namf_MBSBroadcast	允许 NF 消费者与 NG-RAN 进行广播通信
Namf_MBSCommunication	允许 NF 消费者与 NG-RAN 进行多组广播通信

2. SMF

SMF 是会话管理功能实体。SMF 的主要功能如下。

（1）NAS 消息的 SM 消息的终结点。

（2）负责会话（Session）的建立、修改和释放。

（3）UE IP 的分配管理。

（4）DHCP 功能。

（5）ARP（Allocation and Retention Priority，分配与保留优先级）代理或 IPv6 邻居请求代理（在 Ethernet PDU 场景下）。

（6）为一个会话选择和控制 UPF。

（7）计费数据的收集以及支持计费接口。

（8）决定一个会话的 SSC 模式。

（9）下行数据指示。

SMF 包含的原子能力如表 4-2 所示。

表 4-2 SMF 包含的原子能力

原子能力	描 述
Nsmf_PDUSession	该服务管理 PDU 会话，并使用从 PCF 收到的策略和计费规则
Nsmf_EventExposure	该服务将 PDU 会话上发生的事件公开给消费者 NF
Nsmf_NIDD	该业务用于 SMF 与其他 NF 之间的 NIDD 转接
Nsmf_TrafficCorrelation	用于 SMF 确定与流量关联 ID 标识的终端集成员相关的信息

3. UPF

UPF 是用户面功能实体，类似于 4G 下的 GW（SGW+PGW）。UPF 最主要的功能是负责数据包的路由转发、QoS 流映射。

（1）用于 RAT（Random Access Type，随机接入类型）内/RAT 间移动性的锚点（适用时）。

（2）外部 PDU 与数据网络互连的会话点。

（3）分组路由和转发。例如，支持上行链路分类器以将业务流路由到数据网络的实例，支持分支点和多宿主 PDU 会话。

（4）数据包检查。例如，基于服务数据流模板的应用流程检测和从 SMF 接收的可选 PFD。

（5）用户面部分策略规则实施，例如，门控、重定向、流量转向。

（6）合法拦截（UP 收集）。

（7）提供流量使用报告。

（8）用户面的 QoS 处理。例如，UL/DL 速率实施，DL 中的反射 QoS 标记。

（9）上行链路流量验证［从 SDF（Service Data Flow，服务数据流）到 QoS 流量映射］。

（10）上行链路和下行链路中的传输级分组标记。

（11）下行数据包缓冲和下行数据通知触发。

（12）将一个或多个“结束标记”发送和转发到源 NG-RAN 节点。

注意：并非所有的 UPF 功能都需要在网络切片的用户面功能的实例中得到支持。

UPF 包含的原子能力如表 4-3 所示。

表 4-3　UPF 包含的原子能力

原子能力	描　述
Nupf_EventExposure	该服务向消费者 NF 公开 UPF 相关信息
Nupf_GetUEPrivateIPaddrAndIdentifiers	该业务公开与 NAT 信息和 SUPI 相关的 UPF 信息

4. PCF

PCF（Policy Control Function，策略控制功能）是策略控制功能实体，支持统一的策略框架并管理网络行为，向网络实体提供策略规则，访问统一数据仓库（UDR）的订阅信息，PCF 只能访问和其相同 PLMN 的 UDR。

PCF 包含的原子能力如表 4-4 所示。

表 4-4　PCF 包含的原子能力

原子能力	描　述
Npcf_AMPolicyControl	PCF 业务为 NF 消费者提供接入控制、网络选择和移动性管理的相关策略、终端选路策略
Npcf_SMPolicyControl	该 PCF 服务向 NF 消费者提供与会话相关的策略
Npcf_PolicyAuthorization	该 PCF 服务授权一个 AF 请求，并根据被授权的 AF 为该 AF 会话绑定的 PDU 会话创建策略。该服务允许 NF 消费者订阅/取消订阅接入类型和 RAT 类型、PLMN 标识符、接入网信息、使用报告等通知
Npcf_BDTPolicyControl	该 PCF 服务向 NF 消费者提供后台数据传输策略协商和可选的重新协商通知

续表

原子能力	描　述
Npcf_UEPolicyControl	该 PCF 服务向 NF 消费者提供 UE 策略关联的管理
Npcf_EventExposure	该 PCF 服务为事件公开提供支持
Npcf_AMPolicyAuthorization	PCF 授权 AF 请求，并用其决定 UE 的访问和移动性管理相关策略的输入
Npcf_MBSPolicyControl	PCF 服务针对 MB-SMF 提供与 MBS 会话相关的策略
Npcf_MBSPolicyAuthorization	该服务授权 AF、NEF、MBSF 对 MBS 服务的请求，并根据授权 AF 对 MBS 服务的请求创建策略
Npcf_PDTQPolicyControl	该 PCF 服务为有计划的数据传输提供具有 QoS 需求策略的协商，并为重新协商提供可选的通知给 NF 消费者

5. NEF

NEF（Network Exposure Function，网络开放功能）是网络业务呈现功能实体，其主要功能如下。

（1）3GPP 的网元都是通过 NEF 将其能力呈现给其他网元的。

（2）NEF 将相关信息存储到 UDR 中，也可以从 UDR 获取相关的信息。

（3）NEF 提供相应的安全保障来保证外部应用到 3GPP 网络的安全。

（4）3GPP 内部和外部相关信息的转换，例如，AF-Service-Identifier 和 5G 核心网内部的 DNN、S-NSSAI 等的转换，尤其是网络和用户敏感信息一定要对外部网元隐藏。

NEF 可以通过访问 UDR 获取其他网元的相关信息，NEF 只能访问和其相同 PLMN 的 UDR。

NEF 包含的原子能力如表 4-5 所示。

表 4-5　NEF 包含的原子能力

原子能力	描　述
Nnef_EventExposure	提供事件公开支持

续表

原子能力	描　　述
Nnef_PFDManagement	提供 PFD 管理支持
Nnef_ParameterProvision	支持提供可用于 5G 终端的信息
Nnef_Trigger	提供设备触发支持
Nnef_BDTPNegotiation	为后台数据传输策略协商提供支持，并为重新协商提供可选的通知
Nnef_TrafficInfluence	提供影响通信路由的能力
Nnef_ChargeableParty	请求成为终端用户数据会话的收费方
Nnef_AFsessionWithQoS	请求网络为 AF 会话提供特定的 QoS
Nnef_ServiceParameter	为特定于服务的信息提供支持
Nnef_APISupportCapability	提供对可用性或服务 API 预期级别的感知支持
Nnef_NIDDConfiguration	用于配置通过 NIDD API 传输数据所需的信息
Nnef_NIDD	用于 NEF 锚定的 MO 和 MT 非结构化数据传输
Nnef_SMContext	提供创建、更新或发布 SMF-NEF 连接的功能
Nnef_AnalyticsExposure	提供对网络分析公开的支持
Nnef_ECRestriction	为增强的覆盖限制的排队状态提供支持，或者为每个 UE 启用/禁用增强的覆盖限制
Nnef_ApplyPolicy	提供将先前协商的后台数据传输策略应用于终端或终端组的功能
Nnef_Location	提供向 AF 传送 UE 位置的能力
Nnef_AMInfluence	提供影响一个或多个终端的访问和移动性管理相关策略的能力
Nnef_AMPolicyAuthorization	提供输入的能力，PCF 可以使用这些输入来决定访问和移动性管理相关的策略
Nnef_AKMA	AKMA 应用密钥派生服务
Nnef_EASDeployment	EAS 部署服务

6. UDM

UDM（Unified Data Manager，统一数据管理）的主要功能如下。

（1）产生 3GPP 鉴权证书/鉴权参数。

（2）存储和管理 5G 系统的永久性用户 ID（SUPI）。

（3）订阅信息管理。

（4）MT-SMS 递交。

（5）SMS 管理。

（6）用户的服务网元注册管理（比如当前为终端提供业务的 AMF、SMF 等）。

UDM 包含的原子能力如表 4-6 所示。

表 4-6　UDM 包含的原子能力

原子能力	描　述
Nudm_UECM	向 NF 消费者提供与 UE 的事务信息相关的信息，如 UE 的服务 NF 标识符、UE 状态等； 允许 NF 消费者在 UDM 中为提供服务的终端注册和注销其信息； 允许 NF 消费者更新 UDM 中的一些 UE 上下文信息
Nudm_SDM	允许 NF 消费者在必要时检索用户订阅数据； 向已订阅的 NF 消费者提供更新的用户订阅者数据
Nudm_UEAuthentication	向已订阅的 NF 消费者提供更新的与身份验证相关的订阅者数据； 对于基于 AKA 的身份验证，此操作还可用于从安全上下文同步失败的情况中恢复； 用于通知终端的认证过程的结果
Nudm_EventExposure	允许 NF 消费者订阅以接收事件； 向订阅的 NF 消费者提供事件的监视指示
Nudm_ParameterProvision	提供可用于 5G 终端的信息
Nudm_NIDDAuthorisation	收到的外部组标识符或 GPSI 授权 NIDD 配置请求
Nudm_ ServiceSpecificAuthorisation	授权特定的服务配置
Nudm_ReportSMDeliveryStatus	向 UDM 报告 SM 交付状态
Nudm_MT	用于终止业务的 UE 状态和域选择信息
Nudm_UEIdentifier	将（远程）UE 的 SUCI 解除对其 SUPI 的隐藏

7. AUSF

AUSF（鉴权服务功能）是鉴权服务器网元，支持 3GPP 接入的鉴权和不可信的非 3GPP 接入的鉴权。

AUSF 包含的原子能力如表 4-7 所示。

表 4-7　AUSF 包含的原子能力

原子能力	描　述
Nausf_UEauthentication	AUSF 向请求 NF 提供 UE 认证服务。对于基于 AKA 的身份验证，该操作还可用于从安全上下文同步失败的情况中恢复
Nausf_SoRProtection	AUSF 为请求方 NF 提供漫游信息服务转向保护
Nausf_UPUProtection	AUSF 向请求方 NF 提供 UE 参数更新保护服务

8. UDR

UDR（Unified Data Repository，统一数据仓库）的主要功能如下。

（1）UDM 存储或读取订阅数据。

（2）PCF 存储或读取策略数据。

（3）存储公开的数据或者从中读取公开的数据；UDR 和访问 UDR 的 NF 具有相同的 PLMN，也就是在同一个网络下，Nudr 接口是一个 PLMN 内部接口。

UDR 包含的原子能力如表 4-8 所示。

表 4-8　UDR 包含的原子能力

原子能力	描　述
Nudr_DM	允许 NF 消费者根据适用于消费者的数据集检索、创建、更新、订阅更改通知、取消订阅更改通知和删除存储在 UDR 中的数据； 该服务还可用于管理特定于运营商的数据
Nudr_GroupIDmap	允许 NF 消费者检索与订阅者标识符对应的 NF 组 ID

9. SMSF

SMSF（SMS Function）为短信功能；它包含的原子能力是 Nsmsf_SMService，它允许 AMF 在 SMSF 上为服务用户授权 SMS 并激活 SMS。此外，Nsmsf_SMService 还允许从消费者 NF 向 SMSF 发送下行短信。

10. NSSF

NSSF（Network Slice Selection Function）是网络切片选择功能，它支持以下功能。

（1）选择服务于终端的网络切片实例集。

（2）确定允许的 NSSAI，如果需要，确定到订阅的 s -NSSAI 的映射。

（3）确定已配置的 NSSAI，如果需要，确定到已订阅的 s -NSSAI 的映射。

（4）确定用于服务终端的 AMF 集，或根据配置确定候选 AMF 的列表，可能通过查询 NRF 来确定。

（5）NSSF 可以基于 NWDAF 分析提供网络切片限制和网络切片实例限制的支持。

（6）确定是否需要更换 S-NSSAI，并向 AMF 提供 S-NSSAI 不可用的指示和相应的备选 S-NSSAI，例如，基于接收到的 NWDAF 分析（如网络切片或切片负载水平的服务体验），或来自 OAM 系统的本地触发。

NSSF 包含的原子能力如表 4-9 所示。

表 4-9 NSSF 包含的原子能力

原子能力	描　述
Nnssf_NSSelection	向请求者提供所请求的网络切片信息
Nnssf_NSSAIAvailability	向 NF 消费者提供基于 TA（Tracking Area，跟踪区）的 S-NSSAI 的可用性

11. NRF

NRF（Network Repository Function）是网络仓库功能实体，负责 NF 的管理和发现。它的主要功能如下。

（1）支持业务发现功能，也就是接收网元发过来的 NF-Discovery-Request，然后提供发现的网元信息给请求方。

（2）维护可用网元实例的特征和其支持的业务能力。

（3）一个网元的特征参数主要有：网元实例 ID、网元类型、PLMN、网络分片的相关 ID（如 S-NSSAI、NSIID）、网元的 IP 或者域名、网元的能力信息、支持的业务能力名字等。

NRF 包含的原子能力如表 4-10 所示。

表 4-10　NRF 包含的原子能力

原子能力	描　述
Nnrf_NFManagement	为 NF、NF 服务，以及 SCP 的注册、注销和更新服务提供支持。向 NF 服务消费者和 SCP 提供新注册、更新、注销 NF 及其 NF 服务的通知。同时向 SCP 提供新注册、更新、注销 SCP 的通知
Nnrf_NFDiscovery	允许一个 NF 服务消费者或 SCP 发现一组具有特定 NF 服务或目标 NF 类型的 NF 实例，也允许一个 NF 服务消费者或 SCP 发现特定的 NF 服务，还允许发现下一跳的 SCP
Nnrf_Bootstrapping	让 NRF 的 NF 服务消费者知道它支持的服务端点、NRF 实例 ID 和 NRF 集 ID（如果 NRF 是 NRF 集的一部分）

第 5 章

5G 服务化架构新特性

5.1 移动性管理

5.1.1 接入控制

接入控制主要包括 UE 接入时的网络选择、鉴权认证、授权功能等。网络选择由 UE 执行，包括公共陆地移动网络选择和接入网选择。鉴权认证用于验证 UE 是否拥有接入网络的权限，这一流程可能在任何建立 NAS 信令连接的过程中进行。授权功能则在 UE 注册过程中实现，基于 UE 的签约数据（如运营商设定的限制、漫游限制、接入类型和 RAT 类型限制等），决定是否允许 UE 与 5GC（5G Core，5G 核心网）建立连接或使用特定服务。授权功能在 UE 的身份认证和鉴权认证成功后执行。接入过载控制是一种自保机制，当网络处于过载状态时，通过运营商配置和网络决策，限制 UE 的接入尝试，以控制网络负载。

5.1.2 注册和连接管理

用户在访问业务前需要先到网络中注册，注册成功后，网络会为用户建立上下文和安全的信令通道，这样用户才可以访问网络资源。注册管理指的是注册请求的处理过程，以及用户在网络中的注册状态管理。

注册管理状态包括注册状态（RM-REGISTERED）和去注册状态（RM-DEREGISTERED）。在去注册状态下，用户因关机、开启飞行模式、无网络覆盖或网络拒绝接入等，未在网络中注册，则无法访问网络资源，这样网络中就没有用户的上下文信息和位置信息，用户处于不可达状态。

当用户开机或关闭飞行模式，并成功选网后，用户设备会自动向网络发起初始注册请求。AMF 接收到请求后，与 AUSF/UDM 交互完成接入控制（包括用户认证和接入授权），与 NSSF 交互完成切片选择（如有需求），与 PCF 交互获取用户接入和移动性策略（如有需求）。最终，网络确定用户是否被允许注册。若允许用户注册，网络为用户建立安全和移动性管理上下文，则返回 5G 全球唯一临时标识（5G Globally Unique Temporary Identifier，5G-GUTI）、注册区信息、移动性限制、允许的切片、周期性更新时长、IP 多媒体子系统（IP Multimedia Subsystem，IMS）语音支持标记、紧急业务支持标记，以及用户的聚合最大比特率（Aggregate Maximum Bit Rate，AMBR）等参数，授权用户访问业务。此时，用户变为注册状态，网络掌握用户的位置信息，能够对用户进行寻呼，用户也能建立 PDU 会话，以访问业务。

用户在网络中注册后，在周期性更新时长到期、移出注册区列表、更新自身能力或重新协商协议参数等情况下，会更新注册。当用户主动解除注册或网络侧决定注销用户时，则会进入去注册流程。

用户和 AMF 侧的注册管理状态模型如图 5-1 所示。

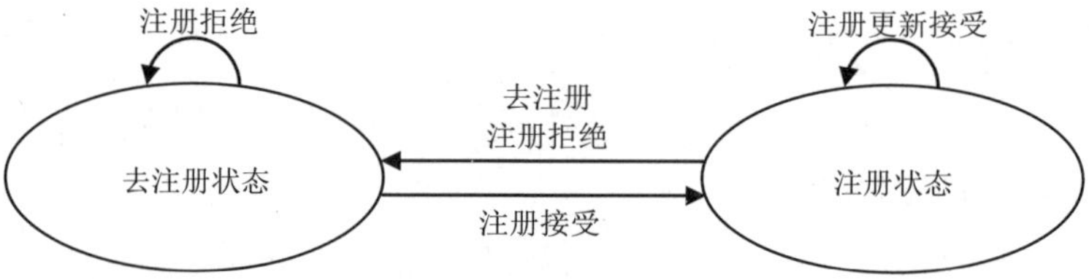

图 5-1　注册管理状态模型

在移动通信领域，空口资源极为宝贵。当用户在一段时间内没有进行信令或数据传输时，5G 无线和核心网会释放空口资源，以及无线与核心网之间的信令连接。当用户有信令或数据传输需求时，系统会重新为用户建立所需的信令连接。这一按需进行的连接建立或释放过程，以及 5G 核心网对用户连接状态的管理，被称为连接管理。

连接管理有两种状态：空闲态（CM-IDLE）和连接态（CM-CONNECTED）。当用户进入空闲态时，用户与无线基站间的 AN 连接、无线基站与核心网间的 N2 连接（统称为 NAS 信令连接），以及用户面的 N3 连接均被释放，用户无法进行信令和数据传输。当空闲态的用户需要进行信令和数据传输时，用户会主动发起业务请求或注册请求等流程，以建立到 AMF 的 NAS 信令连接。如果需要进行数据传输，则同时建立基于 N3 接口的用户面连接，从而进入连接态，正常进行业务数据传输。

用户与 UE 侧和 AMF 侧的连接管理状态迁移分别如图 5-2 和图 5-3 所示。

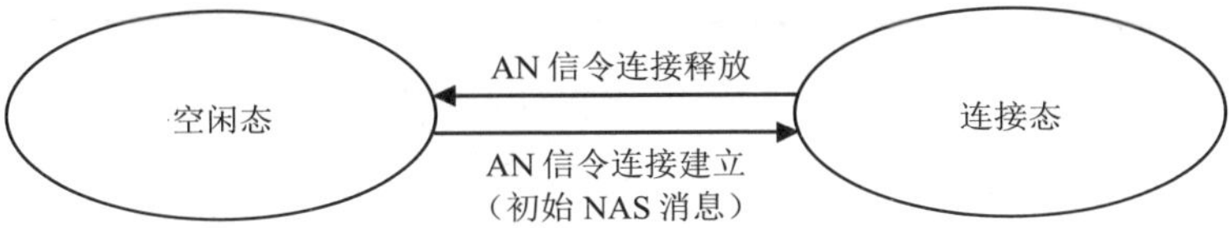

图 5-2　UE 侧的连接管理状态迁移

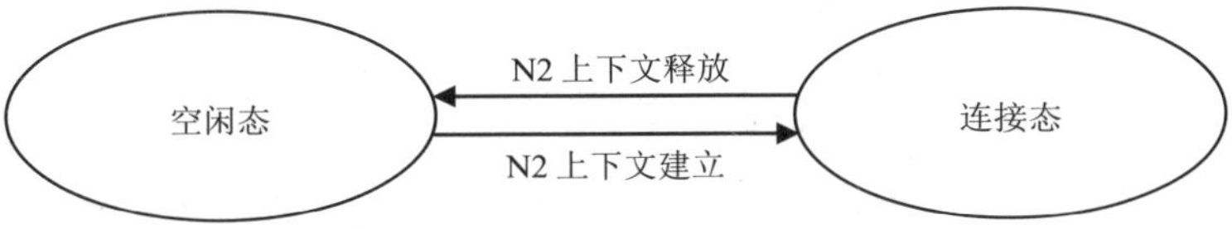

图 5-3　AMF 侧的连接管理状态迁移

当用户在连接态和空闲态之间频繁切换时，控制面的 NAS 连接以及用户面的 N3 连接也随之频繁建立和释放，这不仅增加了信令开销，还影响了业务的快速恢复。为了解决这一问题，并确保空口资源不会被长时间占用，5G 引入了无线资源控制（Radio Resource Control，RRC）非激活连接态。在这种状态下，用户与无线之间的 RRC 连接被释放，但无线基站与核心网之间的 N2 和 N3 连接仍然保持，从核心网的角度来看，用户仍然处于连接态。

无线侧根据 AMF 下发的辅助信息来判断用户是否进入 RRC 非激活连接态。在 RRC 非激活连接态下，无线基站侧负责用户的寻呼、移动性管理和可达性管理。当处于 RRC 非激活连接态的用户准备发送数据或需要与核心网进行信令交互时，会触发 RRC 连接恢复，从而进入连接态，实现信令和数据的转发。

5.1.3　终端可达性和寻呼管理

终端可达性管理用于指示终端对网络是否可达，并管理终端的位置信息，以便网络能够对用户进行寻呼和下行信令或数据的分发。

当用户处于空闲态时，5G 网络能够通过寻呼流程和位置跟踪获知终端的大致位置，具体到用户 TA 列表的粒度。一旦用户进入空闲态，将启动周期性注册定时器，定时器超时后，用户会发起周期性注册流程。当 RAN 发起用户上下文释放，表明 UE 不可达时，AMF 会启动用户可达定时器，该定时器的时长通常大于周期性注册定时器确定的时长。如果用户可达定时器在用户重新连接到网络之前超时，AMF 将会判断 UE 为不可达状态。

然而，AMF 并不能确切地知道 UE 不可达状态将保持多久，因此不会立即注销该用户。在用户可达定时器超时后，AMF 会启动一个具有较大值的隐式去注册定时器。如果 UE 变为连接态，则 AMF 会停止隐式去注册定时器。如果隐式去注册定时器在 UE 连接到网络之前超时，则 AMF 会隐式地去注册 UE。

当用户处于连接态时，AMF 能够掌握 UE 在服务 RAN 节点粒度上的位置。当 UE 无法访问时，RAN 会通知 AMF。在用户处于连接态下的 RRC 不活动状态时，RAN 能够在通知区域粒度上知晓 UE 的位置，并负责对 UE 的寻呼和可达性管理。

当网络有下行信令或数据需要向终端分发时，如果终端处于空闲态，那么网络会向终端发送寻呼请求。用户收到寻呼后，会通过服务请求流程恢复与核心网的连接，从而完成后续的数据或信令传输。

根据运营商的配置，5G 支持为不同的会话使用不同的寻呼策略。当终端处于空闲态时，AMF 决定寻呼策略并执行寻呼。当 UE 处于连接态下的 RRC 非活动状态时，由 RAN 决定寻呼策略并执行寻呼。在网络触发服务请求时，SMF 根据从 UPF 接收的下行数据或下行数据通知确定 5G 服务质量标识（5G QoS Indicator，5QI）和 ARP，并在发送给 AMF 的通知请求中传递这些信息。AMF 可以根据 5QI 和 ARP 得出不同的寻呼策略来进行寻呼。

5G 网络支持对用户使用优先寻呼功能，允许 AMF 在发送给 RAN 的寻呼消息中包含指示 UE 优先寻呼的标识。AMF 可以基于从 SMF 收到的消息中的 ARP 值决定是否在寻呼消息中包含寻呼优先级。当 RAN 收到携带寻呼优先级的寻呼消息时，它将优先处理该寻呼。对于处于 RRC 非活动状态的 UE，RAN 根据运营商规定的与 QoS 流相关联的 ARP 和来自 AMF 的核心网辅助寻呼信息来确定寻呼优先级。

5.2 会话管理

5.2.1 概述

5G 网络通过其灵活的会话管理机制，在用户设备（UE）和核心网之间建立端到端的 PDU 会话，为用户提供到外部数据网络的数据连接服务，以满足各种数据传输需求。每个 PDU 会话都支持特定类型的 PDU 数据交换，包括 IPv4、IPv6、IPv4v6、以太网和无结构数据。

5G 系统支持多种会话管理功能，涵盖会话生命周期管理、IP 地址管理、会话和业务连续性管理、二次鉴权和拓扑增强等方面。

5.2.2 会话生命周期管理

PDU 会话的建立、修改和释放通过 UE 和 SMF 之间 N1 接口的 NAS 的 SM 信令交互来完成。无论是 UE 还是 5GC 发起请求，都会触发相应的信令流程。当应用服务器提出请求后，5GC 可以激活 UE 上的特定应用。UE 接收到触发消息后，将其转发给内部的特定应用，进而可能引发到特定 DNN 的 PDU 会话建立过程。

SMF 负责验证 UE 的请求是否符合签约规定。为此，SMF 向 UDM 查询以获取 SMF 层面的签约信息更新。这些数据既包括 DNN 粒度信息，也包括 S-NSSAI 粒度信息，具体涵盖允许的 PDU 会话类型和默认类型、允许的 SSC 模式和默认模式、QoS 信息（如签约的会话 AMBR、默认的 5QI 和 ARP）、静态 IP 地址或前缀、签约用户面的安全策略，以及与 PDU 会话相关的计费特性等。

当 UE 向网络发送 PDU 会话建立请求时，会提供一个 PDU 会话标识。这个标识在 UE 内部是唯一的，用来唯一识别 UE 的一个 PDU 会话。在签约数据中，可能为每个 S-NSSAI 配置了一个通配 DNN。当通配 DNN 与一个签约 S-NSSAI 关联时，只要签约允许，UE 就可以使用任何 DNN 建立 PDU 会话。

终端可以针对同一个数据网络建立多个 PDU 会话，并且这些会话可以由不同的 UPF 来终结 N6 接口。此外，多个 SMF 可以为建立了多个 PDU 会话的一个 UE 提供服务。

SMF 需要在 UDM 中按 PDU 会话粒度进行注册或去注册操作。属于同一个 UE 的不同 PDU 会话（可能是同一 DNN 或不同 DNN）在 AN 和 UPF 之间的用户面路径可以完全独立，互不影响。

5.2.3 IP 地址管理

UE 的 IP 地址管理涉及分配、释放，以及更新已分配的 IP 地址。

根据 UE 的 IP 地址能力和配置，在 PDU 会话建立过程中，UE 应设置所请求的 PDU 会话类型，具体规则如下：

- 当 UE 同时支持 IPv6 和 IPv4 时，应根据其配置或接收到的策略来请求特定的 PDU 会话类型（即 IPv4、IPv6 或 IPv4v6）。
- 如果 UE 仅支持 IPv4，则应将请求的 PDU 会话类型设置为“IPv4”。
- 如果 UE 仅支持 IPv6，则应将请求的 PDU 会话类型设置为“IPv6”。

在 UE 的 IP 版本能力未知的情况下，UE 应请求 PDU 会话类型为“IPv4v6”，以兼容两种协议。

1. SMF 选择 PDU 会话类型的方式

如果 SMF 接收到的请求 PDU 会话类型为“IPv4v6”，则基于 DNN 配置和运营商策略，SMF 会选择 PDU 会话类型为 IPv6、IPv4，或者保持为 IPv4v6。

如果 SMF 接收到的请求 PDU 会话类型为“IPv6”或“IPv4”，并且 DNN 支持请求的 IP 版本，那么 SMF 会选择请求的 PDU 会话类型。

在响应 UE 的请求时，SMF 可以指示不允许的 PDU 会话类型与（DNN，S-NSSAI）组合。在这种情况下，UE 不应为网络不允许的 PDU 会话类型向相同的（DNN，S-NSSAI）组合再次发出请求。如果 UE 在初始 PDU 会话建立后需要另一个单个 IP 版本的 PDU 会话类型，则 UE 可以向（DNN，S-NSSAI）组合发起另一个 PDU 会话建立过程，以激活第二个具有所需 PDU 会话类型的会话。

根据选择的 PDU 会话类型，SMF 应执行相应的 IP 地址管理过程。若选择 IPv4，则分配 IPv4 地址；若选择 IPv6，则分配 IPv6 地址；若选择 IPv4v6，则同时分配 IPv4 和 IPv6 地址。

对于漫游场景，SMF 作为控制 UPF 的 IP 锚点，即在归属地漫游场景中的 H-SMF

或 Local Breakout 场景中的 V-SMF。在归属路由情况下，V-SMF 将 UE 请求的 PDU 会话类型转发给 H-SMF，而不进行解析，并将 H-SMF 选择的 PDU 会话类型通知 UE。SMF 负责处理与 UE IP 地址管理相关的消息，维护相应的状态信息，并向 UE 提供响应消息。当从外部数据网络获取 UE 的 IP 地址时，SMF 还应发送分配、更新和释放相关的请求消息到外部数据网络，并维护相应的状态信息。

2. 5GC 设备和 UE 对相关机制的支持

在建立 PDU 会话的过程中，SMF 通过 SMF 的 NAS 信令向 UE 发送 IP 地址。一旦 PDU 会话建立，通过 DHCP 分配的 IPv4 地址和/或 IPv4 参数配置就可以使用。

如果支持 IPv6，则应通过 IPv6 无状态自配置支持 IPv6 地址分配。此外，还可以通过无状态 DHCPv6 支持 IPv6 参数配置。

为了通过 DHCPv4 分配 IP 地址，UE 可以在协议配置选项元素内向网络表明其希望使用 DHCPv4 获取 IPv4 地址，或者在 PDU 会话建立期间获取 IP 地址。这涵盖了静态和动态地址分配的以下情况。

- 作为 PDU 会话建立过程的一部分，UE 可以指示它请求获取 IPv4 地址。在这种情况下，UE 依赖于 5GC 在 PDU 会话建立过程中为其提供 IPv4 地址。
- UE 也可以在 PDU 会话建立之后指示它请求通过 DHCPv4 获取 IPv4 地址。这意味着当 5GC 支持 DHCPv4 并允许时，它不会在 PDU 会话建立过程中立即为 UE 提供 IPv4 地址。网络可能会以 0.0.0.0 作为分配的 IPv4 地址来响应 UE。然后，UE 在 PDU 会话建立过程完成后，使用与 5GC 的连接自行发起 DHCPv4 以获取 IPv4 地址。然而，如果 5GC 选择在 PDU 会话建立过程中提供 IPv4 地址，UE 应接受这一过程中指定的 IPv4 地址。

如果 UE 未发送 IP 地址分配请求，SMF 将基于每个 DNN 的配置来决定是否在 UE 与 SMF 之间使用 DHCPv4。

在动态策略配置的情况下，如果在 PDU 会话建立过程中未向 PCF 通知 IPv4 地址，SMF 应向 PCF 通知分配的 IPv4 地址。相应地，当 IPv4 地址被释放时，SMF 也应通知 PCF 进行 IPv4 地址的解除分配。

为了支持基于 DHCP 的 IP 地址配置，SMF 将充当针对 UE 的 DHCP 服务器。PDU 会话锚点 UPF 不承担任何 DHCP 功能。SMF 指示负责当前 PDU 会话的锚点 UPF 通过用户面在 UE 和 SMF 之间转发 DHCP 分组数据包。

当 DHCP 用于为外部数据网络分配寻址和参数配置时，SMF 将充当针对外部 DHCP 服务器的 DHCP 客户端。UPF 同样不承担任何 DHCP 功能。在这种情况下，SMF 指导具有 N6 连接的 UPF 通过用户面在 UE、SMF 和外部 DHCP 服务器之间转发 DHCP 分组数据包。

在释放 PDU 会话时，SMF 负责释放所分配的 IP 地址/前缀。

5GC 支持基于 UDM 中的签约信息或基于每个签约用户、每个 DNN 和每个 S-NSSAI 的配置来分配静态 IPv4 地址。如果静态 IP 地址/前缀存储在 UDM 中，则在 PDU 会话建立过程期间，SMF 从 UDM 检索该静态 IP 地址/前缀。如果静态 IP 地址/前缀未存储在 UDM 订阅记录中，则可以在 DHCP/DN-AAA 服务器中基于每个签约用户、每个 DNN 和每个 S-NSSAI 进行配置，SMF 从 DHCP/DN-AAA 服务器检索 UE 的地址/前缀。该 IP 地址/前缀以与动态 IP 地址/前缀相同的方式传递给 UE。无论 IP 地址是由 PLMN 分配还是外部数据网络分配，以及 IP 地址是静态还是动态，对 UE 都是透明的。

对于 IPv4、IPv6 或 IPv4v6 PDU 会话类型，在 PDU 会话建立过程中，如果 UE IP 地址/前缀尚未分配并提供给 PCF，则 SMF 可以从其接收签约用户的 IP 索引。当支持多种分配手段或者相同分配手段有多种实例的情况下，SMF 可以使用 IP 索引来辅助选择如何分配 IP 地址。在漫游的情况下，控制作为 IP 锚的 UPF 的 SMF 负责 IP 分配，因此，正是该 SMF 可以从 PCF（在其自己的网络中）接收 IP 索引。

5.2.4 会话和业务连续性管理

5GS（5G 系统）架构支持的会话和业务连续性机制能够满足不同应用和业务的连续性需求。5GS 定义了不同的会话和业务连续性（SSC）模式，这些模式在单个 PDU 会话的生命周期内保持不变。以下是三种 SSC 模式，它们在后续章节中会有更详细的定义。

- SSC 模式 1：网络确保 UE 的业务连续性。对于 IPv4、IPv6 或 IPv4v6 类型的 PDU 会话，网络会为 UE 保留 IP 地址。
- SSC 模式 2：网络可以终止与 UE 的业务连接，并且释放相应的 PDU 会话。对于 IPv4、IPv6 或 IPv4v6 类型的 PDU 会话，网络可以释放为 UE 分配的 IP 地址。
- SSC 模式 3：用户面的变化对 UE 是可见的，但网络必须确保业务的连续性。为了实现更佳的业务连续性，在先前的连接被释放之前，通过新的 PDU 会话锚点建立连接。对于 IPv4、IPv6 或 IPv4v6 类型的 PDU 会话，当 PDU 会话锚点变更时，不会保留 IP 地址。

SSC 模式特点及其应用场景如表 5-1 所示。

表 5-1　SSC 模式特点及其应用场景

模 式 名	模式特点	应用场景
SSC 模式 1	PDU 会话建立后，锚点 UPF 保持不变	业务和会话连续性要求高的业务，如运营商语音/视频类等
SSC 模式 2	PDU 会话的锚点 UPF 可以改变，但需要释放当前 PDU 会话后再新建 PDU 会话	业务和会话连续性要求弱或无要求的业务，如互联网浏览数据类等
SSC 模式 3	PDU 会话的锚点 UPF 可以改变，先新建 PDU 会话，再释放老的 PDU 会话	时延和业务连续性要求高的业务，如工业控制、车联网等

SSC 模式的选择由 SMF 负责，考虑因素包括允许的 SSC 模式列表、签约中设定的默认 SSC 模式、PDU 会话类型，以及 UE 请求的 SSC 模式（如果有）。运营商可以通过用户路由选择策略（User Route Selection Policy，URSP）向 UE 提供 SSC 模式选择策略，指导 UE 为一个或一组应用决定合适的 SSC 模式。若 UE 未收到 SSC 模式选择策略，它将依据本地配置来选择 SSC 模式。在 UE 无法确定 SSC 模式的情况下，UE 在请求 PDU 会话时不会包含任何 SSC 模式偏好。

作为签约数据的一部分，SMF 从 UDM 获取允许的 SSC 模式列表，以及为每个 DNN、每个 S-NSSAI 指定默认的 SSC 模式。

如果 UE 在请求新的 PDU 会话时指定了 SSC 模式，那么 SMF 将审核该请求。SMF

可以选择接受请求的 SSC 模式，或者拒绝 PDU 会话建立请求，并附带一个适当的原因值。在拒绝的情况下，SMF 会根据 PDU 会话类型、签约数据或本地配置，向 UE 返回允许使用的 SSC 模式列表。根据这个原因值和提供的 SSC 模式选项，UE 可以选择其中一个模式，或者依据另一个 URSP 规则重新发起 PDU 会话建立请求。

如果 UE 在请求新的 PDU 会话时未指定 SSC 模式，那么 SMF 将根据签约数据中的 DN 列表选择默认的 SSC 模式，或者根据本地配置来选择一个模式。

当为一个 PDU 会话分配静态 IP 地址/前缀时，若该地址/前缀是基于签约数据中的 DNN 和 S-NSSAI 的静态配置，则必须使用 SSC 模式 1。在此情形下，SMF 会告知 UE 所选择的 PDU 会话的 SSC 模式。

对于使用非结构化 PDU 会话类型或以太网类型的 PDU 会话，不允许使用 SSC 模式 3。

5.2.5　二次鉴权

在建立 PDU 会话时，UE 的 DN 特定身份可以由 DN 进行认证/授权。如果 UE 在建立 PDU 会话期间提供与 DN 特定身份相对应的认证/授权信息，并且 SMF 基于与 DN 相关联的 SMF 策略确定需要建立 PDU 会话的二次认证/授权，则 SMF 可以经由 UPF 将 UE 的认证/授权信息传递给 DN-AAA 服务器。

当 DN-AAA 服务器授权 PDU 会话建立时，它可以向 SMF 发送有关所建立 PDU 会话的 DN 授权数据，这些数据可能包括以下一项或多项：DN 授权配置文件索引、PDU 会话允许的 MAC 地址列表、PDU 会话允许的 VLAN 标签列表、PDU 会话的 DN 授权会话 AMBR、PDU 会话的帧路由信息、L2TP（Layer 2 Tunneling Protocol，第 2 层隧道协议）信息。

SMF 的策略可能需要 DN 授权，而无须额外的二次身份验证/授权。在这种情况下，当 SMF 联系 DN-AAA 服务器进行授权时，它会提供 UE 的 GPSI。这种二次认证/授权不仅适用于 PDU 会话授权，还适用于 AMF 处理的 5GC 接入认证，或 SMF 基于从 UDM 获取的订阅服务的 PDU 会话授权。

根据本地策略，SMF 可能在 PDU 会话建立时发起二次认证/授权。如果可能，SMF 会在二次认证/授权期间与 DN-AAA 交换的信令中包含 GPSI。

SMF 的策略或订阅信息可能会触发 SMF 向 DN-AAA 服务器请求二次认证/授权和/或 UE IP 地址/前缀的分配。

当 SMF 将 PSA（PDU Session Anchor，PDU 会话锚点）添加到 PDU 会话时，不会执行二次身份验证/授权，但 SMF 的策略可能要求 SMF 在向 PDU 会话添加或删除新的前缀或地址时通知 DN，或者在 PDU 会话的 N6 流量路由信息发生变化时通知 DN。当 SMF 从 UPF 接收到关于向 PDU 会话添加或从 PDU 会话删除 MAC 地址的通知时，SMF 的策略可能要求 SMF 通知 DN-AAA 服务器。

在任何时候，DN-AAA 服务器都可以撤销对 PDU 会话的授权或更新 PDU 会话的 DN 授权数据；同样，在任何时候，DN-AAA 服务器或 SMF 都可以触发通过二次身份验证建立的 PDU 会话的二次重新身份验证/重新授权过程。

在二次重新身份验证/重新授权期间，如果 SMF 从 DN-AAA 接收到 DN 授权的会话 AMBR 和/或 DN 授权配置文件索引，那么 SMF 应向 PCF 报告接收到的这些值。

5.2.6　ETSUN

ETSUN（Enhancing Topology of SMF and UPF in 5G Networks）即 5G 网络的 SMF 和 UPF 拓扑增强。作为 5G 技术早期启动的重要研究课题之一，ETSUN 与常规场景下的 5G 核心网架构的主要区别在于，ETSUN 引入了 I-SMF（Intermediate SMF，中间 SMF）的概念，定义了相应的网络架构（如图 5-4 所示）和流程，专门用于解决跨 SMF 服务范围的业务访问问题。

当 UE 位于 SMF 的服务范围之外，或者当前 SMF 无法为路由到本地 DN 的业务提供服务时，网络会在 SMF 与 AMF 之间动态插入一个 I-SMF。I-SMF 通过 N11 接口与 AMF 相连，通过 N16a 接口与 SMF 相连，主要职责是控制那些超出原始 SMF 服务范围的 UPF。SM 上下文的交换和隧道信息的转发可以直接在这两个 SMF 之间进行。

I-SMF 技术方案的核心在于，通过插入 I-SMF 和相应的 I-UPF 作为连接锚点，来桥接原有 SMF 和 UPF 之间的通信。考虑到国内运营商通常按省或大区集中部署 5G 网络控制面的现状，当跨省或跨大区的移动用户有正在进行的业务，或需要访问仅限于某个 SMF 服务范围内的区域性业务时，为了保证业务的连续性，需要根据用户的当前位置和网络切片的选择，在合适的位置动态选择和插入 I-SMF 进行处理。这种机制有效地保障了用户在不同 SMF 服务区之间无缝切换和继续使用业务的体验。

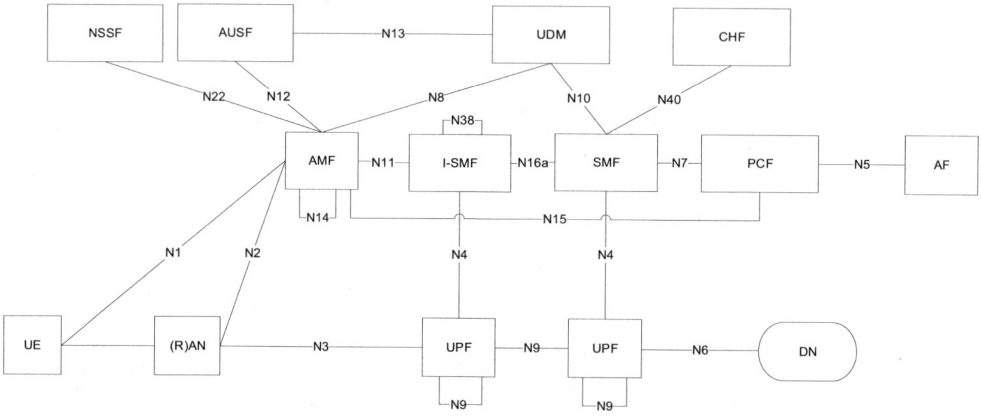

图 5-4　ETSUN 场景网络架构示意图

5.3　QoS 机制

5.3.1　5G QoS 原理

QoS（Quality of Service，服务质量）是指网络利用各种技术为特定数据通信提供更优服务能力的指标，它主要用于解决网络延迟和阻塞等问题。对于容量有限的网络，尤其是像移动蜂窝网这种空口资源极其珍贵的通信网络，确保 QoS 显得尤为重要。

1. 5G QoS 的特点

4G QoS 技术虽然能实现一定程度的差异化管理，但因其管理粒度较粗，无法实现精细化管控，并且承载建立时的信令开销较大，因此难以满足 5G 时代众多新应用对 QoS 多样性的需求。为此，5GS 采用了两级 QoS 映射机制。在核心网层面，摒弃了传统的承载概念，转而采用更精细的基于流的 QoS 管控方式。具体来说，核心网的

UPF 会将多个具有相同 QoS 需求的 IP 流合并映射到同一个 QoS 流。而在基站侧，则实现了从 QoS 流到 RAN 侧承载的映射，即将 QoS 流映射到数据无线承载（Data Radio Bearer，DRB），这种方法赋予了基站侧更多的自由度。

5G QoS 模型以 QoS 流为基础，涵盖了保证比特率（Guaranteed Bit Rate，GBR）QoS 流和非保证比特率（Non-GBR）QoS 流，并且支持反射型服务质量（Reflective QoS）特性。在每个 PDU 会话中，QoS 流是最小的可区分 QoS 的单位，并通过服务质量流标识符（QoS Flow Identifier，QFI）进行标识。在用户面，具有相同 QFI 的流会接受相同的转发处理，比如排队、速率控制等。QFI 被包含在 N3（以及 N9）的数据包头中，这意味着无须对端到端的包头做任何改动。QFI 适用于所有类型的 PDU 会话，并且在每个 PDU 会话中必须是唯一的。它可以被动态分配，也可以等同于 5QI。

2. 5G QoS 规则和控制

在 5GS 中，QoS 流由 SMF 控制，可以通过预先配置或通过 PDU 会话的建立或修改流程来建立。当建立 PDU 会话时，必须创建一个与默认 QoS 规则相关联的 Non-GBR QoS 流，该流在整个 PDU 会话生命周期内有效。对于 Non-GBR QoS 流，当使用标准化或预配置的 5QI，并且 5QI 值在 QFI 范围内（即值小于 64）时，5QI 值可以直接用于 QoS 流的 QFI。对于其他情况，包括 GBR QoS 流和 Non-GBR QoS 流，应使用动态分配的 QFI。5QI 值可以是标准化的、预配置的或动态分配的。在 PDU 会话建立或修改，以及每当 PDU 会话的用户面被激活并使用 NG-RAN 时，应通过 N2 接口向无线接入网提供 QoS 流配置文件和 QoS 流的 QFI。

UE 基于 QoS 规则执行上行用户面流量的分类和标记，即上行流量与 QoS 流的关联。这些 QoS 规则可以显式地提供给 UE（通过 PDU 会话的建立或修改过程），也可以在 UE 中预先配置，或者通过 Reflective QoS 由 UE 隐式导出。QoS 规则包含相关的 QoS 流 QFI、匹配规则集和优先级值。显式提供的 QoS 规则还包括一个 QoS 规则标识符，该标识符由 SMF 在 PDU 会话中生成，并在 PDU 会话中保持唯一性。

一个 QoS 流可以与多个 QoS 规则相关联。当 UE 通知网络其支持的匹配规则数量时，SMF 应确保为 PDU 会话配置的 QoS 规则所使用的匹配规则总数不超过该数值。在每个 PDU 会话建立过程中，需要向 UE 发送默认的 QoS 规则，并将其与 QoS 流关联。对于 IP 类型或以太网类型的 PDU 会话，默认的 QoS 规则是该 PDU 会话的唯一

QoS 规则，其匹配规则集可能包含允许所有上行数据包的规则。在这种情况下，最高的优先级值适用于该 QoS 规则。

对于非结构化类型的 PDU 会话，默认的 QoS 规则不包含匹配规则集，而是定义了 PDU 会话中所有数据包的处理方式。只要默认的 QoS 规则不包含匹配规则集，或者包含允许所有上行数据包的匹配规则集，就不应使用 Reflective QoS 机制。

SMF 负责将 SDF 与相应的 QoS 流绑定。SMF 为新创建的 QoS 流分配 QFI，并从 PCC（Policy and Charging Control，策略与计费控制）规则和 PCF 提供的其他信息中推导出 QoS profile（服务质量概要）、对 UPF 的控制指令和 QoS 规则。UE 则根据 QoS 规则将上行数据流与相应的 QoS 流绑定，进而将这些 QoS 流与相应的接入网资源关联起来。

用户面流量的分类和标记原理，以及 QoS 流量到接入网资源的映射如图 5-5 所示。

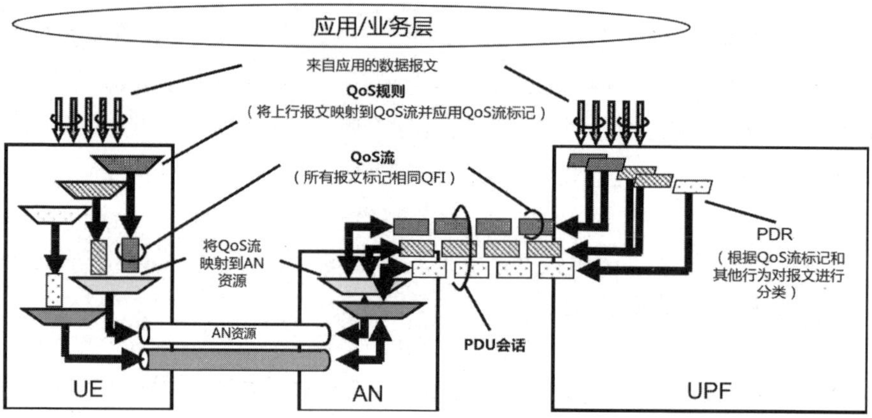

图 5-5　QoS 映射

3. 上行和下行的 QoS

在下行方向，UPF 根据 DL PDR（Downlink Packet Detection Rule，下行数据包检测规则）的匹配规则集及其优先级顺序，对输入的下行数据分组进行分类。UPF 利用 QFI 通过 N3（或者 N3 和 N9）用户面标记，来传达用户面流量的分类信息。接入网负责将 QoS 流与无线资源绑定。QoS 流与无线资源之间不存在严格的 1:1 对应关系；接入网会根据需要建立无线资源，QoS 流可以映射到这些资源上并能够在适当的时候释放它们。接入网应当向 SMF 指示何时应释放 QoS 流所映射的无线资源。如果没有任何匹配的 DL PDR，那么 UPF 将会丢弃该下行数据包。

在上行方向，对于 IP 类型或以太网类型的 PDU 会话，UE 按照 QoS 规则的优先级顺序，根据 QoS 规则中上行匹配规则集里的规则来评估上行数据包，直到找到一个匹配的 QoS 规则。如果找不到匹配的 QoS 规则，那么 UE 将会丢弃该上行数据包。对于非结构化类型的 PDU 会话，默认的 QoS 规则不包含匹配规则集，意味着允许所有上行数据包通过。UE 使用匹配的 QoS 规则中的 QFI 将上行数据包关联到对应的 QoS 流。随后，UE 将这些 QoS 流与无线资源绑定。

对于具有上行分类器的 PDU 会话，UL 和 DL 会话 AMBR 应在 SMF 选择的支持上行分类器功能的 UPF 中实现。此外，DL 会话 AMBR 还应在每个终止 N6 接口的 UPF 中单独实现。对于多归属 PDU 会话，UL 和 DL 会话 AMBR 应在支持分支点功能的 UPF 中实现。同样，DL 会话 AMBR 也应在每个终止 N6 接口的 UPF 中单独实现。对于 Non-GBR QoS 流，无线接入网应基于 UE 实现 UL 和 DL UE-AMBR。如果 UE 接收到会话 AMBR，那么 UE 将使用会话 AMBR，基于 PDU 会话对 Non-GBR 流量执行上行速率限制。

每个 SDF 的 MBR 对于 GBR QoS 流是必需的，而对于 Non-GBR QoS 流则是可选的。MBR 在 UPF 中实现。对于 GBR QoS 流，MFBR（Maximum Flow Bit Rate，最大流比特率）在 UPF 的下行链路中实现；而在无线接入网的下行链路和上行链路中实现 Non-GBR QoS 流的 MBR。

对于非结构化 PDU 的 QoS 控制，在 PDU 会话级别执行，并且每个 PDU 会话最多仅支持一个 5G QoS 流。当 PDU 会话传输非结构化 PDU 时，SMF 会提供一个 QFI，该 QFI 将应用于所有相关的数据包。

QoS 规则优先级值和 PDR 优先级值分别确定 QoS 规则或 PDR 的评估顺序。QoS 规则或 PDR 的评估按照其优先级值的递增顺序进行。

5.3.2 5G QoS 参数

5G QoS 参数包括 5QI、ARP、反射 QoS 属性（Reflective QoS Attribution，RQA）、

保证流比特率（Guaranteed Flow Bit Rate，GFBR）和最大流比特率、会话聚合最大比特率等。

5QI是一个用于引用5G QoS特征的标量，代表用于控制QoS流的接入节点特定的QoS转发处理参数，如调度权重、准入门限、队列管理阈值和链路层协议配置等。标准化的5QI值与一组标准化的5G QoS特征一一对应。与预配置的5QI值相关的5G QoS特征在接入网中已事先设定，并通过5QI值进行标识，通常不会通过接口消息进行通知，除非某些5G QoS特征发生变化。而对于动态分配的5QI值，其对应的5G QoS特征作为QoS配置文件的一部分，通过消息进行传递。

ARP包含关于优先级、抢占能力和可被抢占属性的信息。优先级用来表示资源请求的相对重要性，这有助于在资源受限时决定是否接纳新的QoS流或拒绝它，同时也用于决定在资源受限期间现有的哪些QoS流应该被抢占。ARP优先级范围从1到15，其中1代表最高优先级。抢占能力信息规定了业务数据流是否能够从低优先级的业务数据流那里抢占资源，而可被抢占属性信息则定义了业务数据流的资源是否能被高优先级的业务数据流抢占。抢占能力和可被抢占属性应设置为“是”或“否”。ARP优先级1至8应仅分配给用于优先处理服务的资源，而ARP优先级9至15则可以分配给由归属网络授权的资源，因此这些优先级适用于UE漫游的情况。

RQA是一个可选参数，用于指示某个QoS流上承载的某些业务（但不一定是全部业务）是否会受到反射QoS的影响。只有当通过消息通知QoS流具备RQA时，接入网络才会返回与该QoS流相关的接入网资源的RQI（Reflection QoS Identifier，反射QoS标识符）。RQA可以通过N2接口在UE上下文、QoS流建立或修改时通知NG-RAN。

通知控制功能用于指示在QoS流的有效期内，当QoS保证的状态发生变化时（例如，从保证变为不再保证，或反之），是否需要NG-RAN提供通知。如果应用程序流量能够适应QoS的变化（比如，AF能够触发速率适应机制），那么通知控制可以应用于GBR QoS流。只有当PCC规则中设置了通知控制参数时，SMF才会启用通知控制功能。通知控制参数作为QoS配置文件的一部分被传达给NG-RAN。

对于某一个GBR QoS流，如果通知控制已被启用，并且NG-RAN确定无法满足GFBR，那么NG-RAN应向SMF发送一个通知，并维持该QoS流，除非因无线链路故障或 RAN 内部拥塞等原因，NG-RAN 侧必须释放相应的资源。在接收到 NG-RAN 无法满足 GFBR 的通知后，SMF 可以选择将通知转发给 PCF，并且 5GC 可能会发起 N2 信令以修改或移除 QoS 流。当 NG-RAN 判断又能为 QoS 流保证 GFBR 时，它应向 SMF 发送通知，SMF 同样可以将此通知转发给 PCF。

在配置时间段内，NG-RAN 不应发送后续的无法保证 GFBR 的通知。在切换过程中，源 NG-RAN 应告知目标 NG-RAN 有哪些 QoS 流已经发送了无法满足 GFBR 的通知。成功切换后，一旦目标 NG-RAN 确定可以再次保证 GFBR，它应向 SMF 发送通知。在此情况下，即使仍在配置时间内，目标 NG-RAN 也可以发送后续的无法满足 GFBR 的通知（若有必要的话）。

仅对于 GBR QoS 流的流比特率，包括 GFBR 和 MFBR。GFBR 表示由网络保证，在平均时间窗口上向 QoS 流提供的比特率。MFBR 将比特率限制为 QoS 流所期望的最高比特率。高于 GFBR 值但低于 MFBR 值的比特率可以依据 QoS 流的优先级来提供。对于每个单独的 QoS 流，GFBR 和 MFBR 在 QoS 配置文件中通知接入网络，并且作为 QoS 流级别的 QoS 参数，通知给 UE。

会话 AMBR 是一个签约参数，由 SMF 从 UDM 获取。SMF 可以依据签约的会话 AMBR 或根据本地策略对其进行调整，或者采用从 PCF 接收到的授权会话 AMBR。会话 AMBR 用于限制特定 PDU 会话中所有 Non-GBR QoS 流的聚合比特率，它在 AMBR 平均窗口上进行测量，但不适用于 GBR QoS 流。相比之下，UE 聚合最大比特率（UE-AMBR）则限制了特定 UE 的所有 Non-GBR QoS 流的聚合比特率。每个接入网都应当将其 UE-AMBR 设置为所有 PDU 会话的会话 AMBR 总和与签约 UE-AMBR 之间的某一值。签约 UE-AMBR 也是一个从 UDM 获取的签约参数，并由 AMF 提供给无线接入网。UE-AMBR 同样在 AMBR 平均窗口上测量，并且不适用于 GBR QoS 流。

对于每个 PDU 会话，SMF 从 UDM 获取签约的默认 5QI 和 ARP 值。默认的 5QI 值应出自 Non-GBR 5QI 的标准化值范围。SMF 可以根据本地配置或与 PCF 的交互来更改这些签约的默认 5QI 和 ARP 值。SMF 利用授权的默认 5QI 和 ARP 值来设定与默认 QoS 规则关联的 QoS 流的 QoS 参数。在没有部署动态 PCC 规则的情况下，SMF 可由基于 DNN 的配置来建立 GBR QoS 流，该配置包括标准化的 GBR 5QI，以及用于上行和下行的 GFBR 和 MFBR。

最大丢包率则指明了在上行链路和下行链路方向上，QoS 流可以容忍的最大丢包率。如果这一参数符合 GFBR 的要求，它就会被提供给 QoS 流使用。

5.3.3 5G QoS 特性

本节介绍与 5QI 相关的 5G QoS 特性，这些特性专门用于描述 QoS 流的分组转发处理流程，它包括资源类型（包括 GBR、延迟敏感 GBR 和 Non-GBR）、优先级等级、分组时延预算（Packet Delay Budget，PDB）、分组错误率（Packet Error Rate，PER）、平均窗口值和最大数据突发量（Maximum Data Burst Volume，MDBV）等参数。

根据这些 5G QoS 特性，会在各个节点为每个 QoS 流设定特定参数，例如，用于配置 3GPP 无线接入链路层协议。标准化或预配置的 5G QoS 特性通过 5QI 值来指示，并且不会在任何接口上明确通知，除非需要对某些 5G QoS 特性进行修改。这些 QoS 特性会被包含在 QoS 配置文件中，该配置文件应包括上述所有特性。

资源类型决定了是否为 QoS 流分配专用网络资源，例如，GBR QoS 流通常通过“按需”授权获得保证的 GFBR，这需要动态策略和计费控制。GFR QoS 流使用 GBR 或延迟敏感 GBR 资源类型。相比之下，Non-GBR QoS 流可以通过静态策略预先授权，并且仅使用 Non-GBR 资源类型。对于 GBR 和延迟敏感 GBR 资源类型，PDB 和 PER 的定义有所不同，并且 MDBV 参数仅适用于延迟敏感 GBR 资源类型。

优先级等级用于指示 QoS 流中资源调度的优先级。较低的优先级值代表较高的优先级。优先级用于区分同一 UE 的不同 QoS 流，也用于区分不同 UE 的 QoS 流。在网络拥塞的情况下，当无法满足所有的 QoS 要求时，优先级用于决定哪些 QoS 流优先。在没有拥塞的情况下，优先级用于定义 QoS 流之间的资源分配顺序。除了根据优先级排序，调度程序还可以根据其他参数（如资源类型、无线条件）对 QoS 流进行优先级排序，以优化应用性能和网络容量。每个标准化的 5QI 都可以关联到一个优先级值，并且这个优先级值可以与标准 5QI 一起发送到无线接入网。如果接收到这些值，应使用接收到的优先级值而非默认值。同样，预配置 5QI 也可以携带优先级值，若接收到，也应使用接收到的值。

分组时延预算（PDB）设定了 UE 与终止 N6 接口的 UPF 之间允许的最长延迟时间。对于给定的 5QI，PDB 的值在上行和下行方向上是相同的。在 3GPP 接入场景中，PDB 用于支持调度和链路层功能的配置。对于使用延迟敏感资源类型的 GBR QoS 流，如果数据突发在 PDB 期间不超过 MDBV，并且 QoS 流不超过 GFBR，则延迟超过 PDB 的数据包将被视为丢失。对于具有 GBR 资源类型的 GBR QoS 流，如果 QoS 流不超过 GFBR，则 PDB 应被视为最大延迟，可信度为 98%。对于使用 GBR QoS 流的业务，并以小于或等于 GFBR 的速率发送，通常可以假设不会发生与拥塞相关的数据包丢失。然而，对于 Non-GBR 和 GBR 资源类型，PDB 代表一个“软上限”，意味着“过期”的分组不必被丢弃，也不计入 PER。但对于延迟敏感 GBR 资源类型，超过 PDB 的延迟数据包将被加入 PER 中，并且可以根据本地决策选择丢弃或传输。

分组错误率（PER）定义了由链路层协议发送方处理但接收方未能成功传递到上层的分组比例上限。因此，PER 定义了非拥塞相关分组丢失率的上限。对于所有的 5QI，PER 在上行和下行方向上是相同的。对于具有延迟敏感 GBR 资源类型的 GBR QoS 流，那些延迟超过 PDB 的数据包会被计入丢失，并包含在 PER 中，除非数据突发在 PDB 期间超过了 MDBV 或 QoS 流超出了 GFBR。

每个 GBR QoS 流都应关联一个平均窗口，该窗口表示计算 GFBR 和 MFBR 的时间跨度。每个标准化 5QI（包括 GBR 和延迟敏感 GBR 资源类型）都与一个默认的平均窗口值相关联。这个平均窗口值也可以随着标准化 5QI 一起发送到 RAN（无线接入网）和 UPF（用户面功能），如果接收到，应使用接收到的值替代默认值。类似地，预配置 5QI 也可以携带平均窗口值，若接收到，也应使用接收到的值。

对于每个具有延迟敏感资源类型的 GBR QoS 流，还应关联一个 MDBV，该值表示在 5G-AN PDB 期间 5G-AN 需要服务的最大数据量。每个标准化 5QI（仅针对延迟敏感 GBR 资源类型）都与一个默认的 MDBV 值相关联。MDBV 值也可以随着标准化 5QI 一起发送到 RAN，如果接收到，应使用接收到的值替代默认值。同样，预配置 5QI 也可以携带 MDBV 值，若接收到，也应使用接收到的值。

5.3.4 标准化 5QI 到 QoS 特性映射

3GPP 为频繁使用的服务指定了标准化的 5QI 值，因此通过在网络中传递 5QI 值，终端、基站和核心网侧可以推断出该值代表的具体的 QoS 特性，从而优化网络信令，减少参数的传递。

表 5-2 指定了标准化 5QI 值到 5G QoS 特性的一对一映射。

表 5-2　标准化 5QI 值到 5G QoS 特性的一对一映射

5QI 值	资源类型	默认优先级	分组时延预算	分组错误率	默认最大数据突发量	默认平均窗口值	示　例
1	GBR	20	100 ms	10^{-2}	N/A	2000 ms	会话语音
2		40	150 ms	10^{-3}	N/A	2000 ms	会话视频（直播）
3		30	50 ms	10^{-3}	N/A	2000 ms	实时游戏，V2X（车联网）消息配电-中压，过程自动化-监控
4		50	300 ms	10^{-6}	N/A	2000 ms	非会话视频（缓存流媒体）
65		7	75 ms	10^{-2}	N/A	2000 ms	紧急业务用户面 Push To Talk 语音
66		20	100 ms	10^{-2}	N/A	2000 ms	非紧急业务用户面 Push To Talk 语音
67		15	100 ms	10^{-3}	N/A	2000 ms	紧急视频业务用户面
75		25	50 ms	10^{-2}	N/A	2000 ms	V2X 消息、A2X（飞联网）消息
71		56	150 ms	10^{-6}	N/A	2000 m	“直播”上行流
72		56	300 ms	10^{-4}	N/A	2000 m	“直播”上行流
73		56	300 ms	10^{-8}	N/A	2000 m	“直播”上行流
74		56	500 ms	10^{-8}	N/A	2000 m	“直播”上行流
76		56	500 ms	10^{-4}	N/A	2000 m	“直播”上行流
5	Non-GBR	10	100 ms	10^{-6}	N/A	N/A	IMS 信令
6		60	300 ms	10^{-6}	N/A	N/A	基于 TCP 视频（缓存流媒体）（如 WWW、电子邮件、聊天、FTP、P2P 文件共享、渐进式视频等）
7		70	100 ms	10^{-3}	N/A	N/A	语音、视频（直播）互动游戏
8		80	300 ms	10^{-6}	N/A	N/A	基于 TCP 视频（缓存流媒体）（如 WWW、电子邮件、聊天、FTP、P2P 文件共享、渐进式视频等）
9		90					

续表

5QI 值	资源类型	默认优先级	分组时延预算	分组错误率	默认最大数据突发量	默认平均窗口	示　例
10	Non-GBR	90	1100 ms	10^{-6}	N/A	N/A	基于 TCP 视频（缓存流媒体）（如 WWW、电子邮件、聊天、FTP、P2P 文件共享、渐进式视频等），以及通过卫星接入类型使用的业务
69		5	60 ms	10^{-6}	N/A	N/A	延迟敏感紧急业务信令（如 MC-PTT 信令）
70		55	200 ms	10^{-6}	N/A	N/A	紧急数据业务
79		65	50 ms	10^{-2}	N/A	N/A	V2X 消息
80		68	10 ms	10^{-6}	N/A	N/A	低时延 eMBB 应用增强现实
82	延迟敏感 GBR	19	10 ms	10^{-4}	255 B	2000 ms	离散自动化
83		22	10 ms	10^{-4}	1354 B	2000 ms	离散自动化
84		24	30 ms	10^{-5}	1354 B	2000 ms	智能运输系统
85		21	5 ms	10^{-5}	255 B	2000 ms	高压电配送

5.3.5 反射 QoS

反射 QoS 允许 UE 将上行用户面流量映射到 QoS 流，无须 SMF 提供的 QoS 规则，并且适用于 IP 和以太网 PDU 会话。这是通过 UE 基于收到的 DL 流量创建的 UE 派生 QoS 规则实现的。同一 PDU 会话中可同时应用反射 QoS 和非反射 QoS。

对于支持反射 QoS 的 UE，若 5GC 对某些业务流采用反射 QoS，那么 UE 应根据收到的下行业务为上行链路业务创建 UE 派生的 QoS 规则，并使用这些规则确定上行流量到 QoS 流的映射。

若 3GPP UE 支持反射 QoS，则应在每个 PDU 会话中向 SMF 指示其支持反射 QoS。对于 EPS 中建立的 PDU 会话和从 EPS 传输但无 N26 接口的 PDU 会话，UE 在 PDU 会话建立过程中指示反射 QoS 支持。对于有 N26 接口的 EPS 传输 PDU 会话，UE 在 PDU 会话修改过程中指示反射 QoS 支持。无论何时，只要 UE 表示支持反射 QoS，UE 和网络都应该用该信息。

在特殊情况下，UE 可决定使用 PDU 会话修改过程撤销先前指示的反射 QoS 支持。此时，UE 将删除该 PDU 会话的所有导出 QoS 规则，网络应停止所有与反射 QoS

相关的用户面动作，并可为之前使用反射 QoS 的 SDF 提供 QoS 规则。此后，UE 不应再表示支持该 PDU 会话的反射 QoS。

通过 N3（或者 N3 和 N9）参考点封装标头中的 RQI、QFI 和反射 QoS 定时器（RQ 定时器）值，基于每个分组控制反射 QoS。核心网络提供的 RQ 定时器基于 PDU 会话粒度。

当 5GC 决定对属于某 QoS 流的特定 SDF 使用反射 QoS 时，SMF 应通过 N2 参考点将 QoS 配置文件中的 RQA 告知 NG-RAN。若已向 NG-RAN 提供了 QoS 流的 RQA，并且 5GC 确定该 QoS 流不再携带需使用反射 QoS 的 SDF，SMF 应通过 N2 参考点通知 NG-RAN 从 QoS 配置文件中移除 RQA。

当 5GC 决定对特定 SDF 使用反射 QoS 时，SMF 应通过 N4 接口指示 UPF 对该 SDF 使用反射 QoS。UPF 接收到该指示后，应在 N3 参考点的封装头中为与该 SDF 对应的每个下行包设置 RQI。RAN 在 N3 参考点的下行数据包中接收到 RQI 时，应向 UE 指示该数据包的 QFI 和 RQI。

当与 UE 派生的 QoS 规则相关联的定时器到期时，UE 应删除相应的 UE 派生的 QoS 规则。当 5GC 确定不再对特定 SDF 使用反射 QoS 时，SMF 将通过 N4 接口指示 UPF 不使用反射 QoS。UPF 接收到该指令后，将不再在 N3 参考点的封装头中设置 RQI。

5.4 策略与计费控制

5.4.1 概述

5G 技术以其大带宽、低时延和海量连接的特点，预示着它将承载多样化的海量新业务。随着新型业务模式的不断出现，差异化的业务需求对网络的控制和资源管理能力提出了更高的要求。例如，如何通过提供差异化的服务来提升用户的 ARPU 值，从而给予高端用户更优质的体验；在无线资源有限的情况下，如何确保实时业务（如语音业务）获得更高的带宽和更可靠的服务保障；如何通过调整用户数据业务的使用行为，确保在相同资费条件下数据用户能够公平地使用网络资源；如何根据用户类型和业务类型进行差异化的计费。

在设计 5G 网络架构时，我们引入了一套策略与计费控制系统，旨在通过对接入和移动性管理、会话管理、差异化计费等方面的策略控制，为用户提供差异化的服务。图 5-6 展示了 5G 策略和计费控制的总体架构，其中 PCF 模块是核心组件，它接收来自 SMF、AMF、CHF（Charging Function，计费功能）、NWDAF、AF、UDR 等网络功能的输入信息，根据运营商设定的策略算法，生成执行策略并提供给 SMF、AMF 等控制面网络功能。CHF 支持在线计费和离线计费的融合功能，通过与 PCF 交互获取计费策略，执行具体的计费操作并生成账单。

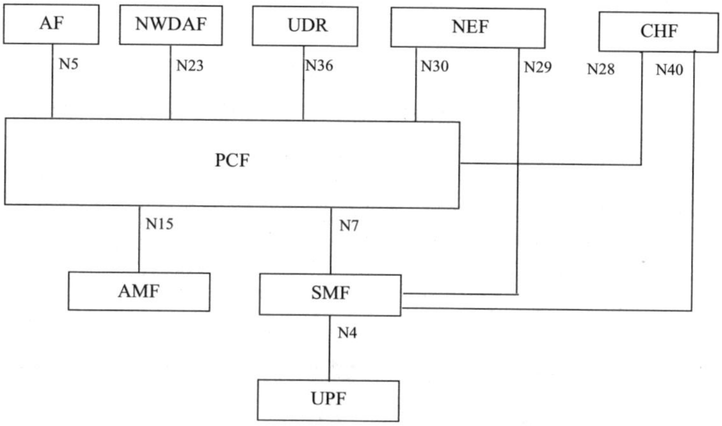

图 5-6　5G 策略和计费控制的总体架构

5.4.2　策略控制

5GS 的策略控制包含与非会话管理相关的策略控制和与会话管理相关的策略控制两部分。

1. 与非会话管理相关的策略控制

非会话管理相关的策略控制主要包括接入和移动性管理、UE 接入选择、PDU 会话选择，以及网络状态分析等领域。PCF 与 AMF 中的接入和移动性管理策略执行模块相互作用，订阅并接收 AMF 报告的事件信息，首先进行策略评估，然后向 AMF 提供有关的接入和移动性管理策略。这些策略用于指导用户的服务区域、无线接入类型，以及频率选择优先级，例如，决定用户是否能在特定区域接入网络，或者在有多重频点或接入类型可选时，挑选最优的接入方式。此外，PCF 通过 AMF 向 UE 发送的 URSP 能协助终端进行路由选择。UE 依据该策略选择数据发送的路径，可以是通过已建立的 PDU 会话，或是通过非 3GPP 接入（如 WLAN）进行数据传输，甚至可以触发建立新的 PDU 会话来进行路由。PCF 还能够从 NWDAF 获取特定网络切片的状态分析信息（如负载级别等），并利用这些状态分析信息做出策略决策，再将其提供给其他控制面网络功能。

2. 与会话管理相关的策略控制

与会话管理相关的策略控制主要包括 PDU 会话的 QoS 控制、用量监控、应用检测和控制、业务流导向控制等。

在 PDU 会话建立时，PCF 依据用户的签约信息或本地配置的业务策略，为相应的业务数据流制定 QoS 策略，并将其提供给 SMF。SMF 根据 QoS 流对应的规则，授权 UPF 执行具体的 QoS 策略。当 QoS 流被删除或其所请求的 GFBR 无法满足时，SMF 会通知 PCF。在 PDU 会话修改过程中，PCF 还能够对 QoS 流的 QoS 进行调整，包括降级和升级操作。

用量监控主要用于实时监控特定用户或特定类型业务数据流的使用状况，并根据使用情况对用户实施动态策略控制。例如，当用户月数据流量达到一定总量时，可以对该用户实施限速等控制措施。用量监控适用于 IP 和 Ethernet 类型的 PDU 会话，涵盖流量、时间及其累计用量。监控可以基于会话或用户粒度进行累计用量的追踪。PCF 通过向 SMF 发送用量监控门限值，促成动态策略决策。SMF 在达到某一阈值时，向 PCF 报告自上次报告后的累计用量。若 SMF 同时获得了时间和流量用量的阈值，它应在任一阈值达到时上报累计用量。用量监控机制可应用于单个业务数据流、一组业务数据流，乃至整个 PDU 会话的所有数据流。当针对整个 PDU 会话进行用量监控时，可以选择将某些业务数据流排除在用量统计之外。在启用用量监控的同时，也可以针对该业务数据流激活预定义 PCC 规则和动态 PCC 规则，在这些规则中可以包含规则的延迟生效和失效时间。

应用检测和控制功能包括请求检测指定的应用流量，并在应用启动或停止时向 PCF 报告，以及对相应的应用执行相应的策略控制和计费操作。PCF 向 SMF 配置指定业务的启动或停止的检测控制命令，向 SMF 配置是否向 PCF 进行事件上报、是否激活 SMF 中相应的 PCC 规则等。SMF 发送给 PCF 的报告应包括启动或停止说明，以及被检测到的应用标识和业务数据流描述等。PCF 在收到 SMF 的业务检测报告后，可以基于报告信息进行策略决策，并进行策略更新或下发新的 PCC 规则给 SMF。

业务流导向控制是指 PCF 指示 SMF 激活/去激活特定的业务流导向控制功能，例如，在 N6-LAN 类型的服务中，将用户的业务流向适当的运营商服务或者第三方服务（如 NAT、防病毒软件、父母控制、DDoS 保护）。

5.4.3　计费

与 4G 网络中在线计费和离线计费采用不同架构的方式不同，5G 网络采用了将离线计费与在线计费融合为一体的统一计费架构。如图 5-7 所示，该融合计费系统由三个主要部分构成：核心网域、融合计费系统（Converged Charging System，CCS），以及计费域（Billing Domain，BD）。

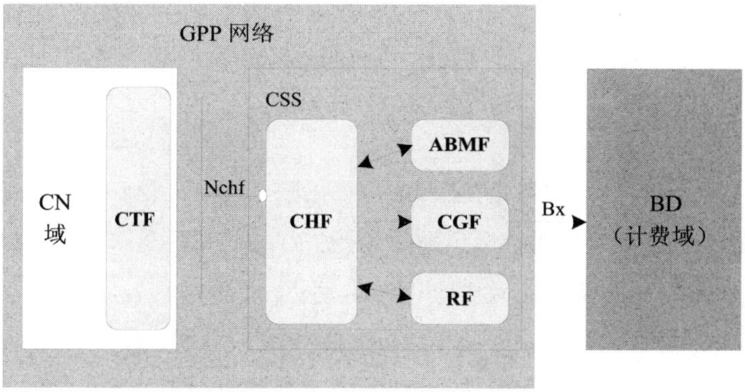

图 5-7　5G 网络计费架构

核心网域中与计费相关的网络功能包括内置于 SMF 的计费触发功能（Charging Trigger Function，CTF）、UPF 和 PCF 等组件。CTF 通过 Nchf 接口与融合计费系统（CCS）进行交互，作为 Nchf 服务化接口的计费服务使用者，同时支持在线计费和离线计费功能。UPF 作为用量统计的执行点，通过 N4 接口根据本地配置或 SMF 下发的用量上报规则向 SMF 网元上报用量。对于同一个 PDU 会话，不同的业务数据流可以同时激活在线计费和离线计费。SMF+PGW-C（Packet data network Gateway-Control，分组数据网络网关-控制面）融合网元与商业运营支持系统（Business & Operation Support System，BOSS）之间的计费接口遵循 SMF 与 BOSS 之间的计费接口规范。

融合计费系统主要由 CHF（计费功能）、ABMF（Account Balance Management Function，账户余额管理功能）、RF（Rating Function，批价功能）等功能模块组成。其中，CHF 包含 AGF（Access Gateway Function，接入网关功能）、CDF（Charging Data Function，计费数据功能）等。融合计费系统在一个统一的平台上收集计费信息，在线计费提供按需的配额管理，而离线计费则不需要提供配额管理。无论是在线计费还是离线计费，都可以提供用量上报功能。CHF 可以对接收到的计费信息生成计费话单，也可以直接将计费信息传送到融合计费数据库。AGF 接收来自 SMF 侧的计费信息，CDF 负责收集计费信息并生成相应的 CDR（Call Detail Record，呼叫细节记录），然后发送给 CGF。CGF 对 CDR 进行处理后生成话单文件，供 BOSS 通过文件接口采集使用。此外，CHF 支持将 SMF 发送的计费请求消息转发给 BOSS，并将 BOSS 的响应转发回 SMF。Nchf 接口是 CHF 提供的服务化接口，用于计费功能，CHF 作为服务提供者，应支持 Nchf_ConvergedCharging 接口的计费会话流程，并调用 BOSS 相应的接口服务，实现消息转发。

计费域是运营商网络的核心部分，负责接收并处理由融合计费系统生成的计费话单文件。

对于在线计费场景，当 CHF 接收到 SMF 发送的融合计费 Nchf 消息后，首先通过 CC 标识识别出在线计费场景，然后解析消息中的 SUPI/GPSI 信息。接着，CHF 根据 SUPI/GPSI 段获取归属省 OCS 接口地址，并将 Nchf 消息转发给归属地 BOSS 中的 OCS 进行处理。处理完成后，CHF 回送 Nchf 响应消息给 SMF，同时由 CDF 生成相应的 CDR。在 BOSS 异常的情况下，CHF 会生成表示 BOSS 异常的未计费 CDR，并按照系统配置授权配额，然后返回响应给 SMF。此外，CHF 还会将 BOSS 异常后的计费信息单独输出为 CDR 文件，以便 BOSS 后续进行计费处理。

在融合计费场景中，CHF 接收到 SMF 发送的融合计费 Nchf 消息后，同样解析出消息中的 SUPI/GPSI 信息，并根据 SUPI/GPSI 段获取归属省 OCS 接口地址。随后，CHF 将 Nchf 消息转发给归属地 BOSS，回送 Nchf 响应消息给 SMF，同时由 CDF 生成 CDR。当 BOSS 异常时，对于在线计费，CHF 会生成未计费 CDR 并授权配额，返回响应给 SMF。对于离线计费，CHF 也会生成未计费 CDR。CHF 将 BOSS 异常后的计费信息单独生成话单文件，供 BOSS 进行计费处理。对于策略计费，PCC 系统根据业务支撑系统下发的用户订购关系和业务的计费属性信息、接入类型等信息，为用户和业务生成相应费率的计费话单或触发实时计费信令交互过程。业务支撑系统可以根据 SMF 生成的话单或在线配额管理过程进行不同费率的计费操作。

5.5 系统间互操作

5G 网络的商用部署是一个长期的过程，尤其对于大型运营商而言，要在短时间内实现全网无缝覆盖并达到与 4G 相同的覆盖水平是不现实的。因此，在 5G 网络尚未覆盖的区域，4G 网络将继续为用户提供服务，以确保用户能够享受到连续的业务保障。当用户在 5G 和 4G 网络之间移动时，两个网络之间的信令交互和信息交换就构成了 5G 和 4G 系统间的互操作。

3GPP 针对 5G 和 4G 之间的互操作制定了相应的架构，如图 5-8 所示。该架构实现了 5G 核心网与 4G 核心网部分网元的融合。例如，5G 的 PCF 与 4G 的 PCRF（Policy and Charging Rules Function，策略与计费规则功能）融合，以实现用户策略管理的统一；5G 的 SMF 与 4G 的 PGW-C 融合，以实现会话管理的统一；5G 的用户面网元 UPF 与 4G 的 PGW-U（Packet data network Gateway-User，分组数据网络网关-用户面）融合，以实现用户面锚点的统一；5G 的用户数据网元 UDR 与 4G 的 HSS 融合，以实现用户签约数据管理的统一。这些融合措施确保了用户在 5G 和 4G 网络之间无缝切换的同时，保持服务的一致性和连续性。

5G 核心网与 4G 核心网之间定义了两种互通机制。第一种是通过 N26 接口实现的紧耦合互通方式，其中 5G 的 AMF 与 4G 的 MME 通过 N26 接口进行上下文和会话信息的传递。当 UE 从 5G 移动到 4G 时，5G 的 AMF 会查询 SMF/PGW-C 以获取 4G 会话上下文，并将其传递给 4G 的 MME，从而完成会话和上下文的迁移。反之，当 UE 从 4G 移动到 5G 时，5G 的 AMF 需将获取的 4G 上下文转换为 5G 上下文，并完成相应的迁移过程。第二种是无 N26 接口的松耦合互通方式，此时网络通过融合的 HSS+UDM 来存储与 UE 相关的网关地址、会话 IP 等信息。当 UE 在 5G 和 4G 网络之间移动时，通过会话重建的方式来保障业务的连续性。

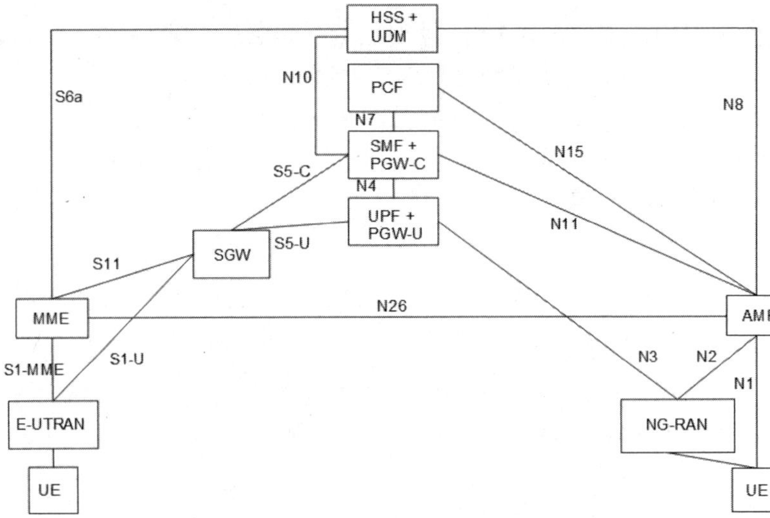

图 5-8　5G 和 4G 之间的互操作网络架构

为了在 5G 和 4G 网络下正常通信及支持网络间的互操作，UE 必须同时支持 4G 和 5G 的协议栈，并适应新的注册模式。这些注册模式包括单注册（Single Registration）模式和双注册（Dual Registration）模式，其中，单注册模式是必需的。

在单注册模式下，UE 只能在 5G 或 4G 网络的一个系统中进行注册，并且在同一时间内只维持一套移动性管理状态，无论是 5G 的还是 4G 的。当 UE 在 5G 和 4G 网络之间移动时，其 4G 标识 EPS-GUTI 和 5G 标识 5G-GUTI 之间将进行映射转换，以确保网络能够正确识别和管理 UE 的位置和状态。

在双注册模式下，UE 在 5G 和 4G 系统中都有独立的注册状态，5G 核心网和 4G 核心网中保持独立的移动性管理状态，UE 能够同时独立处理 5G 和 4G 的注册流程，UE 的 4G 标识 EPS-GUTI 和 5G 标识 5G-GUTI 是由 4G 核心网和 5G 核心网独立分配的，而不是相互映射产生的。

当终端接入 4G 网络时，MME 需要根据终端能力判断终端是否为多模终端，并决定是否选择 4G 和 5G 融合的锚点。当终端接入 5G 网络时，AMF 同样需要根据终端的能力和签约信息来决定是否选择 4G 和 5G 的融合锚点。当 UE 驻留在 5G 时，5G 核心网应支持 EPS QoS 映射、TFT（Traffic Flow Template，传输流模板）分配，以及分配 EPS 承载标识等功能。当 UE 驻留在 4G 时，5G 核心网应支持接收 UE 通过 PCO

（Protocol Configuration Option，协议配置选项）参数发来的 PDU Session ID 等信息，并将 QoS 参数通过 PCO 参数通知 UE。

5.6　网络智能化

5.6.1　驱动

为满足大数据和网络智能化的发展要求，5G 网络通过引入网络大数据分析功能来支持 AI 能力的应用。该功能通过对网络数据、用户状态及网管信息的综合分析，得出最优的网络策略参数，并将其下发给策略制定功能。目前，5G 网络对网络大数据分析功能的需求主要体现在以下几个方面。

首先，针对 5G 网络架构的挑战，当前网络缺乏通用的数据收集和分析反馈机制，导致数据以“数据孤岛”的形式分散存在，例如 OAM 数据、5GS Non-OAM 数据、AF 业务数据和 UE 数据，这些数据无法被有效地分析并反馈给 5G 网络，以指导网络优化。

其次，5G IoT 设备的安全管控问题突出。一旦 IoT 设备被恶意劫持用于攻击网络，可能会导致整个网络瘫痪。因此，通过引入大数据分析能力，可以提前预测潜在威胁并进行有效的故障定位，增强网络的安全性。

再者，网络切片 SLA（Service Level Agreement，服务等级协议）保障问题亟待解决。当前 5G 网络关注于创建切片，但缺乏有效机制来保证切片 SLA，尤其是无线接口方面。此外，租户和运营商之间缺乏共同的理解和语言，商用场景也不够明确。通过大量的网络数据分析，可以为切片 SLA 提供通用模板和有效的保障机制，澄清各方职责和期望。

此外，5G 网络中还存在许多其他通用问题。比如，大量的运营商参数配置需要依赖于路测和人工调整，缺乏自动化的配置手段。这些问题的存在凸显了对网络大数据分析能力的迫切需求。

综上所述，解决这些问题对于提升 5G 网络的服务质量和运营效率具有重要意义。

因此，迫切需要在 5G 网络中引入 AI 能力，以充分利用大数据分析的优势，推动网络向更加智能和高效的方向发展。

3GPP 的 SA2 和 SA5 工作组分别从核心网和网络管理的角度探讨了网络大数据分析功能。目前，在 5G 核心网侧已经确立了以 NWDAF 为中心的网络智能化架构。NWDAF 作为一种专门的网络数据分析实体，承担着大数据和 AI 子系统的功能，能够全面感知和分析来自网络、业务和用户的各类数据。其主要作用是为 5G 网络中的策略网元提供决策依据，同时可以将分析结果共享给第三方业务，以便为用户提供更优质的服务。在 3GPP SA5 的研究项目中，也在考虑引入类似于 NWDAF 的功能实体，即 MDAF（Management Data Analytics Function，管理数据分析功能）和 AI 子系统，以进一步增强网络的智能化处理能力。

5.6.2 架构

1. 通用描述

在 5G 网络中引入 NWDAF，作为 5G 网络 AI+数据引擎，负责采集网管、业务、网络、终端数据，执行数据模型训练，输出预测、推理、决策结果，辅助网络运营和运维，促进网络资源的有效配置，如图 5-9 所示。

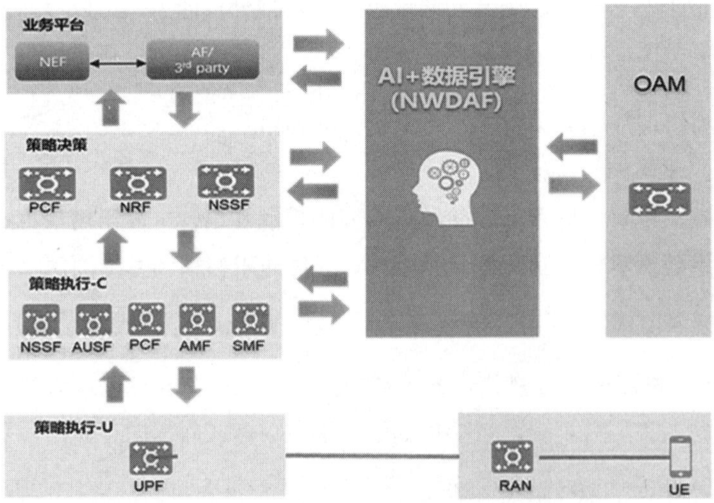

图 5-9 网络智能化架构

NWDAF 是 TS 23.501 [1]中指定的体系结构的一部分，并使用为 TS 23.501 中的 5G 核心网和 OAM 服务指定的机制和接口。3GPP SA2 r17 版本正在定义如何从核心网网元采集数据。NWDAF 可以被描述为从核心网网元进行数据交互与分析，并通过服务化接口对外提供数据分析结果，主要功能如下。

- 基于对由 AMF、SMF、PCF、UDM、AF（直接或通过 NEF）和 OAM 提供的事件的订阅进行数据收集。
- 从数据存储库中检索信息（例如，通过 UDM 或 UDR 获得与订阅用户相关的信息）。
- 检索有关 NF 的信息（例如，从 NRF 获取与 NF 相关的信息）。
- 向消费者提供按需分析服务。

NWDAF 的单个或多个实例可以部署在 PLMN 中。如果部署了多个 NWDAF 实例，则体系架构支持将 NWDAF 部署为中心 NF、分布式 NF 的集合或两者的组合。

2. 非漫游场景下的架构

在非漫游场景下，NWDAF 与 5G 核心网 NF 的数据收集交互架构图如图 5-10 所示，5GS 架构允许 NWDAF 从任何 5G 核心网 NF 收集数据。NWDAF 与提供数据的 5G 核心网 NF 属于同一 PLMN。

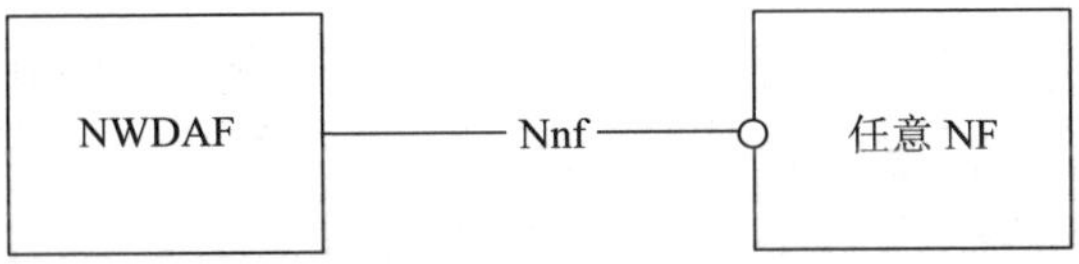

图 5-10 NWDAF 与 5G 核心网 NF 的数据收集交互架构

该架构为NWDAF定义了Nnf接口，该接口用来请求订阅特定上下文的数据传递，取消订阅数据传递并请求特定上下文的数据报告。5GS 架构允许 NWDAF 通过调用 OAM 服务从 OAM 检索管理数据。

如图 5-11 所示，5GS 架构允许任何 5G 核心网 NF 向 NWDAF 请求网络分析信息。NWDAF 与使用分析信息的 5G 核心网 NF 属于同一 PLMN。

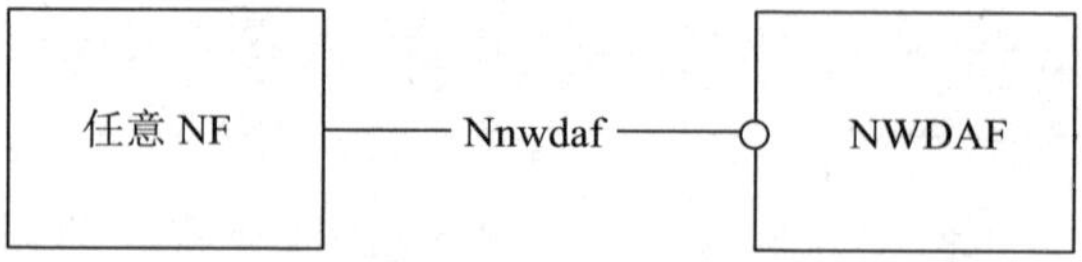

图 5-11　NWDAF 网络数据分析开放架构

该架构为 5G 核心网 NF 定义了 Nnwdaf 接口，该接口用来请求订阅特定上下文的网络分析传递，取消订阅网络分析传递，并请求特定上下文的网络分析的特定报告。

注意：5GS 架构还允许其他使用者［如 OAM 和 CEF（Charging Enablement Function，计费使能功能）］从 NWDAF 请求网络分析信息。

3. 漫游场景下的架构

仅在同一 PLMN 情况下才考虑 NWDAF 与其他 5G 核心网 NF 之间的交互。本书暂不考虑漫游场景下 NWDAF 与其他 5G 核心网的交互。

5.6.3　关键技术

3GPP SA2 定义了 NWDAF 功能用于网络数据分析。它从 5G 核心网网元、应用和网管部分采集数据，并进行智能化分析（如终端位置预测、异常检测等）。NWDAF 的主要功能是增强核心网能力并使其变得更有效。智能化分析可以运用各种技术获得如机器学习、知识图谱、统计学等，然而采取何种技术、如何采取等并不在 3GPP 的定义范围中。在某些场景下，NWDAF 也可能利用管理域产生的分析结果。3GPP 目前正在研究对 NWDAF 可能的逻辑功能拆分。在 3GPP TS 23.288 中描述了为 NWDAF 定义的用例大类，如表 5-3 所示。

表 5-3　3GPP 中定义的 NWDAF 用例大类

分析信息	请求描述	响应描述
切片负载级信息	Analytics ID（分析 ID）：负载级信息	网络切片实例的负载级别报告为超过给定阈值的通知或定期通知（假设未提供阈值）
观察服务体验信息	Analytics ID（分析 ID）：服务体验	可以为网络切片或应用程序提供观察到的服务体验统计信息或预测。它们可以源自单个 UE、一组 UE 或任何 UE。对于切片服务体验，它们可能来自某个应用程序、一组应用程序或网络切片上所有的应用程序

续表

分析信息	请求描述	响应描述
NF 负载级信息	Analytics ID（分析 ID）：NF 负载级信息	加载特定 NF 的统计信息或预测信息
网络性能信息	Analytics ID（分析 ID）：网络性能	有关感兴趣区域中负载的统计信息或预测。另外，有关位于该感兴趣区域中的 UE 数量的统计或预测
UE 移动信息	Analytics ID（分析 ID）：UE 移动性	UE 移动性统计信息或预测
UE 通信信息	Analytics ID（分析 ID）：UE 通信	UE 通信统计信息或预测
预期的 UE 行为参数	Analytics ID（分析 ID）：UE 移动性和/或 UE 通信	UE 移动性和/或 UE 通信分析
UE 异常行为信息	Analytics ID（分析 ID）：异常行为	观察到的或预期的异常列表，包括异常 ID、异常级别和其他信息，具体取决于观察到的或预期的异常
用户数据拥塞信息	Analytics ID（分析 ID）：用户数据拥塞	关于用户数据拥塞的统计信息或预测，用于在用户面或控制面传输，或两者同时传输
QoS 可持续性	Analytics ID（分析 ID）：QoS 可持续性	为了便于统计，有关 QoS 更改的位置和时间，以及所越过的阈值信息；或者为了预测可能发生 QoS 更改的位置和时间，以及可能会超过哪些阈值的信息

3GPP SA5 定义了一套管理数据分析服务（Management Data Analytics Service，MDAS），如图 5-12 所示。该服务包含管理数据分析功能（MDAF），可以针对某个具体域或更为集中式的系统。MDAS 提供了基于管理域的用例分析，其中一个例子是网络保障的闭环控制。MDAS 从管理服务和网络功能（包括服务、切片或网元相关数据）处收集数据，并运用这些数据进行相关分析。这些分析服务可以被其他管理功能使用，例如自组织网络功能等。然而，目前尚未定义其架构及其与其他域的协同工作方式。

TR 28.809 描述了管理数据分析（Management Data Analytics，MDA），它由 TS 28.550 定义。MDA 能够处理和分析与网络和服务事件及状态相关的原始数据，例如，性能测量、Trace/MDT（Minimization of Drive Tests，最小路测）/RLF（Radio Link Failure，无线链路故障）、QoE 报告、警报、配置数据、网络分析数据，以及来自 AF 的服务体验数据。通过提供分析报告（包括建议的操作），MDA 支持网络和服务操作所需的功能。当 MDA 与人工智能和机器学习技术结合时，它为网络服务管理与编排带来了智能和自动化的能力。

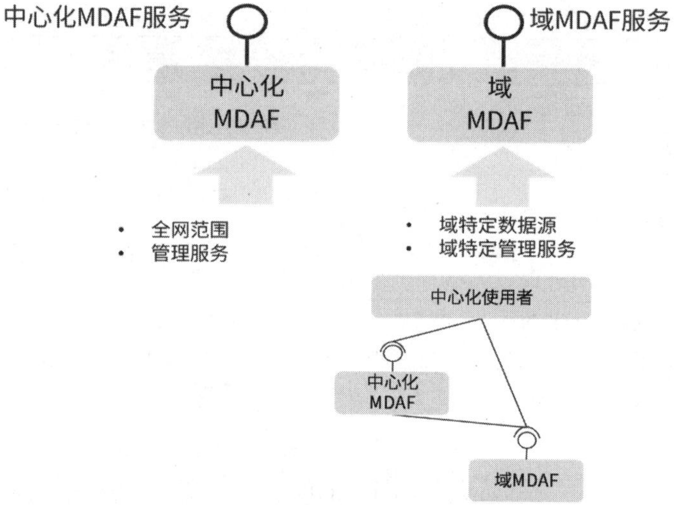

图 5-12　3GPP SA5 MDAF（MDA Function）

MDA 在准备、调试、操作和终止阶段均能协助执行管理任务。以服务供应为例，MDA 可以通过准备服务目录、评估新服务的网络需求并进行可行性检查来支持这一过程。在操作阶段，MDA 能够识别并提前发现可能影响网络和服务性能的持续性问题，以及可能导致潜在故障和/或性能下降的潜在问题。此外，MDA 还有助于预测网络和服务需求，从而实现及时的资源配置和部署，确保产品能够迅速推向市场。

MDAS 可以为多种消费者提供服务，包括 MF（即用于网络和服务管理的 MnS 服务生产者/消费者）、NF（如 NWDAF）、SON（Self-Organizing Network，自组织网络）功能、网络和服务优化工具/功能、SLS 保证功能、人工操作员和自动对焦等。

作为网络自动化和认知，以及服务管理与编排的关键推动因素，MDA 在这些领域发挥着重要作用。

当前，SA5 正在研究的信息如表 5-4 所示。

表 5-4　分析信息与需求对照

分析信息	需求描述
RAN user plane congestion	无线网络用户面拥塞
Resource utilization analytics	资源使用情况分析
Cross slice resource optimization	跨切片资源优化

续表

分析信息	需求描述
NAS level congestion control optimization	NAS 层拥塞控制优化
E2E latency analysis	端到端时延分析
Network Slice load analysis	网络切片负载分析
Service Experience analytics	服务体验分析
Network Slice throughput analysis	网络切片吞吐量分析
Uplink/downlink throughput per UE	每个终端上/下行吞吐量
KPI anomaly analysis KPI	异常分析
Jitter analysis	抖动分析
Alarm incident analysis	告警事件分析
Fault prediction analysis	故障预测分析
Mobility management HO optimization	移动性管理切换优化
Radio network optimization	无线网络优化
Energy saving analysis	能耗节省分析
Paging performance related insights	寻呼性能相关优化
SW related management	软件相关管理
Network security analysis	网络安全分析
Model lifecycle management	模型生命周期管理

3GPP SA5 正在进行的闭环服务等级保障（Closed control Loop SLS Assurance，COSLA）工作项目在 TS 28.535 和 TS 28.536 中有所描述。其中，TS 28.535 详细说明了构成这一闭环系统中的各个实体。

通信服务保证依赖于一组管理服务，这些服务共同作用，确保CSP（Communication Service Provider，通信业务提供者）能够履行与 CSC（Communication Service Customer，通信业务客户）（如企业）达成的协议，保障通信服务的能力。图 5-13 展示了信息流总体视图。该方案主要由四个模块组成：监控（Monitor）、分析（Analyze）、决策（Decide）、执行（Execute）。在图 5-13 中，受控实体代表通信服务所使用的资源，这些资源通过管理系统提供的不同管理服务之间的循环来保障通信服务的性能。循环的输入是与通信服务使用的资源相关的信息，这些信息由监控模块收集；分析模块和决策模块则基于这些信息提出可能的控制动作，供执行模块实施。例如，当服务体验下降时，需要调整通信服务使用的资源。管理服务持续监视与通信服务相关的信息，进行数据收集，并将信息提供给保证根本原因分析的管理服务。基于这些分析，系统会提出缓解措施或建议解决方案来应对问题。通过执行这些措施或建议，使得通信服务的行为符合由循环控制的指标（即 SLS 目标），确保服务性能维持在预期范围内。

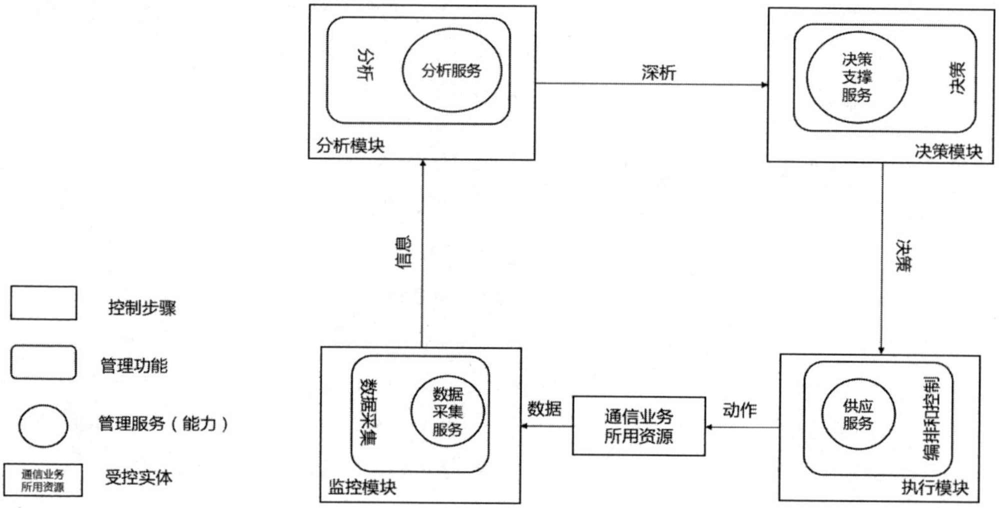

图 5-13 TS 28.536 信息流总体视图

5.7 语音及消息服务

5.7.1 语音服务

语音业务仍然是 5G 时期的重要业务之一，5G 应能够提供与 VoLTE 相同的语音业务能力，包括高清音视频通话、语音补充业务、智能网业务和增值业务等。

3GPP 定义了 EPS Fallback 和 VoNR（Voice over NR，基于 NR 的语音）两种语音方案，以满足 5G 运营不同阶段的需求。VoNR 通过 5G NR 网络直接承载语音业务，而 EPS Fallback 则在呼叫建立阶段将呼叫切换至 LTE 网络，通过 VoLTE（Voice over LTE，基于 LTE 的语音）提供语音服务，从而确保在 5G NR 覆盖不足以支持 VoNR 时，仍能提供可靠的语音业务。

图 5-14 展示了 VoNR 和 EPS Fallback 相关的系统架构。这两种方案的架构相同，但具体流程有所不同。该架构涵盖 4G/5G 无线网络、5G 核心网、EPC 和 IMS 网络。其中，无线网络负责用户接入和语音业务的无线承载，5G 核心网和 EPC 提供核心网承载和语音业务连续性支持，IMS 网络则负责会话控制和业务提供。网络会根据多种因素综合决定采用 VoNR 还是 EPS Fallback 方案，这些因素包括：手机终端的支持能力（如是否支持 VoNR）、基站能力（如小区语音业务负载、本地配置等），以及网络能力［如是否支持 N26 接口、是否支持 SRVCC（Single Radio Voice Call Continuity，单频段语音呼叫连续性）、是否支持 PS Voice 能力等］。

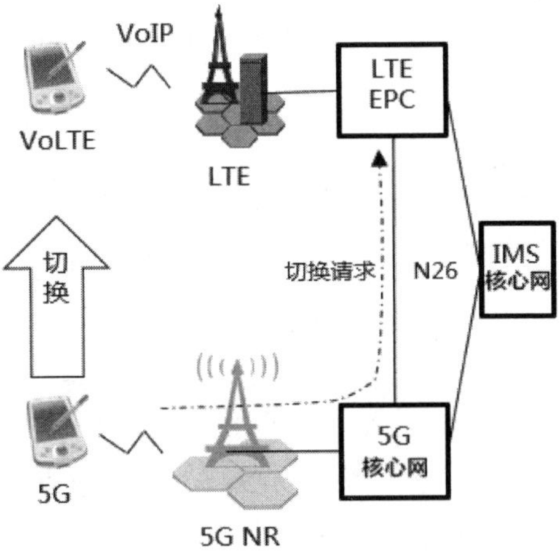

图 5-14　5G 语音系统架构图

EPS Fallback 语音方案一般在 5G 部署初期使用。该方案的核心思想是让 UE 在开机后驻留在 5G 网络上，并通过 5G 网络建立语音 PDU 会话，在 IMS 网络中注册。当有语音呼叫发生时，5G 无线网络会拒绝语音承载的建立请求，同时启动从 5G 到 4G 的 PS Handover（切换）流程，将语音呼叫切换到 LTE 网络，并在 EPC 上建立语音承载，以此完成后续的语音呼叫连接。在 5G 部署初期，由于 5G 基站的覆盖不连续，存在许多“孤岛”，手机在 5G 和 4G 网络间频繁切换的可能性很大。EPS Fallback 方案通过在语音呼叫开始时就切换到 4G 网络，有效地避免了通话过程中因手机从 5G 切换到 4G 而导致的通话质量下降或中断的风险。然而，采用此方案的手机在通话期间将始终驻留在 4G 网络中，这意味着在这段时间内，数据业务无法利用 5G 的高速数据网络，也无法享用 5G 的切片、边缘计算等新功能。

VoNR语音方案一般在5G部署中后期采用。该方案的核心思想是让UE在开机后驻留在5G网络上，通过5G网络建立语音PDU会话，并在IMS网络中注册。当有语音呼叫发起时，直接在5G网络下完成语音呼叫的连接。若5G覆盖条件无法满足语音业务的要求，此时会通过从5G到4G的PS Handover流程，将语音呼叫切换到LTE网络，以保持呼叫的连续性。在5G部署中后期，随着5G基站的连续覆盖，手机从5G切换到4G的概率显著降低。因此在大部分情况下，5G网络能够为UE提供语音服务，从而实现更高的通话质量。与此同时，并发的数据业务依然可以利用5G的高速数据网络，体验其切片、边缘计算等先进特性。然而，在5G基站覆盖的边缘地带，或是5G信号受到遮挡的区域，为了确保语音业务的连续性，可以考虑切换至2G/3G/4G网络。为此，3GPP设计了适用于从5G切换到4G，以及从5G切换到2G/3G两种场景的语音连续性方案。

如果4G网络支持VoLTE，那么当手机在5G网络下通话并移动到5G信号不好的区域时，可以切换到4G网络中通过VoLTE继续进行语音通话。这个过程被称为VoNR Handover。VoNR Handover流程涉及5G网络和4G网络之间的互操作。此时，5G核心网与4G核心网之间是否部署了N26接口对切换时的语音体验至关重要。如果部署了N26接口，那么在切换过程中，AMF和MME就可以通过N26接口完成上下文信息传递和切换流程，从而确保语音业务的连续性。然而，如果没有部署N26接口，那么在切换时如果手机需要在4G网络上重新进行附着流程，就会导致语音通话出现明显的中断，从而显著降低用户体验。

如果4G网络不支持VoLTE或者4G网络覆盖不足，那么当手机在5G网络下通话并移动到5G信号不佳的区域时，就只能借助SRVCC技术切换到2G/3G的CS网络上进行语音通话。然而，在3GPP R15阶段并未定义5G网络与2G/3G网络之间的直接互操作。直到5G的第二个大版本，即R16标准中才引入了从VoNR到3G网络CS域的SRVCC切换流程，从而实现了在5G网络下通话过程中的手机能够平滑切换到3G网络，保障语音连续性。从5G网络到3G网络的SRVCC流程与传统的从4G到2G/3G的SRVCC流程相似。但由于3GPP并未定义5G核心网与CS网络之间的直接接口，因此需要利用4G核心网中的MME，通过支持N26和Sv接口作为桥梁，间接实现5G网络与CS网络之间的信令交互。这种方式相较于直接的VoLTE eSRVCC流程，切换时延会稍长一些。

5.7.2 消息服务

5G 短消息业务可通过 SMS over IP（基于 IP 的 SMS）和 SMS over NAS（基于 NAS 的 SMS）两种方式提供，旨在确保与 2G/3G/4G 网络的业务体验一致，并能够与现有短信网络互通。其中，SMS over IP 对 5G 核心网没有额外的要求，而 3GPP 在 R15 阶段主要制定 SMS over NAS 的技术方案。

在 SMS over IP 方案中，短消息被封装在 IMS 信令中，通过终端与 IMS 网络之间的 SIP 交互来发送短消息。

在 SMS over NAS 方案中，短消息被封装在 5G 核心网的信令中，通过终端与 5G 核心网之间的信令交互来发送短消息。如图 5-15 所示，SMS over NAS 方案通过引入新的网络功能元素——短消息服务功能（SMSF）来实现与短信中心的互联。SMSF 通过 Gd 接口［使用 MAP（Manufacturing Automation Protocol，制造自动化协议）］或 SGd 接口（使用 Diameter 协议）与 IP-SM-GW（IP-短消息网关）相连，被叫域选择功能也通过 IP-SM-GW 来实现。值得注意的是，SMS over NAS 方案对 AMF、UDM 等核心网元都有特定的功能要求。

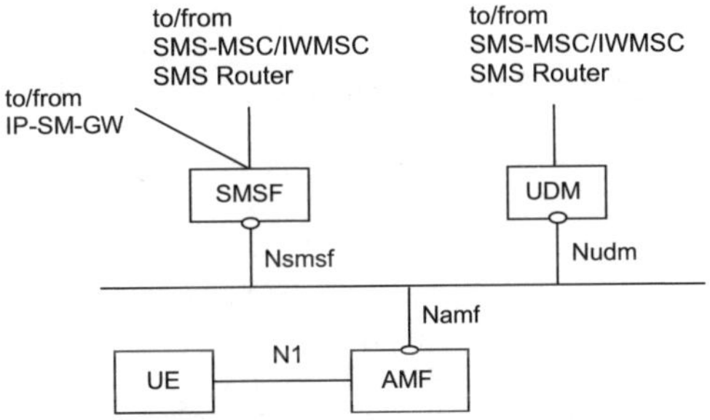

图 5-15　SMS over NAS 系统架构

在终端注册过程中，如果需要使用 SMS over NAS，那么会在 NAS 信令中携带一个“SMS supported”字段，以此指示 UE 支持 SMS over NAS 能力。相应地，如果核心网也支持 SMS over NAS 功能，那么 AMF 将会向 UE 下发“SMS allowed”指示，告知 UE 网络接受 SMS over NAS 的使用。

5G 网络也在尝试使用融合通信的“新消息”为用户提供媒体格式丰富（如长文本、图片、声音片段、视频片段、位置信息、电子名片、表情等）、交互形式多样（如群发、群聊等）的增强型消息服务，并可与短消息无缝互通。融合通信新消息支持人-人的新消息交互，并适时引入人-应用系统/业务平台之间的新消息交互。使用融合通信的“新消息”可以替代传统的短彩信业务，终端提供统一消息入口，当融合通信在线时，可以发送/接收新消息、接收传统的短彩信；当融合通信不在线时，可以发送/接收传统的短彩信。

5.8 能力开放

网络开放功能（NEF）实现了 5G 网络功能对外部的开放。外部风险可以分为监控功能、配置功能、策略与计费功能、分析报告功能。监控功能用于监控 5GS 中 UE 的特定事件，并使这些监控事件信息通过 NEF 对外部可用。配置功能则允许外部实体提供信息，以便在 5GS 中对 UE 进行相应的设置。策略与计费功能则根据外部方的请求，为 UE 处理 QoS 和计费策略。分析报告功能则允许外部方获取或订阅/取消订阅由 5GS 生成的分析信息。

5.8.1 能力开放架构

图 5-16 和图 5-17 分别给出了基于参考点和基于服务化接口的非漫游系统架构。

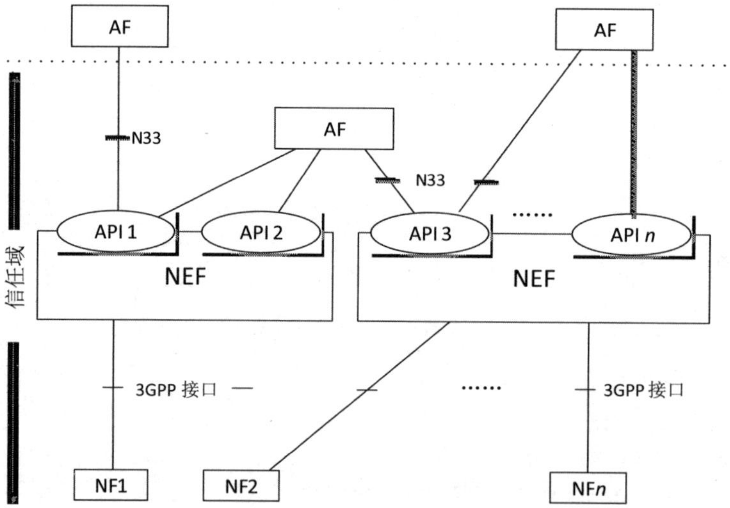

图 5-16　基于参考点的非漫游系统架构

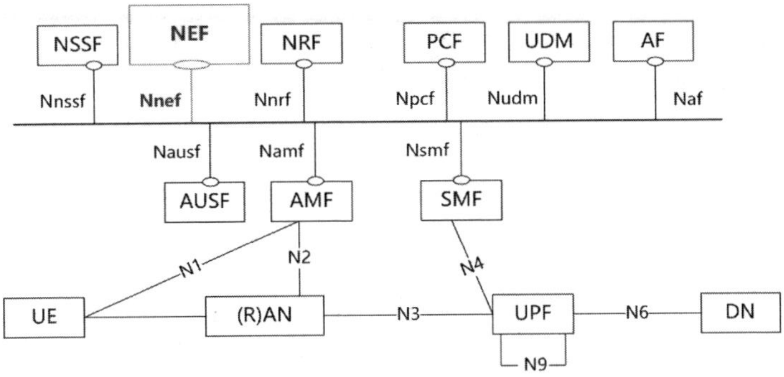

图 5-17　基于服务化接口的非漫游系统架构

注：在图 5-16 中，3GPP 接口表示 NEF 和 5G 核心网功能之间的南向接口，包括 NEF 和 SMF 之间的 N29 接口、NEF 和 PCF 之间的 N30 接口、NEF 和 AF 之间的 N33 接口、NEF 和 UDR 之间的 N37 接口等。为便于表示，该图未显示所有的南向接口。

5.8.2　网络能力开放

网络能力开放包括网络事件的外部开放和对核心网内部 NF 的开放，它包括对外部功能监控能力的开放、对外部功能策略控制和计费能力的开放、核心网内部分析能力的开放等。

监测能力包括允许识别适合配置特定监测事件的 5G 网络功能的手段，检测监测事件，并将监测事件报告给授权的外部方。监测能力可用于开放 UE 的移动性管理上下文，如 UE 位置、可达性、漫游状态和连接的丢失；还可用于开放 QoS 监测结果。AMF 在移动性管理上下文中存储 URRP-AMF（UE Reachability Request Parameter for AMF，AMF 的 UE 可达性请求参数）信息，以确定哪些网络功能被授权从 AMF 接收直接通知。UDM 在本地存储 URRP-AMF 信息，以确定在转发间接通知时哪些监测请求被授权。监测能力还允许 AF 订阅组的状态变化，无论是 5G 虚拟网络（Virtual Network，VN）组，还是由操作、管理和维护（Operation Administration and Maintenance，OAM）配置的组。在这种情况下，如果组成员列表已更新或组成员不再订阅该组，则网络会通知 AF。

配置能力允许外部方通过 NEF 向 5G 网络功能提供预期的 UE 行为、5G VN 组信息、DNN 和 S-NSSAI 特定组参数、边缘配置服务器（Edge Configuration Server，ECS）

地址配置信息或业务特定的信息。配置包括授权配置外部第三方、通过 NEF 接收配置的外部信息、存储信息和在使用这些信息的 NF 之间分发这些信息。根据数据的不同，外部配置的数据可以被不同的 NF 所使用。在配置预期的 UE 行为时，外部配置的信息包括预期的 UE 移动信息、预期的 UE 行为参数或预期的网络配置参数。预期的 UE 行为参数可用于设置 UE 的移动性管理或会话管理参数。在配置 5G VN 组信息时，外部配置的信息为 5G VN 组参数，包括关于 5G VN 组的一些信息。在配置 ECS 地址时，外部配置的信息为 ECS 地址配置信息。受影响的 NF 会通过用户数据更新来接收通知。配置的服务参数可能会被传递到 UE。受影响的 NF 会收到数据更新的通知。

策略与计费能力由允许请求会话和计费策略、执行 QoS 策略、应用统计功能，以及请求影响接入和移动性管理策略的功能组成。它可以用于对 UE 会话进行特定的 QoS/优先级处理，并且能够设置适用的计费方或计费费率。

分析报告能力由允许发现可由外部方使用的分析类型的功能组成，包括由 NWDAF 生成的分析信息使用请求。

成员 UE 选择辅助能力由允许筛选和提供一个或多个候选 UE 列表（候选 UE 在由 AF 提供的目标成员 UE 列表中），以及可由外部使用的附加信息的方法组成，包括外部方对 UE 列表使用请求。

订阅网络开放的事件报告内部或外部 NF 在订阅网络可开放的事件报告时，需要提供以下信息。

- 一个或多个事件 ID：事件 ID 标识订阅事件的类型（如 PDU 会话释放、兴趣区域外的 UE 移动性等）。
- 事件过滤信息：提供用于匹配过滤条件的事件参数类型和事件参数值，例如，事件参数类型是“兴趣区域”，事件参数值列表是跟踪区域；事件过滤信息取决于事件 ID；订阅事件 ID 提供事件过滤信息；不同的订阅事件 ID 可以和不同的事件过滤信息相关联。

- 事件报告对象：可以是特定的 UE 或 PDU 会话，也可以是一组 UE 或所有的 UE，每个用户的事件 ID 与事件报告的目标一一对应（可能对应于多个 UE 或多个 PDU 会话）。
- 通知对象地址（+通知关联 ID）：允许事件接收 NF 将事件提供者的通知与订阅关联。订阅与唯一的通知对象地址（+通知关联 ID）相关联，每个通知对象地址（+通知关联 ID）与相关（一组）事件 ID 相关联。
- 到期时间：用于表明 NF 希望订阅的持续时间。NF 将这个期限告知 NF 服务提供者，后者依据运营商的策略来判断订阅是否已到期，并通过响应将结果反馈给 NF。若 NF 希望在订阅到期后继续接收通知，则必须更新订阅信息；否则，一旦过了到期时间，该订阅将自动失效。如果 NF 错过了更新订阅的时间，但仍然希望继续接收通知，那么它需要重新创建一个新的订阅。

在事件提供者 NF 接受订阅后，它会向 NF 提供一个与订阅相关的唯一 ID，这样 NF 就能利用这个 ID 对订阅进行后续的管理操作，比如修改或取消订阅。

5.9　统一用户数据架构

如图 5-18 所示，5GS 架构支持在 UDM、PCF、NEF 和 UDR 中共同存储数据。这些数据涵盖了 UDM 和 PCF 所管理的订阅数据与策略数据，以及 NEF 存储的用于开放的结构化数据和应用数据，其中包括用于应用识别的 PFD 和针对多个 UE 的 AF 请求信息。

Nudr 接口是为网络功能（即 NF 服务消费者，如 UDM、PCF 和 NEF）定义的，用于访问存储的特定数据集，以及读取、更新（包括添加、修改）、删除和订阅 UDR 中相关数据更改的通知。

每个通过 Nudr 接口访问 UDR 的 NF 只能对其获授权更改的数据执行添加、修改、更新或删除操作。这种授权是针对每个数据集和具体的 NF 而定的，并由 UDR 负责验证。在 UDR 中通过 Nudr 接口向相应的 NF 开放并存储的数据集合是标准化的，涵盖了签约数据、策略数据，以及用于开放的结构化数据和应用数据等。

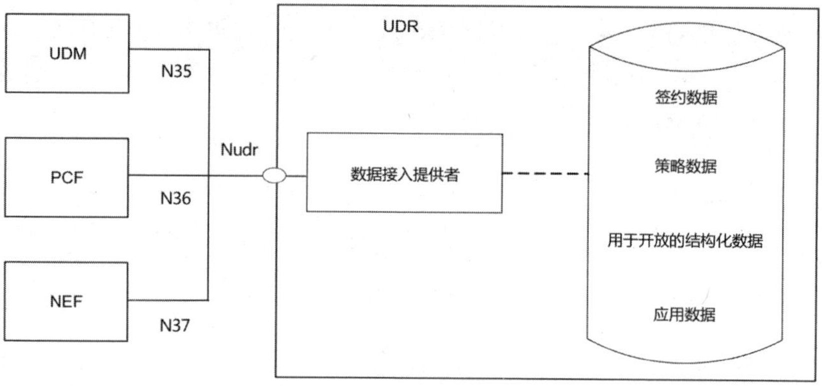

图 5-18　数据存储体系结构

基于服务的 Nudr 接口定义了由各个数据集开放的、3GPP 标准规定的信息内容及其格式/编码方式。此外，NF 还可以通过 UDR 访问每个数据集中特定于运营商的数据，以适应不同的运营需求。

5.10　固定移动融合架构

有线 5G 接入网（Wireline 5G Access Network，W-5GAN）通过有线接入网关功能（Wireline Access Gateway Function，W-AGF）连接到 5G 核心网。W-AGF 分别通过 N2 接口和 N3 接口与 5G 核心网 CP 和 UP 功能对接。当 5G 家庭网关（5G Residential Gateway，5G-RG）通过 NG-RAN 与 W-5GAN 连接时，5G-RG 存在多个 N1 接口的实例，即在 NG-RAN 上存在一个 N1 接口的实例，在 W-5GAN 上也存在一个 N1 接口的实例。

当一个 5G-RG 通过 3GPP 接入和 W-5GAN 接入连接到同一个 PLMN 的 5G 核心网时，会被该核心网中的单一 AMF 服务。当这个 5G-RG 的所有 PDU 会话都被释放或者切换到 3GPP 接入时，它会保持通过 W-5GAN 与 AMF 的 NAS 信令连接。

对于那些不支持 5G 的固网家庭网关（Fixed Network Residential Gateway，FN-RG），当它们通过 W-5GAN 连接到 5G 核心网时，W-AGF 会代表 FN-RG 向 AMF 提供 N1 接口。连接到 5G-RG 或 FN-RG 的 UE 可以经由非 3GPP（Non-3GPP InterWorking Function，N3IWF）或可信非 3GPP 网关功能（Trusted Non-3GPP Gateway

Function，TNGF）接入 5G 核心网。在这种情况下，服务于 5G-RG、FN-RG 的 W-AGF 和 UPF 被视为不可信或可信的非 3GPP 接入网络的一部分，具体取决于接入的方式。例如，UE 可以通过 WLAN 无线电接入连接到 5G-RG，并通过 N3IWF 接入 5G 核心网。

5.11　多接入及流量疏导架构

为了实现接入流量分流、迁移和分离（Access Traffic Steering, Switching and Splitting，ATSSS）功能，5GS 架构进行了扩展，如图 5-19 所示。

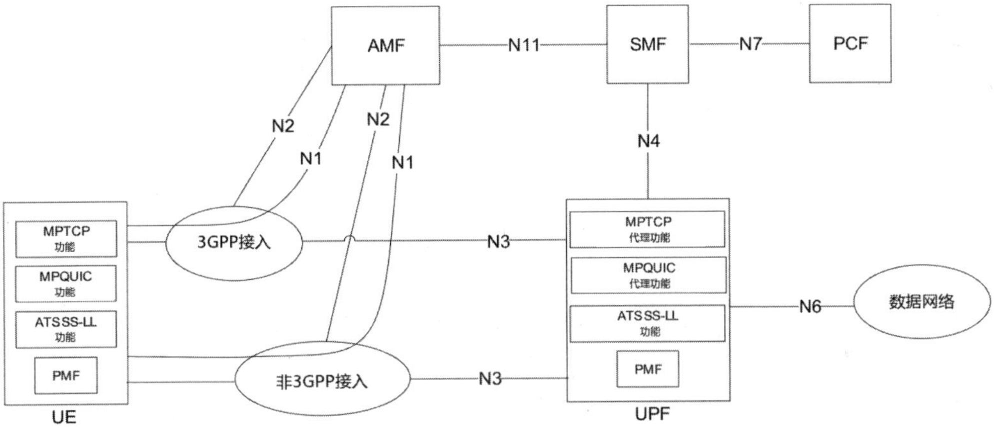

图 5-19　ATSSS 支持的非漫游或 LBO 漫游架构

UE 支持 MPTCP 功能、MPQUIC（Multipath Quick UDP Internet Connections，多路径快速 UDP 互联网连接）功能和 ATSSS-LL（ATSSS Low Layer，ATSSS 底层）功能。UE 中的每个分流功能都可以根据网络提供的 ATSSS 规则，在 3GPP 接入和非 3GPP 接入之间进行流量分流、迁移和分离。

UPF 可以支持 MPTCP 代理、MPQUIC 代理和 ATSSS-LL 等功能。MPTCP 代理通过 MPTCP 与 UE 中的 MPTCP 功能进行通信，而 MPQUIC 代理则通过 QUIC（Quick UDP Internet Connection，快速 UDP 互联网连接）协议及其多路径扩展与 UE 中的 MPQUIC 功能交互。ATSSS-LL 功能在 UPF 中扮演着与 UE 中定义的 ATSSS-LL 相似

的角色。然而，在 UE 的 ATSSS-LL 功能与 UPF 的 ATSSS-LL 功能之间，并未定义专门的用户面协议。此外，UPF 还支持性能测量功能（Performance Measurement Function，PMF），该功能允许 UE 在 3GPP 接入和/或非 3GPP 接入的用户面上获取接入性能测量信息。

第 6 章

5G 服务化架构新流程

5G 核心网的流程和信令是实现 5G 网络功能的基础。本章通过端到端信息流描述了 5GS 的主要交互流程和网络功能。这些流程主要引用 4.5 节中定义的 NF 服务来实现 5G 核心网控制面内的通信。

本章主要介绍注册管理、连接管理和寻呼、会话管理、系统内切换等 7 个基本流程，更详细的 5GS 流程描述可参考 3GPP TS 23.502 协议[2]。

6.1 注册管理

6.1.1 基本注册请求

用户注册请求包括初始注册请求、移动注册更新请求、周期注册更新请求、去注册请求、紧急注册请求等消息类型。本节将以初始注册请求流程（见图 6-1）为例介绍基本注册请求的流程（流程图引自 3GPP TS 23.502 协议）。

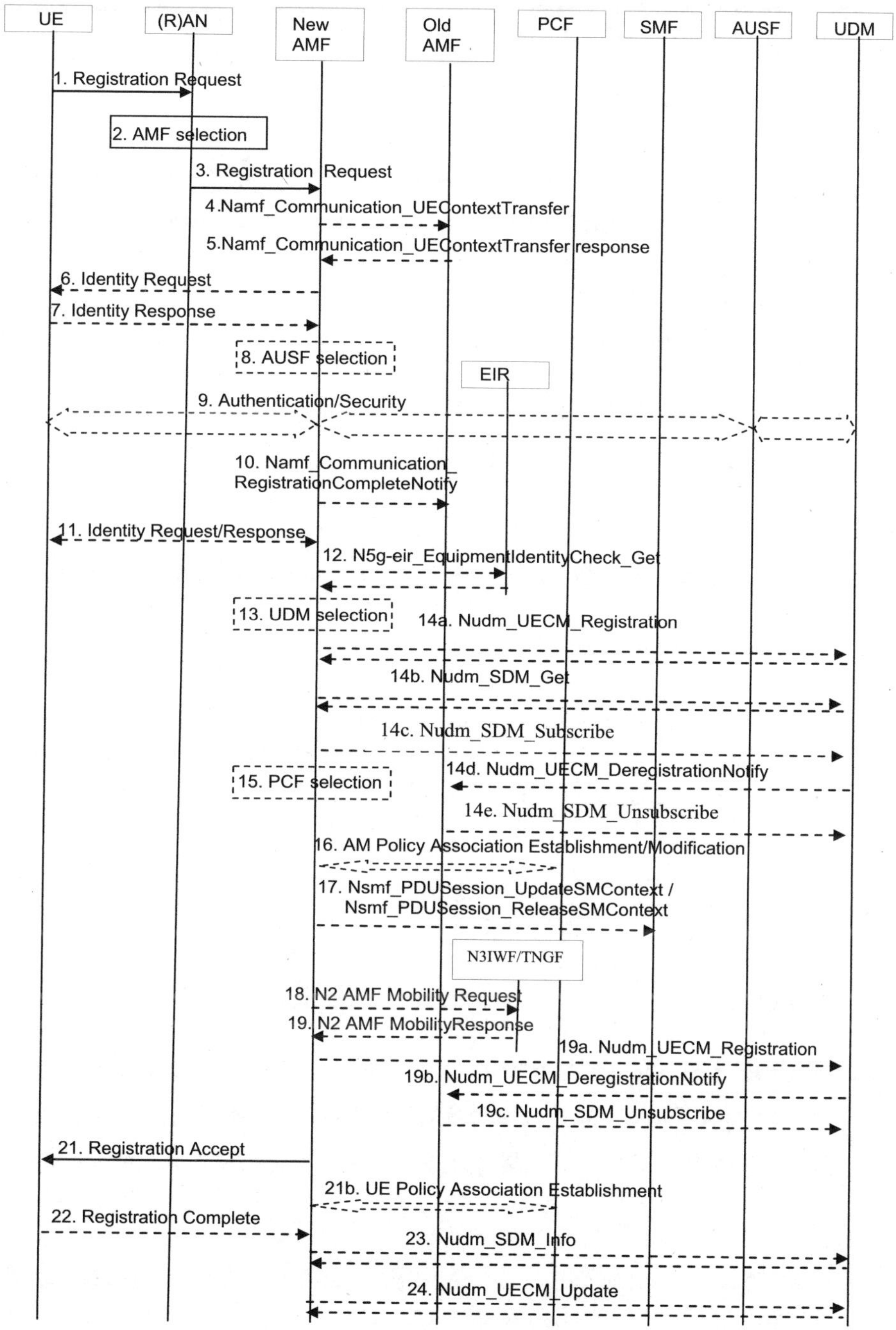

图 6-1　初始注册请求流程

对图 6-1 中各步骤的具体说明如下。

- 1：UE 向 RAN 发起注册请求。
- 2：RAN 通过 5G-S-TMSI 或者 GUAMI 选择对应的 AMF，否则 RAN 根据 Requested NSSAI 选择对应的 AMF，若还没有选到 AMF，则选择 Default AMF。
- 3：RAN 将注册请求发给选定的 AMF。
- 4、5：若 AMF 变更，那么新 AMF（New AMF）从旧 AMF（Old AMF）获取之前注册的用户信息，包括 SUPI、MM Context、SMF information、PCF ID 等。
- 6、7：若 AMF 未获得 SUCI，则 AMF 执行 Identity Request 请求 SUCI。
- 8、9：AMF 判断有必要时，请求发现 AUSF，并对用户进行鉴权认证。
- 10：在图中步骤 8 和步骤 9 中，若用户鉴权认证成功，则新 AMF 通知旧 AMF 用户在新 AMF 已进行注册；若用户鉴权认证失败，则新 AMF 通知旧 AMF 用户在新 AMF 注册被拒绝。
- 11：在 AMF 判断需要进行终端设备检查时，若 AMF 未获得 PEI，则 AMF 执行 Identity Request 请求 PEI。
- 12：AMF 通过 5G-EIR 对终端设备进行 PEI 检查。
- 13、14a、14b、14c：若 AMF 上没有用户的签约信息，则 AMF 请求发现 UDM，并与 UDM 交互，获得用户的移动性签约数据、SMF 选择参数和 UE 上下文信息。AMF 订阅用户签约数据变更通知；服务的 AMF ID 将被注册到 UDM 中。
- 14d、14e：UDM 通知旧 AMF 删除用户信息；旧 AMF 订阅用户签约数据变更通知。

- 15、16：当 AMF 判断有必要时，请求发现 PCF，并与 PCF 交互，获得用户的接入和移动性管理策略。
- 17：当移动注册更新请求时，按需进行 PDU 会话更新/释放。
- 18、19：适用于非 3GPP。
- 21：AMF 基于用户请求信息、用户签约信息和运营商策略为用户建立移动性上下文，回复用户注册响应，按需传递以下参数给 UE：核心网分配的 5G-GUTI、注册区、移动性限制策略、允许的切片、配置的切片、周期性更新时长、LADN 信息、MICO 协商结果、IMS 语音支持标记、紧急业务支持标记、用户的 AMBR、DRX 参数、N26 支持标识等。
- 22：UE 向 AMF 发送注册完成消息。
- 23：在特定条件下，AMF 向 UDM 发送 UE 的确认，特别是关于漫游信息的接收确认，涉及漫游引导信息的处理。
- 24：在特定条件下，AMF 向 UDM 更新 IMS 语音支持的指示，尤其是关于 IMS 语音服务是否支持的更新。

6.1.2 AMF 重定向的注册请求

AMF 收到注册请求后，若判断不能为所有存在于签约切片中的请求切片服务，则 AMF 与 NSSF 交互请求获得允许用户访问的切片和可服务的 AMF 集合，并通过无线或核心网将注册请求消息重定向到可服务的 AMF 上，流程如图 6-2 所示（流程图引自 3GPP TS 23.502）。

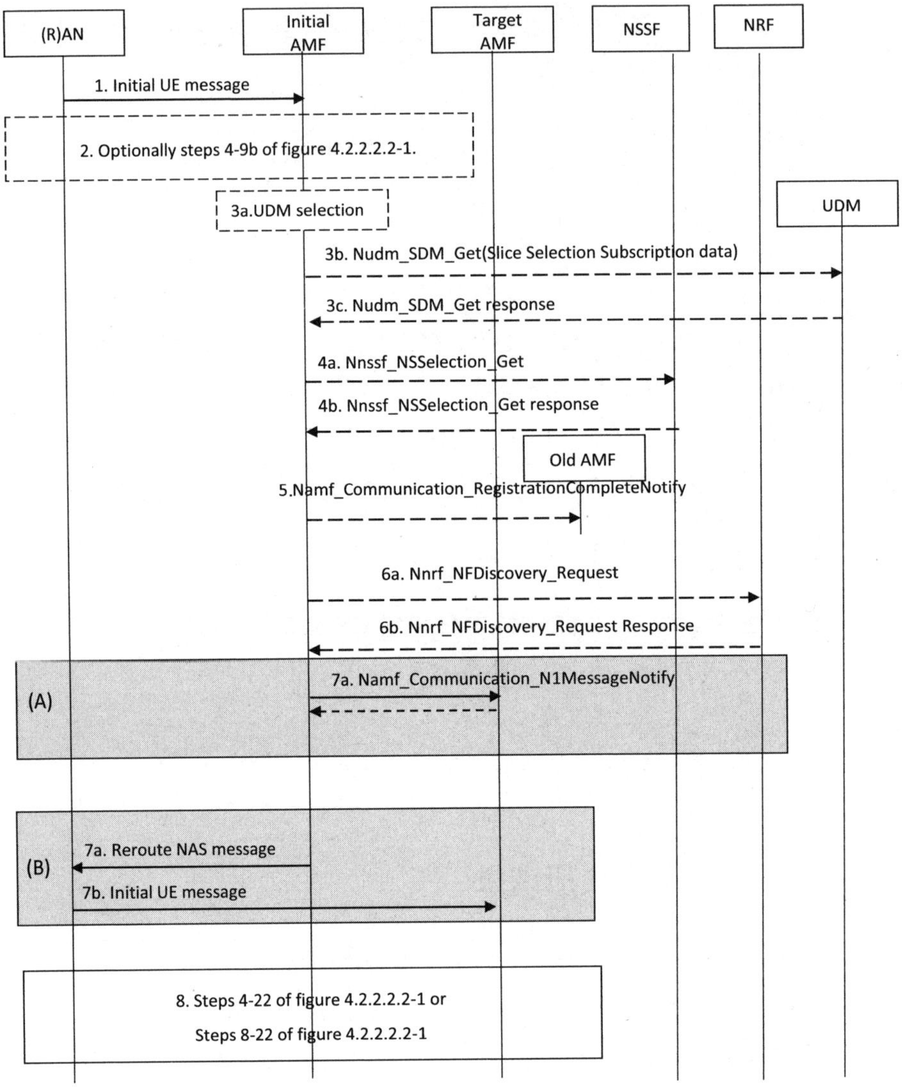

图 6-2　AMF 重定向的注册流程

对图 6-2 中各步骤的具体说明如下。

- 1：UE 发送 Registration Request 消息。
- 2：如果 AMF 需要 SUPI 和（或）UE 的订阅信息来决定是否变更注册请求路径；或者如果注册请求的完整性保护指示失败，则 AMF 执行图 6-1 中 4~9 的操作。

- 3a、3b、3c：在 AMF 中，若没有用户的签约数据信息，那么 AMF 使用 Nudm_SDM_Get 服务获取用户签约的 NSSAI 信息。
- 4a：AMF 判断不能为所有存在于签约 NSSAI 中的请求 S-NSSAI 服务，AMF 向 NSSF 发送 Nnssf_NSSelection_Get 服务触发切片选择，携带 UE 的 Requested NSSAI、签约的 NSSAI 信息、PLMN ID 和 UE 当前接入的 TA 信息。
- 4b：NSSF Response 消息，携带 Allowed NSSAI、PLMN 配置的切片、拒绝的切片（按需），可用的 AMF Set 信息或 AMF 信息。
- 5：AMF 发送拒绝指示到旧 AMF，告知 UE 注册流程没有完成。
- 6：AMF 请求发现目标 AMF（Target AMF）。
- 7a：AMF 直接将注册消息转发给目标 AMF。
- 7b：AMF 将注册消息通过无线重定向给目标 AMF。
- 8：目标 AMF 继续进行注册请求。

6.2　连接管理和寻呼

6.2.1　服务请求

当 UE 处于空闲态时，可以通过发起服务请求流程来与 AMF 建立 NAS 信令连接，并与 UPF 建立用户面连接，以便能够发送上行方向的信令消息和用户数据。另外，当终端接收到网络侧的寻呼请求后，也会主动触发服务请求流程。

对于处于连接态的 UE，如果已存在多个 PDU 会话连接，则可以通过发送服务请求流程来激活其中一些目前处于非激活状态的 PDU 会话，以此来开展数据业务，流程如图 6-3 所示（流程图引自 3GPP TS 23.502）。

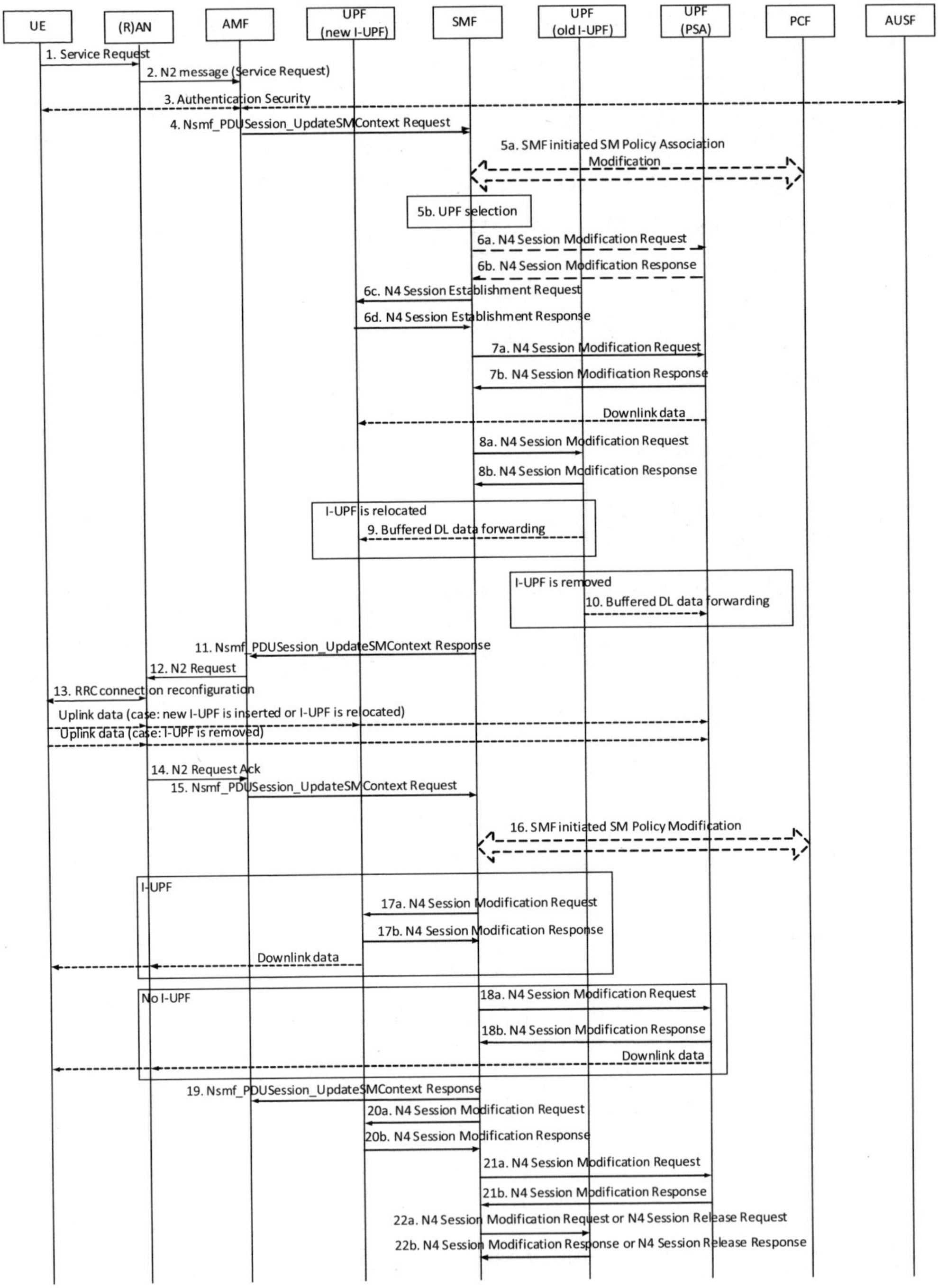

图 6-3 UE 触发的服务请求过程

对图 6-3 中各步骤的具体说明如下。

- 1：UE 发起服务请求，携带 AN message（AN parameters、Service Request、List Of PDU Sessions To Be Activated、List Of Allowed PDU Sessions、security parameters、PDU Session status 和 5G-S-TMSI 等）。若 UE 因建立用户面连接发起服务请求，则必须携带 List Of PDU Sessions To Be Activated，并进行图中 4~11，以及 15~22 的操作；若 UE 仅需建立 NAS 信令连接，不需建立用户面连接，则服务请求中不会携带 List Of PDU Sessions To Be Activated，并且跳过图中 4~11，以及 15~22 的操作。
- 2：RAN 基于 5G-S-TMSI 找到 AMF，并将请求发给 AMF。
- 3：如果服务请求消息未进行完整性保护或完整性保护验证失败，则 AMF 拒绝服务请求。
- 4：如果 UE 需要激活一个新的 PDU 会话并建立相应的用户面连接，那么 AMF 会向 SMF 发送 Nsmf_PDUSession_UpdateSMContext Request 消息，该消息会携带会话标识信息。
- 5a：若满足策略请求触发条件，SMF 则按需与 PCF 进行交互，并获得更新后的会话级策略。
- 5b：SMF 会根据用户的当前位置重选 UPF，包括插入一个新的中转 UPF、更新现有的中转 UPF、删除当前的中转 UPF，或者继续使用当前的中转 UPF 或锚点 UPF。
- 6a、6b、6c、6d、7a、7b：如果 I-UPF 发生变化，SMF 与新的 I-UPF 进行交互，建立 N4 会话，并与锚点 UPF 交互完成会话修改。操作完成后，下行数据通道已经打通。
- 8a、8b：建立新旧 UPF 之间的转发隧道。
- 9、10：新旧 UPF 之间转发数据。
- 11：SMF 回复 AMF 会话更新成功，携带 PDU 会话 ID、QFI、QoS profile、

核心网侧用户面隧道信息、切片等。

- 12：AMF 回复 RAN，携带从 SMF 接收到的会话信息、安全上下文、移动性限制列表、UE-AMBR 等。
- 13：UE 和 RAN 之间建立 RRC 连接。
- 14：RAN 给 AMF 发送 N2 请求确认，携带 PDU 会话建立列表（AN 隧道信息、可接受的 QoS 流列表、拒绝的 QoS 流列表）和 PDU 会话建立失败列表。
- 15：AMF 会给每个会话对应的 SMF 发送会话更新请求，携带 N2 SM 信息、RAT 类型、访问类型等。
- 16：若部署了动态 PCC 规则，SMF 则按需与 PCF 进行交互，从而获得更新后的会话级策略。
- 17a、17b、18a、18b：SMF 给 UPF 发送 N4 会话修改请求，更新无线侧用户面隧道信息，删除不接受的 QFI 流规则等，完成操作后，此时上行数据通道已经打通。
- 19：核心网侧会话更新成功。
- 20a、20b、21a、21b：删除新旧 UPF 间接转发隧道。
- 22a、22b：释放旧 UPF 上的资源。

6.2.2 寻呼

当网络需要向 UE 传递信令（如 N1 接口信令、MT 短信、PDU 会话的用户面连接激活，以传递下行用户数据）时，若 UE 处于空闲态，则网络向(R)AN/UE 发送寻呼请求，并触发 UE 发起的服务请求流程。具体的寻呼流程如图 6-4 所示。

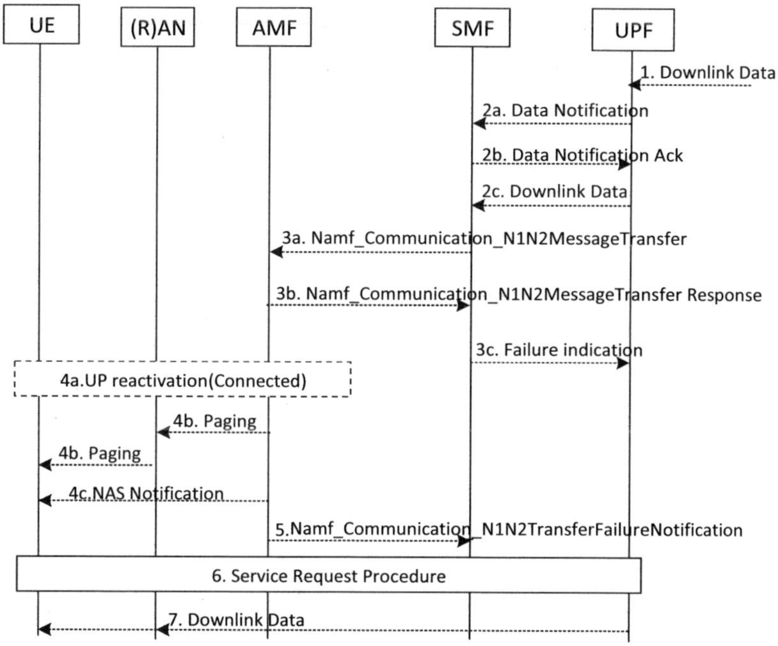

图 6-4　寻呼流程图

对图 6-4 中各步骤的具体说明如下。

- 1：当 UPF 接收 PDU 会话的下行链路数据且在 UPF 中无对应 PDU 会话的 AN 隧道信息时，UPF 可以缓冲下行数据（见图中的 2a 和 2b），或者将下行链路数据转发给 SMF（见图中的 2c）。
- 2a：UPF 向 SMF 发送数据通知，消息内容包含 N4 会话 ID、用于标识 DL 数据包的 QoS 流信息、DSCP 等。
- 2b：SMF 向 UPF 发送数据通知消息确认。
- 2c：如果 SMF 指示 UPF 缓冲数据包，则 UPF 将下行数据包发送给 SMF。
- 3a：SMF 发送 Namf_Communication_N1N2MessageTransfer 消息通知 AMF，消息中包含待建立的会话信息。
- 3b：AMF 响应 SMF 的 Namf_Communication_N1N2MessageTransfer 消息。

- 3c：若 SMF 根据 AMF 的响应消息判断用户面承载无法建立，则通知 UPF。
- 4a：若此时用户处于连接态，则 AMF 发起会话更新流程。
- 4b：如果 UE 处于空闲态，则 AMF 将寻呼消息发送到属于 UE 注册区域的 RAN 节点，然后 NG-RAN 执行 UE 寻呼。
- 5：若 AMF 等待 UE 寻呼响应超时，通知 SMF 寻呼失败。
- 6：当 UE 处于空闲态，并收到寻呼消息后，就会发起服务请求。
- 7：完成下行数据传输。

6.3 会话管理

会话管理通常包括会话建立、会话修改、会话释放和二次认证/授权等流程，本节将以会话建立和会话释放流程为例介绍会话管理，以便读者对会话管理有一个基本的认识。

6.3.1 会话建立流程

会话建立流程如图 6-5 所示，该流程假设 UE 已经在 AMF 上注册，并且 AMF 已经从 UDM 获取了用户的签约数据。

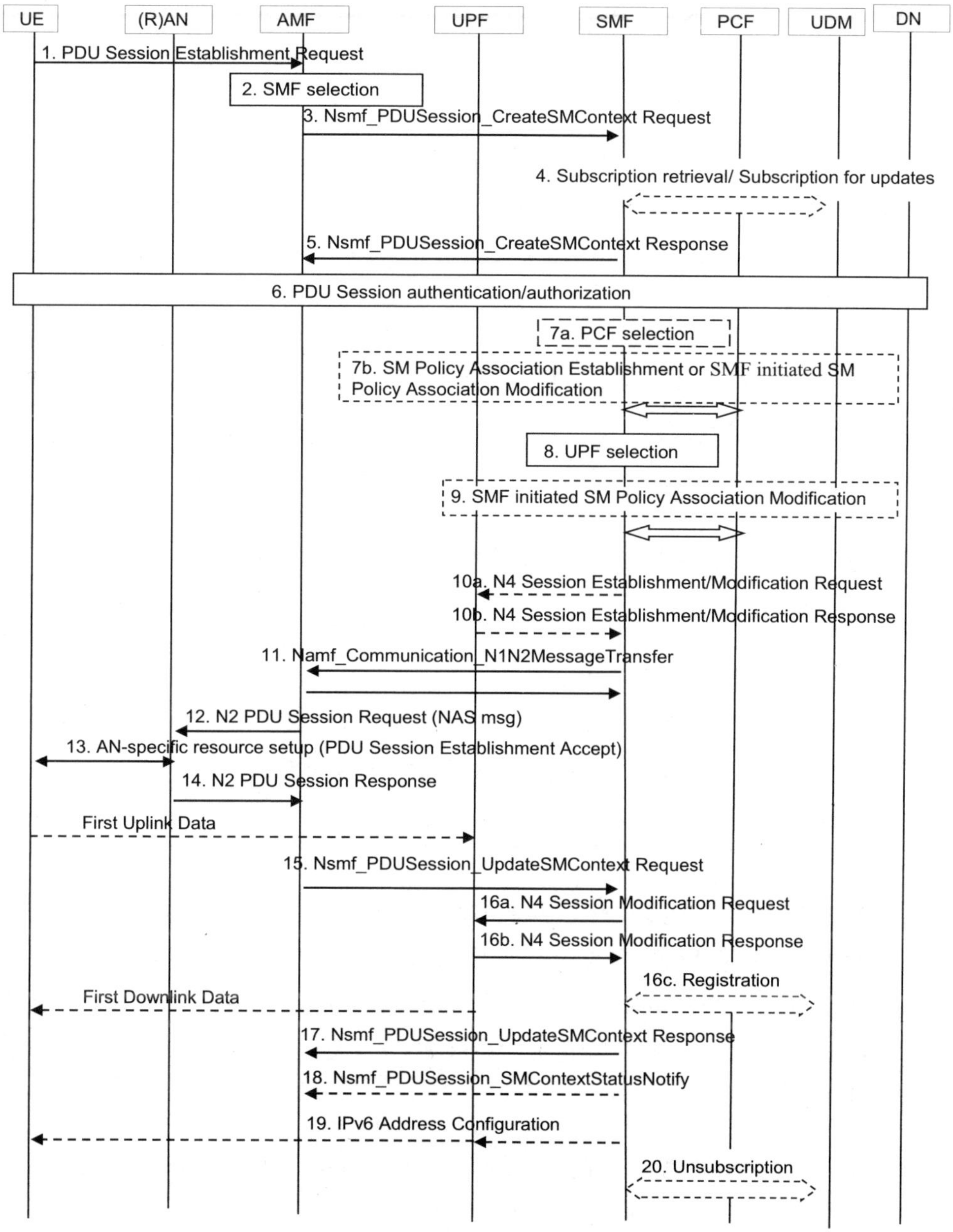

图 6-5　会话建立流程图

对图 6-5 中各步骤的具体说明如下。

- 1：UE 向 AMF 发送 NAS 消息（S-NSSAI(s)、DNN、PDU 会话 ID、请求类

型、旧 PDU 会话 ID、N1 SM 容器）请求 PDU 会话建立。

- 2：AMF 向 NRF 提供 S-NSSAI、DNN 等信息请求发现 SMF(s)，并结合 SMF 的负载、签约信息、本地策略等信息选择一个 SMF。
- 3：AMF 发送 Nsmf_PDUSession_CreateSMContext Request 消息给 SMF，其中包含用户信息，如用户位置信息（ULI）、PDU 会话状态通知的订阅、DNN 选择模式等。
- 4：AMF 与 UDM 交互会话管理订阅数据。
- 5：SMF 会向 AMF 回应一个 Nsmf_PDUSession_CreateSMContext Response 消息，其中包含原因值和 SM 上下文等。
- 6：初次建立 PDU 会话期间可执行二级身份验证/授权。
- 7a、7b：如果要为 PDU 会话使用动态 PCC 规则，那么 SMF 会根据 AMF 的指示或其本地配置选择合适的 PCF，如果没有特定指示，那么 SMF 将采用本地策略进行处理。为了与 PCF 建立 SM 策略关联，并为 PDU 会话获得默认的 PCC 规则，SMF 可以执行 SM 策略关联建立过程。
- 8：SMF 根据 UPF 的位置、DNN、权重信息等选择 UPF。
- 9：SMF 可以执行由 SMF 发起的 SM 策略关联修改过程，以提供关于已满足的策略控制请求触发条件的信息。当请求类型为“初始请求”，并且部署了动态 PCC 规则，同时 PDU 会话类型为 IPv4、IPv6 或 IPv4/IPv6，SMF 将使用分配 UE 的 IP 地址/前缀来通知 PCF（前提是满足策略控制请求的触发条件）。
- 10a、10b：SMF 发起 N4 会话建立，并请求 UPF 分配 CN Tunnel Info。
- 11：SMF 将 CN Tunnel Info 相关的信息告知 AMF。
- 12：AMF 向 RAN 发送 NAS 消息，包含 N2 PDU 会话请求，携带从 SMF 得到的 CN Tunnel Info，此时用户面的上行 GTP 隧道已经打通。

- 13：RAN 为 UE 分配 AN Tunnel Info。
- 14：RAN 向 AMF 回应一个 N2 PDU 会话响应消息，该消息携带原因值和 AN Tunnel Info 等。至此，N1 和 N2 会话相关的资源创建过程已经完成。
- 15：AMF 发送 Nsmf_PDUSession_UpdateSMContext Request（SM 上下文 ID、N2 SM 信息、请求类型）。AMF 将从(R)AN 接收到的 N2 SM 信息（携带 AN Tunnel Info 等）转发给 SMF。
- 16a、16b、16c：SMF 向 UPF 提供 AN Tunnel Info 和相应的转发规则，此时下行 GTP 隧道打通。
- 17：SMF 向 AMF 回应一个 Nsmf_PDUSession_UpdateSMContext Response 消息，完成会话建立。

6.3.2　会话释放流程

会话释放流程通常可由 UE、PCF、AMF 或 RAN 侧发起，本节将以 UE 发起的会话释放流程为例介绍会话释放流程，如图 6-6 所示（流程图引自 3GPP TS 23.502）。

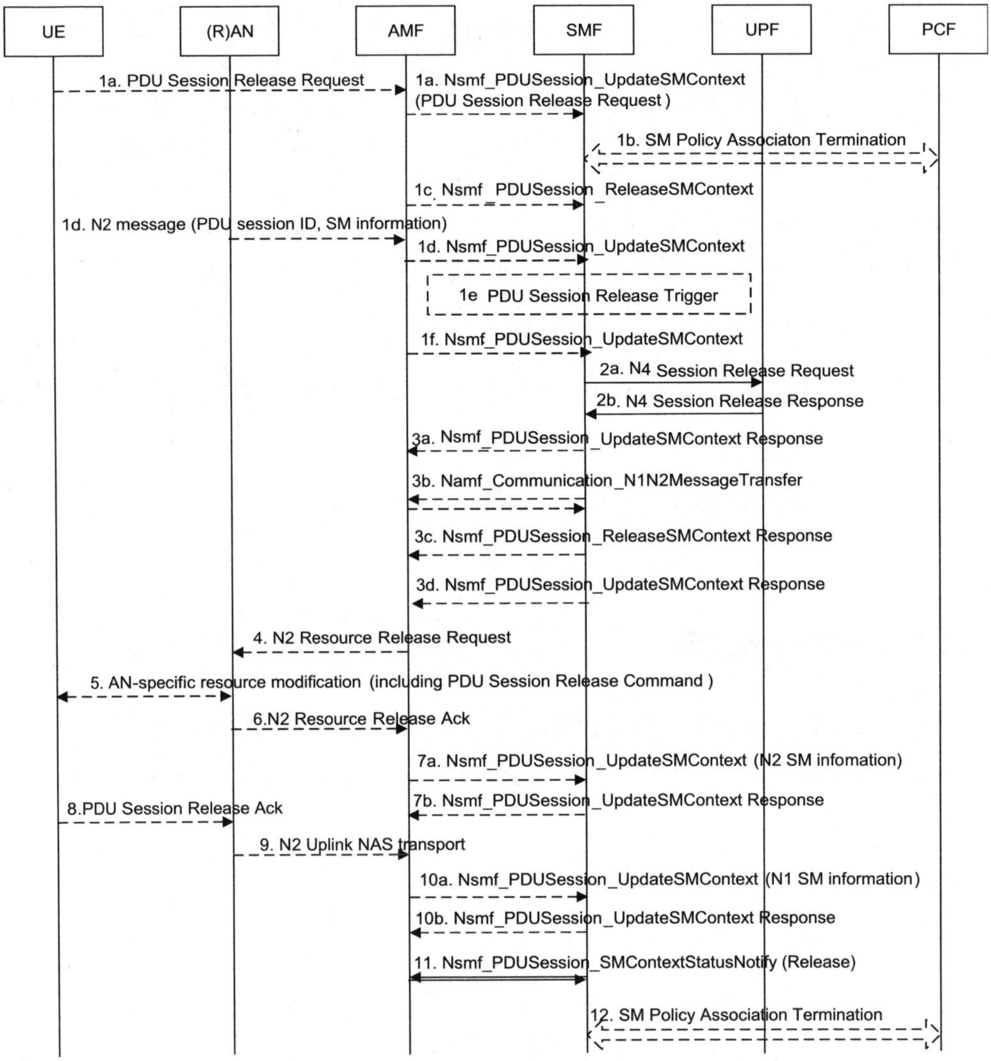

图 6-6　用户发起的会话释放流程图

对图 6-6 中各步骤的具体说明如下。

- 1a：UE 通过发送 NAS 消息（PDU Session Release Request）给 AMF 来请求释放 PDU 会话，随后 AMF 会向 SMF 发送 Nsmf_PDUSession_UpdateSMContext 消息（可选执行 1b~1f）。

- 2a、2b：SMF 释放该 PDU 会话相关的 IP 地址/前缀，以及与 UPF 相关的 N4 会话连接。
- 3a、3b、3c、3d：SMF 向 AMF 返回 Nsmf_PDUSession_UpdateSMContext Response 消息，其中携带 N2 Resource Release Request。
- 4：AMF 向 RAN 发起 N2 Resource Release Request。
- 5：RAN 侧收到消息后与 UE 一起释放该 PDU 会话相关的无线资源。
- 6：RAN 侧完成释放后向 AMF 回复 N2 Resource Release Ack 消息。
- 7a、7b：AMF 发送 Nsmf_PDUSession_UpdateSMContext 消息（其中包含 N2 Resource Release Ack）给 SMF，SMF 返回 Nsmf_PDUSession_UpdateSMContext Response 消息。
- 8：当 UE 侧完成该 PDU 会话相关的无线资源释放后，通过 NAS 消息向 RAN 侧返回 PDU Session Release Ack。
- 9：RAN 侧将此 NAS 消息转发给 AMF。
- 10a、10b：AMF 发送 Nsmf_PDUSession_UpdateSMContext 消息（其中包含 N1 SM information）给 SMF，SMF 返回 Nsmf_PDUSession_UpdateSMContext Response 消息。
- 11：当 SMF 收到 N1 和 N2 消息后，会触发 Nsmf_PDUSession_SMContextStatusNotify 消息，以通知 AMF 该 PDU 会话的 SM 上下文已经被释放。
- 12：如果该会话部署了动态 PCC 规则，也应将 PDU 会话释放的信息通知 PCF。

6.4　系统内切换

6.4.1　Xn 切换

当处于连接态的用户移动到新的基站时，若新基站和旧基站之间存在 Xn 连接，则基站侧发起 Xn 切换，将控制面和用户面连接更新到新基站，如图 6-7 所示。

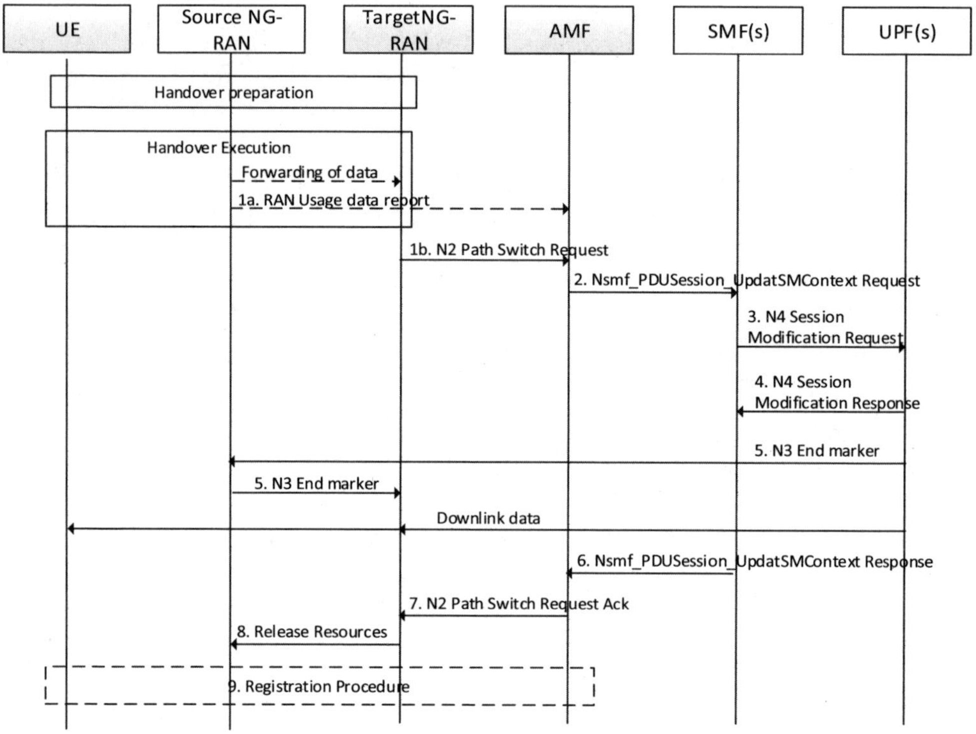

图 6-7　Xn 切换流程图

对图 6-7 中各步骤的具体说明如下。

- 1a、1b：目标 RAN 向 AMF 发送 N2 Path Switch Request 信息，其中包括待切换的 PDU、目标 RAN 侧拒绝的会话列表和 N2 SM information。N2 SM information 又包含已被接受的 QoS 流信息。在 Handover 完成后，SMF 会移除未被接受的 QoS 流信息。

- 2：AMF 发送会话更新消息 Nsmf_PDUSession_UpdateSMContext Request 给每个会话对应的 SMF；SMF 判断是否需要变更锚点 UPF。
- 3、4：SMF 更新会话，将无线侧更新后的用户面隧道信息更新到 UPF。
- 5：为了确保数据的传输顺序，每个 QoS 流信息在发送结束时都会发送一个结束标记（End marker）。
- 6：SMF 传输一个 Nsmf_PDUSession_UpdatetSMContext Response 信息给 AMF。
- 7：N2 路径切换请求确认，携带 N2 SM 信息、失败的 PDU 会话和 UE 无线能力 ID。
- 8：目标 NG-RAN 确认切换成功，通知源 NG-RAN 释放资源。
- 9：按需进行移动性注册更新流程。

6.4.2 N2 切换

当处于连接态的用户移动到新基站时，若新基站和旧基站之间不存在 Xn 连接，则基站侧发起 N2 切换，将控制面和用户面连接更新到新基站。下面以 N2 切换伴随 AMF 变更的场景为例进行说明，包括切换准备和切换执行两个步骤。

1. 切换准备

切换准备指核心网侧提前做切换前的准备工作，包括基于位置移动选择目标 AMF（新的 AMF）、新旧 AMF 之间完成用户移动性上下文等信息传递、目标 AMF 更新会话、更新核心网侧用户面连接、建立切换过程中使用的用户面间接转发隧道等，如图 6-8 所示。

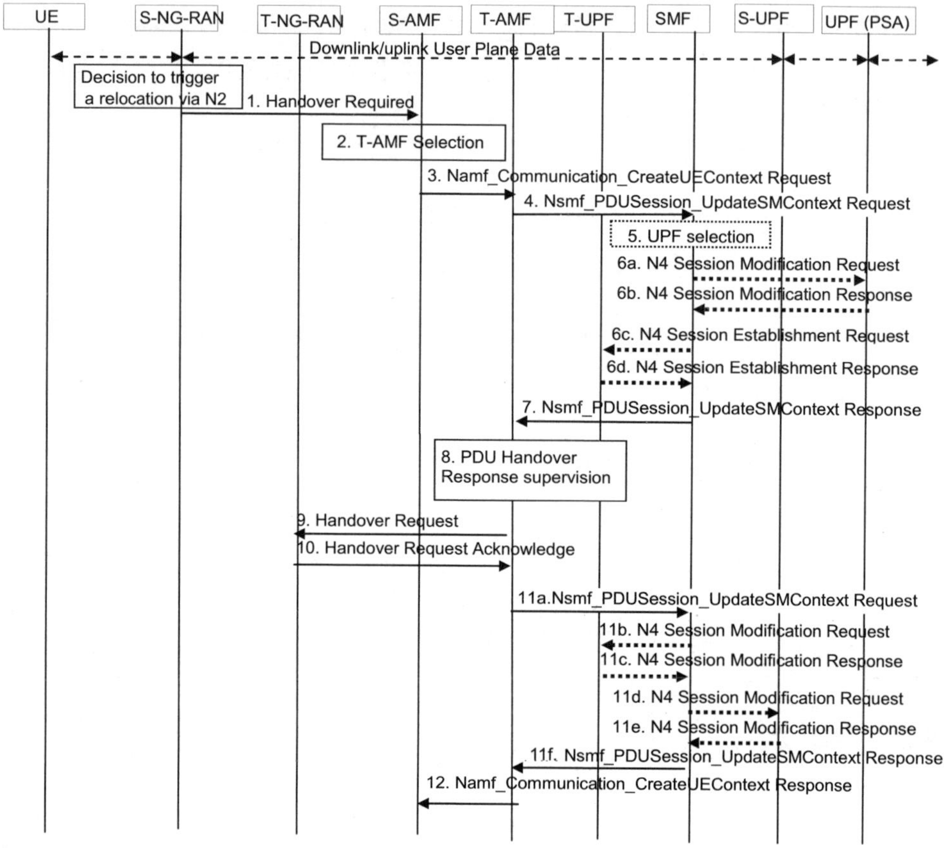

图 6-8 N2 切换准备

对图 6-8 中各步骤的具体说明如下。

- 1：源 NG-RAN 检测到 UE 需要切换到目标小区后，发送 Handover Required 消息给源 AMF。
- 2：源 AMF 根据 UE 位置判断是否需要重选 AMF。
- 3：源 AMF 发送 Namf_Communication_CreateUEContext Request 消息给目标 AMF，并将 N2 接口信息、UE 上下文、UE 能力等信息传递给目标 AMF。
- 4：目标 AMF 向与 PDU 会话关联的 SMF 发送 Nsmf_PDUSession_UpdateSMContext Request，携带 PDU 会话 ID、目标 gNodeB ID 和切换准备指示信息。

- 5：若 UE 移出源 UPF 所连接的 NG-RAN 的覆盖区域，则 SMF 进行 UPF 选择流程。
- 6a、6b：SMF 判断需要选择一个新的 UPF 作为中间 UPF，则向锚点 UPF 发送 N4 会话修改请求，建立 N9 隧道。
- 6c、6d：SMF 向 T-UPF 发送 N4 会话建立请求，向目标 UPF 提供锚点 UPF 的 N9 隧道信息。目标 UPF 向 SMF 发送 N4 会话建立响应消息，携带 N3 地址信息。SMF 启动一个计时器来释放 S-UPF 的资源。
- 7：SMF 回复 Nsmf_PDUSession_UpdateSMContext Response 给目标 AMF，携带 UPF(PSA) N3 隧道信息和 QoS 信息。
- 8：AMF 启动监测 SMF 的 Nsmf_PDUSession_UpdateSMContext Response 消息等待时长的定时器。
- 9：目标 AMF 下发 Handover Request 给目标 NG-RAN，携带 PDU 会话列表，列表的每项包含 UPF(PSA) N3 隧道信息和 QoS 信息。
- 10：目标 NG-RAN 发送 Handover Request Acknowledge 给目标 AMF，携带目标-源 transparent container、建立成功的 PDU 会话列表，列表的每项包含目标 NR N3 隧道信息。
- 11a：目标 AMF 发送 Nsmf_PDUSession_UpdateSMContext Request 给 SMF 进行会话更新，携带 PDU 会话 ID、目标 NR N3 隧道信息。
- 11b、11c、11d、11e：SMF 和 UPF 进行会话更新及间接转发隧道建立流程。
- 11f：SMF 回复 Nsmf_PDUSession_UpdateSMContext Response 给目标 AMF，包含 N2 接口的 SM 信息，以传递给 S-RAN。
- 12：目标 AMF 向源 AMF 发送 Namf_Communication_CreateUEContext Response 消息，包含 S-AMF 向 S-RAN 发送切换命令所必需的 N2 信息，未能建立的 PDU 会话列表、N2 接口的 SM 信息等。

2. 切换执行

切换执行过程是在切换准备完成后进行的，它包括终端与旧基站断开连接，同时与新基站建立连接，并更新用户面连接，从而完成整个切换流程，如图 6-9 所示。

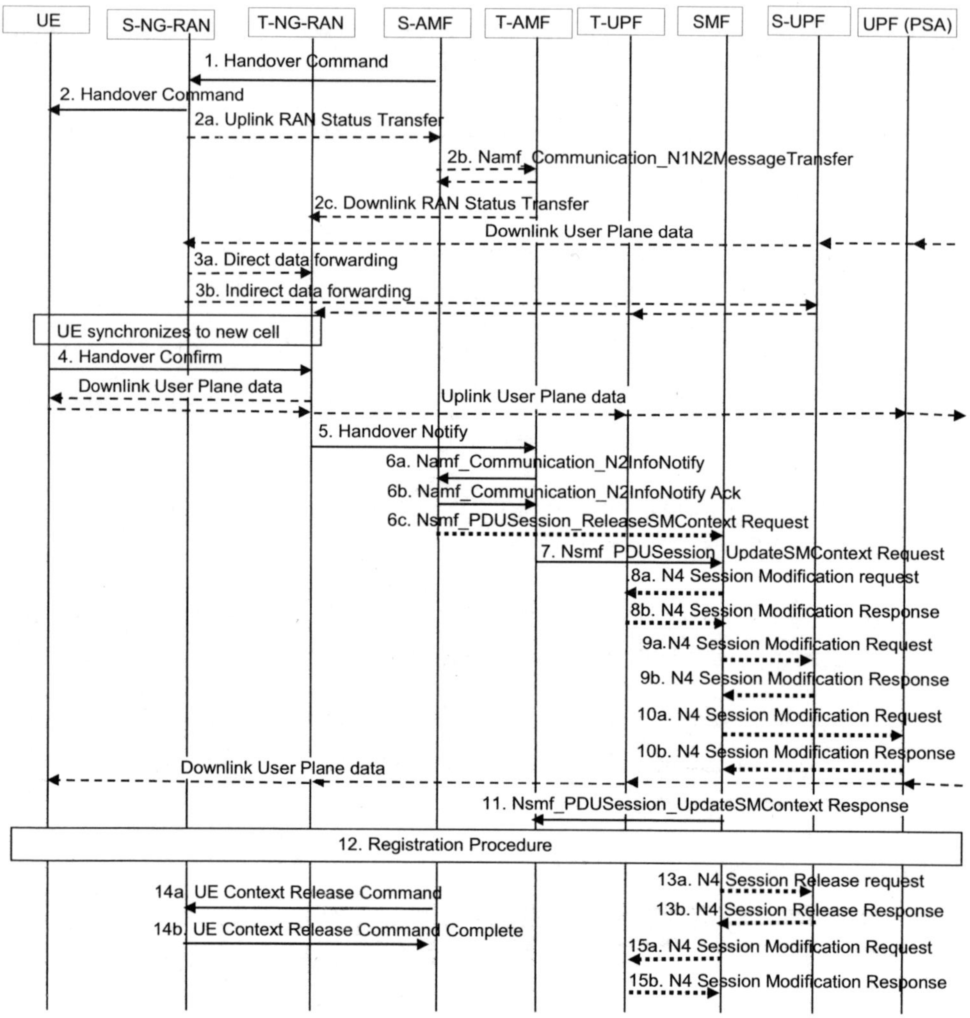

图 6-9　N2 切换执行

对图 6-9 中重要步骤的具体说明如下。

- 1：源 AMF 下发 Handover Command 给源 NG-RAN，携带目标-源 transparent container、待切换的 PDU 会话列表等信息。
- 2：源 NG-RAN 将 Handover Command 消息传递给 UE，包含 UE container 信息。若 UE 有被 PDCP（Packet Data Convergence Protocol，分组数据汇报协议）状态保存处理的无线承载，S-RAN 可通过图中 2a~2c 的步骤向 S-AMF

发送上行 RAN 状态传输消息。

- 3a、3b：源 NG-RAN 可通过直接或间接转发隧道转发上行数据包至目标 NG-RAN。
- 4：UE 成功地切换到目标小区后，向目标 RAN 发送切换确认消息。
- 5：目标 NG-RAN 向目标 AMF 发送 Handover Notify 消息。

6.5 4G/5G 互操作

6.5.1 基于互通接口的互操作方案

在基于互通接口的互操作方案中，4G 和 5G 核心网紧耦合，5G 核心网 AMF 和 EPC MME 通过 N26 接口进行互通；在互操作过程中，源侧和目标侧核心网通过 N26 接口传递 UE 上下文和会话资源，并将 UE 上下文和会话资源切换到目标侧，保持 IP 地址和业务连续。

当 UE 驻留于 4G/5G 系统时，需要提前分配和映射 5G/4G 会话级、承载、业务流级的相关参数，并保持 UE 侧和核心网的数据一致。

1）若 UE 驻留在 5G，则 5G 核心网支持 QoS 参数到 4G 映射、分配 EPS 的 EBI 和 TFT 等功能，并将相关参数同步到 UE。

2）若 UE 驻留在 4G，则 UE 生成 5G 的 PDU 会话标识，5G 核心网接收 UE 的 5G 会话标识等信息后，将相关的 5G QoS 参数、QoS 规则等传递到 UE。

基于互通接口的互操作方案应支持四类移动性流程，具体包括 5G 到 4G 的连接态切换、4G 到 5G 的连接态切换、5G 到 4G 的空闲态位置区更新、4G 到 5G 的空闲态注册更新。

4G 和 5G 核心网应支持依据 UE 终端的 5G N1 能力选择一个融合锚点。

下面以 5G 到 4G 的连接态切换流程为例，说明相关的信令流程，如图 6-10 所示，具体包括如下三个阶段。

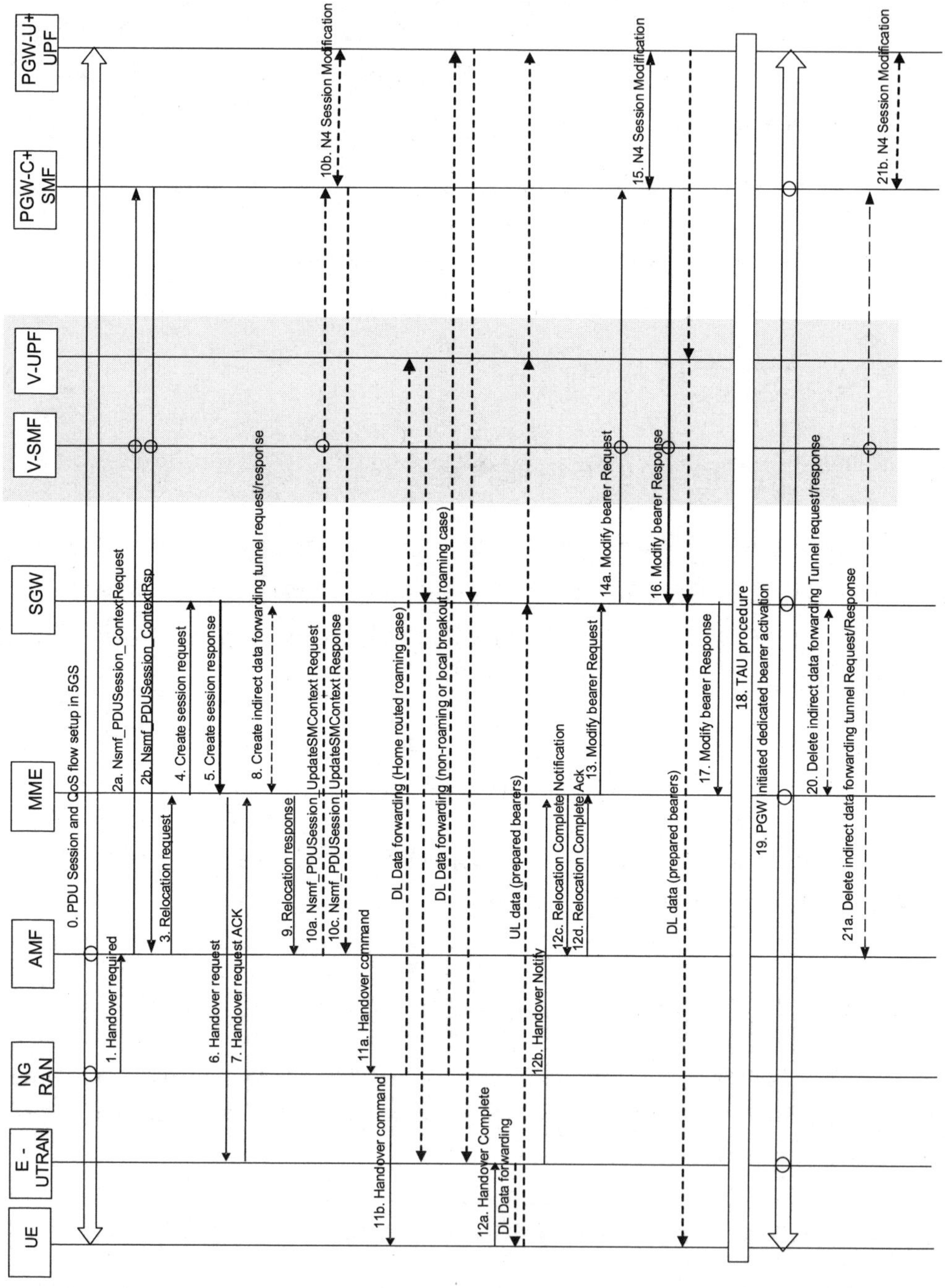

图 6-10 连接态切换流程图

1）切换触发

无线基站根据 UE 的测量上报信息、本地门限信息等判断是否发起 UE 从 5G 到 4G 的切换过程。当满足切换标准时，由源侧基站触发 5G 用户到 4G 网络的切换流程。

2）切换准备过程

步骤 1：无线基站 gNB 确定需要将 5G 终端 UE 切换到 4G 网络，向 AMF 发送切换请求 Handover Required 消息，NG-RAN 和 E-UTRAN 之间通过核心网交换切换参数。

步骤 2：AMF 根据目标 eNB ID 来判断切换类型为切换到 4G 网络（E-UTRAN）。接着 AMF 会选择目标 MME，并向当前为 UE 服务的所有 SMF/PGW-C 请求 UE 的会话管理上下文（SM Context），SMF/PGW-C 和 UPF/PGW-U 为 UE 准备好切换至 4G 网络所需的资源。

步骤 3：AMF 通过 N26 接口向目标 MME 发送 Forward Relocation Request 消息。

步骤 4：AMF 将 5G MM 上下文映射为 4G MM 上下文，连同 EPS 承载上下文发送给 MME。

步骤 5：MME 选择 S-GW，并向选定的 S-GW 发送 Create Session Request 消息，S-GW 向 MME 返回 Create Session Response 消息。

步骤 6：MME 向目标 eNB 发送 Handover Request 消息。

步骤 7：目标 eNB 向 MME 返回 Handover Request Acknowledge 消息。

步骤 8：MME 向 AMF 返回 Forward Relocation Response 消息，该消息包含目标节点至源节点的透明容器、SGW 改变指示、EPS 承载建立列表、地址和 TEID。

3）切换执行流程

步骤 1：AMF 通过无线 gNB 指示 UE 切换到目标接入网络（4G 网络），AMF 向 gNB 发送 Handover Command 消息，gNB 向 UE 发送 Handover Command 消息，命令 UE 切换到目标接入网络（4G 网络）。

步骤 2：终端 UE 执行从 5G 网络切换至 4G 网络的操作，源 AMF 与目标 MME 之间完成相关信息的交互。

步骤 3：MME 执行 EPS 承载建立过程，PGW-C+SMF 将用户面通道切换到 4G 侧。

步骤 4：UE 执行 TAU 流程，HSS+UDM 去注册 AMF。

步骤 5：MME 和 AMF 删除数据包转发隧道。

6.5.2 无互通接口的互操作方案

在无互通接口的互操作方案中，4G 和 5G 核心网松耦合，5G 核心网和 EPC 之间无 N26 互通接口。在互操作过程中，目标侧核心网通过获取 UE 在源侧的网关地址等信息，在目标侧重建 UE 上下文和会话资源，以保持 UE IP 地址不变。

核心网应当将 UE 的网关地址，以及 APN/DNN 相关信息存储在用户数据管理系统（UDM/UDR）中。同时，网络侧需要向 UE 表明其支持“Interworking without N26”的能力。

在无互通接口的互操作方案中，连接态 UE 无论工作在单注册模式还是双注册模式，重定向的流程都一样，具体如下。

1）当 UE 在 5G 核心网处于连接态时，NG RAN 可执行 RRC 连接释放，并重定向到 eNodeB。条件为：根据 NG RAN 的本地配置，或者在 AMF 收到 NG RAN 切换请求后触发 NG RAN。

2）当 UE 在 EPC 处于连接态时，eNodeB 可执行 RRC 连接释放，并重定向到 NG RAN。条件为：根据 eNodeB 的本地配置，或者 MME 收到切换请求后触发 eNodeB。

基于无互通接口的互操作方案应支持 5G 到 4G 基于切换的附着（HO Attach）和 4G 到 5G 的注册更新。

下面以 5G 到 4G 基于切换的附着为例，介绍主要的信令流程和步骤（基于 TS23.401 定义的 E-UTRAN Attach 和 Tracking Area Update 流程），如图 6-11 所示，具体如下。

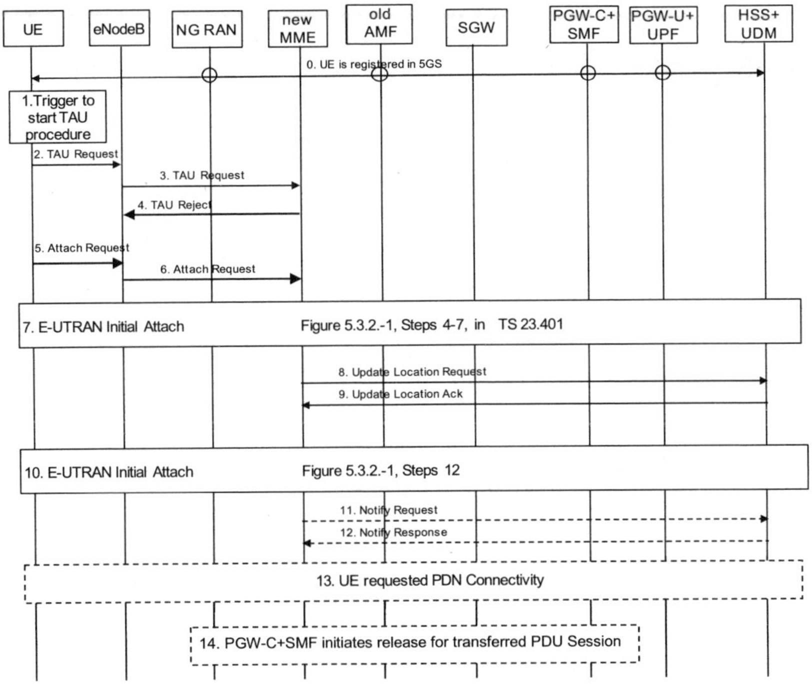

图 6-11　HO Attach

- 在 UE 接入网络时，核心网需通知 UE 自身是否支持无 N26 接口的互操作流程。
- 在单注册 UE 的位置区更新 TAU 流程中，MME 根据 UE 携带的指示，获知 UE 从 5GS 移动到 EPS，判断旧侧是 AMF，并且 MME 配置支持基于无 N26 的 5GS 到 EPS 的互操作流程，MME 发送 TAU Reject 消息给 UE，UE 执行附着操作，设置请求类型为 Handover。
- 在附着（HO Attach）流程中，单注册或者双注册 UE 需指示从 5G 核心网移动而来，当 MME 请求位置更新时，HSS+UDM 不去注册旧 AMF。
- MME 根据 HSS+UDM 的签约信息获得 PGW-C+SMF 地址。
- 通过 UE 在 PCO 中携带的需转移 PDU 会话标识，PGW-C+SMF 对应到 5G 核心网所切换的相关 PDN 连接。
- UE 可按需执行 PDN 连接的建立过程，设置请求类型为 Handover，以转移剩余的 PDU 会话。

6.6 语音流程

6.6.1 新空口语音业务（VoNR）

VoNR 基本语音业务流程包括：主叫建立、被叫建立、呼叫释放等信令流程。

下面以通过 5G RAN 接入的 VoNR 主叫建立流程为例进行说明，如图 6-12 所示，主要的信令流程及步骤如下。

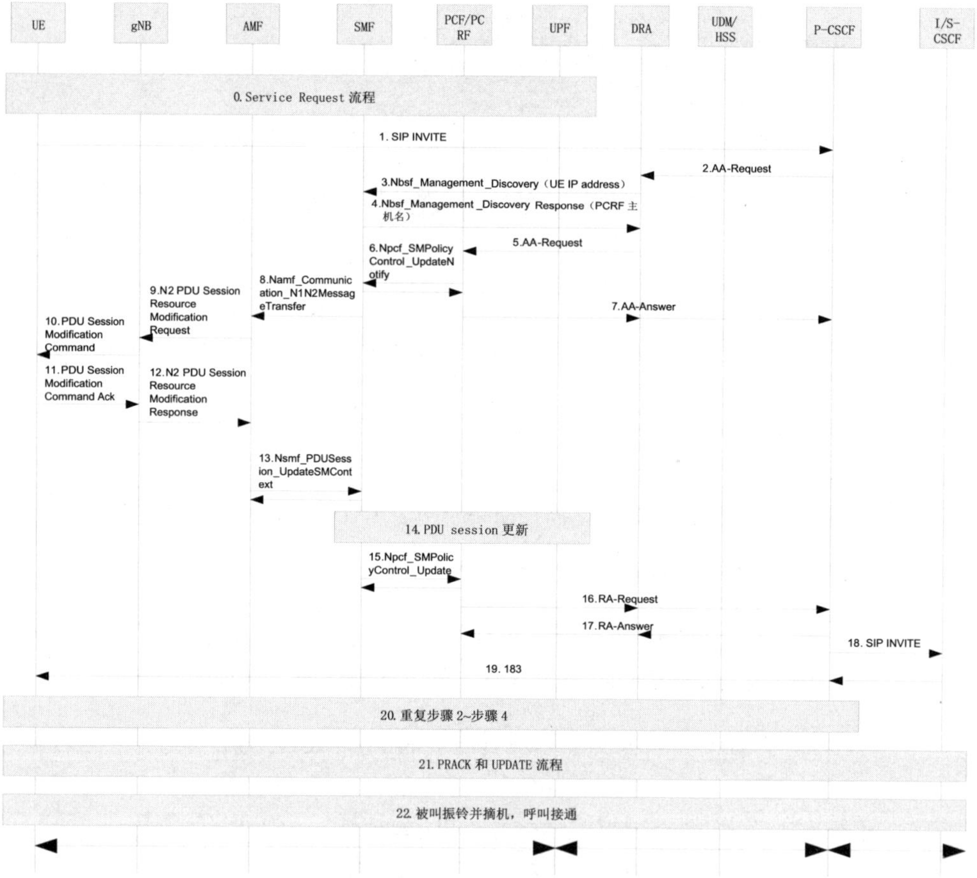

图 6-12 VoNR 主叫建立流程（通过 5G RAN 接入）

- 0：如果拨打 VoNR 呼叫，终端处于空闲态，则需要启动 Service Request 流程，恢复建立从 UE 到 UPF 的端到端的信令连接和用户面承载。具体流程见 3GPP TS 23.502 和 3GPP TS 24.501。
- 1：终端发起 VoNR 呼叫，并向 P-CSCF 发送 SIP INVITE 消息。
- 2：P-CSCF 收到 SIP 消息后，向 PCF 触发资源预留流程。P-CSCF 向 DRA 发送 AA-Request，该请求建立语音专用承载，并要求获取用户位置信息。
- 3：当 DRA 在本地查询不到相应的绑定信息时，调用 BSF 的 Nbsf_Management_Discovery 服务，通过用户 IP 地址向 BSF（与 SMF 合设）中查询绑定信息。
- 4：BSF 返回用户的绑定信息，包括 PCF/PCRF 的 Diameter 主机名。
- 5：DRA 向 PCF/PCRF 转发 AA-Request。
- 6：PCF/PCRF 通过 Npcf_SMPolicyControl_UpdateNotify 服务通知 SMF 为用户建立 5QI=1 的 QoS 流。
- 7：PCF/PCRF 向 P-CSCF 返回 AA-Answer 消息，消息仍通过 DRA 转发。响应消息中携带 IP-CAN-Type 和 RAT-Type 等参数。
- 8：SMF 调用 AMF 的 Namf_Communication_N1N2MessageTransfer 服务，携带 N2 SM information 和 N1 SM information，其中，N2 SM information 包括 QoS profile、会话 AMBR 等信息，N1 SM information 为 PDU Session Modification Command，包括 QoS 规则、会话 AMBR 等信息。
- 9：AMF 向 NG-RAN 发送 N2 PDU Session Resource Modification Request 消息建立无线资源。
- 10：NG-RAN 向 UE 发送 PDU Session Modification Command 消息，通知 UE 进行无线资源建立。
- 11：UE 返回 PDU Session Modification Command Ack 消息。

- 12：NG-RAN 在完成无线资源建立后返回响应消息和用户当前位置信息。
- 13：AMF 调用 SMF 的 Nsmf_PDUSession_UpdateSMContext 服务，向 SMF 返回收到的 N2 PDU Session Resource Modification Response、PDU Session Modification Command Ack 和用户当前位置信息。
- 14：SMF 发起 N4 接口的 PDU 会话更新流程，向 UPF 发送 N4 Session Modification Request 消息，请求 UPF 建立语音专有 QoS 流相关资源。UPF 返回 N4 Session Modification Response 消息。
- 15：SMF 调用 PCF 的 Npcf_SMPolicyControl_Update 服务，向 PCF 发送用户当前的 5G 位置信息。
- 16：PCF 向 P-CSCF 发送 RA-Request 消息，上报用户的 5G 位置信息。
- 17：P-CSCF 返回响应消息 RA-Answer。P-CSCF 收到 RA-Request 消息后，根据 3gppUserLocationInfo AVP 提取位置信息，并更新到 PANI 头域中，增加 network-privded 参数。
- 18：P-CSCF 继续呼叫建立流程，将 INVITE 消息转发给 I/S-CSCF。
- 19：P-CSCF 收到 183，并转发给 UE。
- 20：P-CSCF 触发承载修改流程，其流程与步骤 2~步骤 14 相同。如果 P-CSCF 在 AA-Request 消息中携带了 PCRF 的 Diameter 主机名，则步骤 3 和步骤 4 不执行。
- 21：进行 PRACK 和 UPDATE 流程。
- 22：被叫振铃并摘机，呼叫接通。

6.6.2　演进分组系统的回落（EPS Fallback）

EPS Fallback 基本语音业务流程包括：主叫建立、被叫建立、呼叫释放等信令流程。

下面以 EPS Fallback 主叫建立流程为例进行说明，如图 6-13 所示，主要的信令流程及步骤如下。

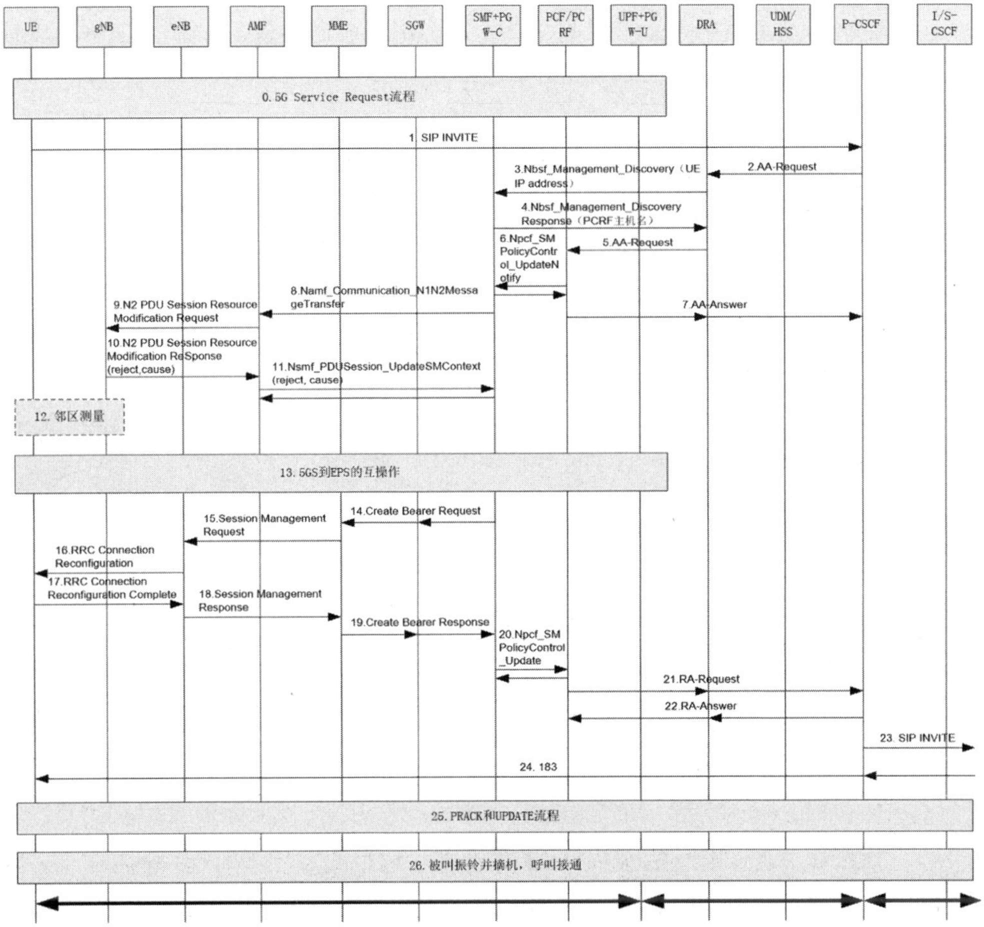

图 6-13　EPS Fallback 主叫建立流程

- 0：如果拨打 EPS Fallback 呼叫且终端处于空闲态，则需要启动 Service Request 流程，恢复建立 UE 到 UPF 的端到端的信令连接和用户面承载。具体流程参见 3GPP TS 23.502 和 3GPP TS 24.501。
- 1：终端发起 VoNR 呼叫，向 P-CSCF 发送 SIP INVITE 消息。
- 2：P-CSCF 收到 SIP 消息后，向 PCF 触发资源预留流程。P-CSCF 向 DRA

发送 AA-Request，请求建立语音专用承载，并要求获取用户的位置信息。

- 3：当 DRA 在本地查询不到相应的绑定信息时，调用 BSF 的 Nbsf_Management_Discovery 服务，通过用户 IP 地址向 BSF（与 SMF 合设）中查询绑定信息。
- 4：BSF 返回用户的绑定信息，包括 PCF/PCRF 的 Diameter 主机名。
- 5：DRA 向 PCF/PCRF 转发 AA-Request。
- 6：PCF/PCRF 通过 Npcf_SMPolicyControl_UpdateNotify 服务通知 SMF 为用户建立 5QI=1 的 QoS 流。
- 7：PCF/PCRF 向 P-CSCF 返回 AA-Answer 消息，消息仍通过 DRA 转发。响应消息中携带 IP-CAN-Type 和 RAT-Type 等参数。
- 8：SMF 调用 AMF 的 Namf_Communication_N1N2MessageTransfer 服务，携带 N2 SM information 和 N1 SM information，其中，N2 SM information 包括 QoS profile、session-AMBR 等信息，N1 SM information 为 PDU Session Modification Command，包括 QoS 规则、session-AMBR 等信息。
- 9：AMF 向 NG-RAN 发送 N2 PDU Session Resource Modification Request 消息建立无线资源。
- 10：NG-RAN 根据 EPS Fallback 的配置决定拒绝 5QI=1 的无线资源建立，返回 PDU Session Resource Modification Response，拒绝原因值为“IMS voice EPS fallback or RAT fallback triggered”。
- 11：AMF 调用 SMF 的 Nsmf_PDUSession_UpdateSMContext 服务，向 SMF 返回收到的 N2 PDU Session Resource Modification Response。SMF 根据拒绝原因值决定不向 PCF 上报无线资源预留失败，而是等待终端回落完成。
- 12：gNB 可能触发终端进行邻区测量。
- 13：gNB 发起 5GS 到 EPS 的互操作流程，可以基于 N26 的 PS Handover 流

程或 Release with Redirect，参见 3GPP TS 23.502。在互操作流程中，如果 SMF+PGW-C 获得了用户的 4G 位置信息，那么 SMF+PGW-C 可上报用户位置信息，与图中步骤 20 和步骤 21 相同。所以步骤 20 和步骤 21 不再执行。

- 14：切换完成后，SMF+PGW-C 向 SGW 和 MME 发起专用承载建立流程，向 SGW 和 MME 发送 Create Bearer Request，携带 EPS bearer QoS 信息。
- 15：MME 向 eNB 发送 Session Management Request 消息，通知 eNB 预留无线资源，携带 EPS bearer QoS 信息。
- 16：eNB 将 EPS bearer QoS 映射为 Radio bearer QoS，发起 RRC 重配置流程。
- 17：终端完成 RRC 重配置流程，返回响应消息。
- 18：eNB 返回 Session Management Response 消息。
- 19：MME 向 SGW 和 SMF+PGW-C 返回 Create Bearer Response 消息，可携带用户当前的位置信息。
- 20：SMF+PGW-C 调用 PCF/PCRF 的 Npcf_SMPolicyControl_Update 服务，向 PCF 发送用户当前的 4G 位置信息。
- 21：PCF/PCRF 向 P-CSCF 发送 RA-Request 消息上报用户的 4G 位置信息。
- 22：P-CSCF 返回响应消息 RA-Answer。P-CSCF 收到 RA-Request 后，根据 3gppUserLocationInfo AVP 提取位置信息，并更新到 PANI 头域中，增加 network-provided 参数。
- 23：P-CSCF 继续呼叫建立流程，将 INVITE 消息转发给 I/S-CSCF。
- 24：P-CSCF 收到 183，并通过 EPC 和 LTE 转发给 UE。
- 25：进行 PRACK 和 UPDATE 流程。
- 26：被叫振铃并摘机，呼叫接通。

6.7 计费

PDU 会话建立的计费流程如图 6-14 所示。

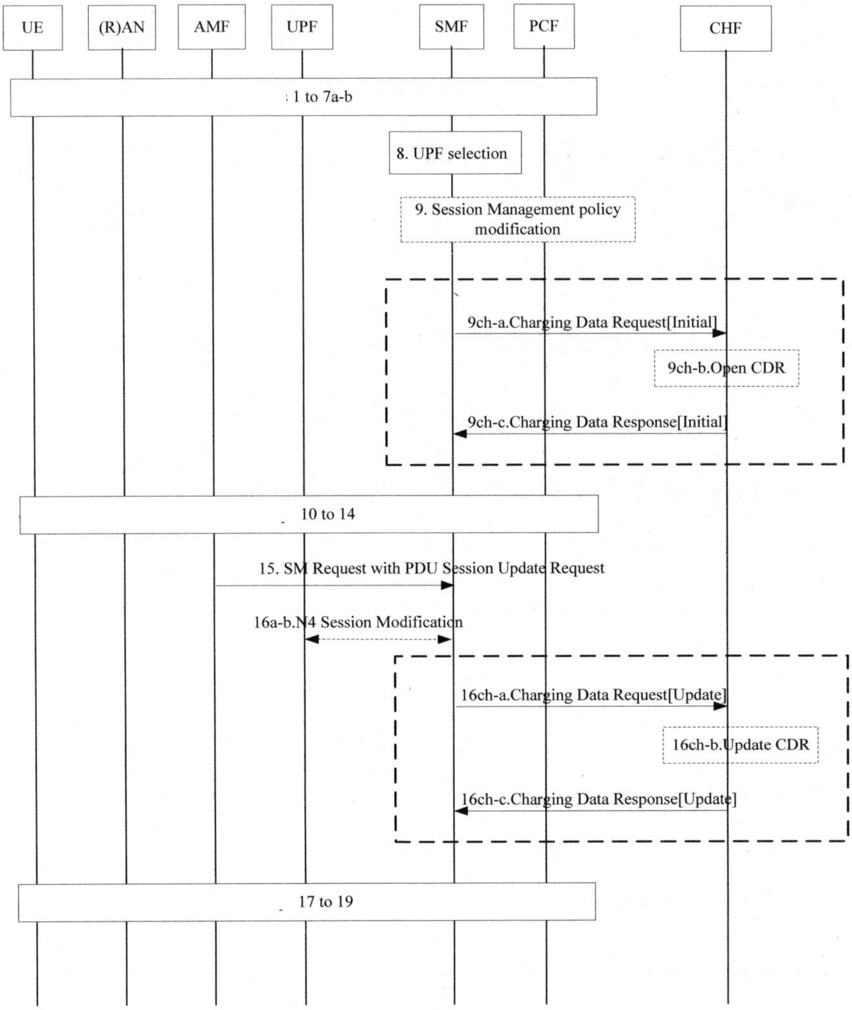

图 6-14　PDU 会话建立的计费流程

对图 6-14 中各步骤的具体说明如下。

- 1 to 7a-b：用户发起会话建立、AMF 选择 SMF、PDN 会话鉴权等流程，不涉及计费流程，具体流程可参见 3GPP TS 23.502。

- 8：SMF 首先为该 PDU 会话选择一个 SSC 模式，然后相应地选择一个或多个 UPF。
- 9：SMF 可以执行会话管理策略修改流程，以上报 PCF 之前订阅的触发事件。
- 9ch-a：当产生 PDU 会话计费事件时，SMF 为该 PDU 会话生成 Charging ID 计费标识，并发送 Charging Data Request [initial]消息给 CHF，以授权该用户启动 PDU 会话。
- 9ch-b：CHF 可为该 PDU 会话开启 CDR 会话单。
- 9ch-c：CHF 发送 Charging Data Response [Initial]消息，确认给 SMF。
- 10 to 14：N4 会话建立/修改，以及 AMF、RAN 和 UE 之间交互等流程，不涉及计费流程，具体流程可参见 3GPP TS 23.502。
- 15：AMF 给 SMF 发送 PDU 会话更新请求，该请求中携带 SM 会话管理请求。
- 16a-b：修改 N4 接口会话，SMF 向 UPF 提供接入网隧道信息。
- 16ch-a：在发起业务数据流时，如果需要 CHF 配额授权，则 SMF 可发起 Charging Data Request [Update]消息向 CHF 申请配额。
- 16ch-b：CHF 可为 PDU 会话更新 CDR 会话单。
- 16ch-c：CHF 发送 Charging Data Response [Update]消息给 SMF 确认配额。
- 17 to 19：SMF 给 AMF 发送会话管理响应、IPv6 地址配置等流程，不涉及计费流程，具体流程可参见 3GPP TS 23.502[2]。

第 7 章

5G 服务化架构新能力

7.1　移动边缘计算

7.1.1　移动边缘计算提出背景

随着移动通信技术发展，5G 时代的来临，电信运营商面临管道化困境。为避免移动网络管道化，电信标准组织和运营商正致力于研究在 5G 网络中，如何与移动互联网及物联网业务深度融合，进而提升移动网络带宽的价值。

1. IT 领域

随着工业互联网的持续发展，各大互联网云计算巨头纷纷意识到边缘计算在提高用户实时性体验，提供差异性服务以及分担云计算负荷等多个方面具备的先天优势，并发布了一系列边缘计算解决方案。其中较为典型的是亚马逊云服务（AWS）发布的 Greengrass 服务以及微软发布的 Azure IoT Edge 套件。

亚马逊 AWS 于 2016 年 11 月推出 AWS Greengrass 服务，提供运行在边缘设备上的软件，使边缘节点具备与云端相似的 IoT 服务能力，可以安全地与 IoT 设备以及 AWS 云端通信。微软在边缘计算领域的解决方案是基于 Azure 云服务的 IoT 网关 Azure IoT，提供了一个可以配置边缘设备并部署业务的软件框架。通过边缘计算的能力，IoT 网关可以连接更多的异构 IoT 终端设备，对数据进行过滤，降低与云中心连接的带宽需求、并实施相应的安全策略和其他多元化业务数据的预处理。通过亚马逊和微软在边缘计算领域的实践，可以看出互联网公司在该领域的探索主要依托云计算能力向工业现场设备扩展和渗透。各大公司通过向现场级边缘计算设备部署 SDK 的方式掌握物联网数据入口，致力于在当前网络格局中形成自给自足的生态系统。

2. OT 领域

边缘计算聚焦于工业现场网络和业务运行的 OT（Operational Technology）技术。各大 OT 公司对于现场数据采集，业务流程处理有着深厚的积累。如果说 IT 领域对边缘计算的探索来源于云计算自上而下的渗透，那么 OT 领域对边缘计算的研究则是从现场业务实时性和智能化的需求出发，自下而上地向万物互联和泛在智能的工业互联网演进。其中较为典型的是通用电气的 Predix Edge 和西门子的 SIMATIC IOT2000。

Predix 边缘系统为边缘设备提供了一个网关框架 Predix Machine。基于该框架，合作伙伴可以开发各类现场接入协议，实现边缘设备的连接和数据的采集。基于通用电气在 OT 领域的技术积累，Predix Machine 在设计之初就对边缘计算设备要解决的问题给出了明确的思路，具体包括工业协议解析、灵活的数据采集、设备间通信、丰富边缘业务承载、端到端安全策略等。通过 Predix Machine，各类控制器、网关甚至路由器都可以在网络边缘对业务进行运行分析，提高业务安全性和实时性，同时用户可以根据喜好按需部署各类应用程序。

与通用电气不同，西门子依托自己强大的硬件设计能力打造了一款边缘计算智能网关 SIMATIC IOT2000。该智能网关可以采集异构传感器系统的数据，并在本地完成协议的统一转换，高效快捷地将数据进行预处理并按需转发给云平台。同时它还可以通过开放平台支持多种通信协议和高级语言，实现灵活定制化的系统解决方案。

不难看出，OT 领域涉足边缘计算的研究主要着力于对现场级设备具体业务能力的深耕，但由于 OT 领域的先天属性和常年积累的行业壁垒，目前该领域的研究和产业推进主要仍以生态高度封闭的制造行业为主。如何将 OT 领域在现场级边缘计算领域技术能力积累应用于广义的工业互联网业务中，其中涉及的技术体系开放性和灵活性的问题仍需要进一步的研究和探索。

3. CT①领域

随着以运营商为代表的通信行业在边缘计算的不断探索发展，目前在通信行业边缘计算主要聚焦于网络侧的多接入边缘计算（Multi-access Edge Computing）。

2017 年，ETSI②将移动边缘计算技术“Mobile Edge Computing”更名为“Multi-access Edge Computing”，即多接入边缘计算，将应用范围扩大至包含固网接入的各类网络场景。Multi-access Edge Computing 的典型载体为中小型通用或定制服务器，节点通常由基础设施层、功能组件层以及应用层三层逻辑架构组成。其中，基础设施层提供硬件资源以及相应的虚拟化平台，完成对计算、存储及服务器内部网络功能的统一管理。功能组件层提供包括路由策略控制，DNS 代理等在内的基本功能，同时通过“服务”的方式提供自定义功能及其注册管理。应用层基于网络功能虚拟化技术，

① Communication Technology，通信技术。

② European Telecommunications Standards Institute，欧洲电信标准协会。

以 VNF 的形式将功能组件层提供的功能模块有机地组合成更复杂的应用。边缘计算助力 5G 在工业互联网，特别是智能制造场景中的应用，提供智能化的网络接入以及高带宽，低时延的网络承载，并依靠开放可靠的连接、计算与存储资源，支持多生态业务在接入边缘侧的灵活承载。

4. 标准化、产业联盟及开源组织研究现状

（1）3GPP

3GPP 在 R11 定义了支持本地分流的 LIPA（LoadIP Access）方案，产生了在移动网支持边缘计算的初期构想。在 3GPP TS 23.501 标准中，5G 架构从设计之初就支持本地分流，并对网络会话管理机制进行详细设计，为移动网边缘计算提供用户面技术的基础。

（2）ETSI

ETSI 自 2014 年开始研究移动边缘计算技术，迄今为止，共发布十多本白皮书。

（3）IETF[①]

IETF 中的 ICNRG，DINRG 和 T2TRG 等研究组，都将边缘计算纳入其研究方向，并且发布了多篇相关文稿。

（4）边缘计算产业联盟

国内边缘计算产业联盟于 2016 年 11 月成立，先后发布了《边缘计算参考架构 2.0》、《边缘计算产业联盟白皮书》等白皮书，进而发布了一系列应用边缘计算技术的测试床，推动了国内边缘计算产业的发展。

（5）中国通信标准化协会

中国通信标准化协会[②]成立了工业互联网特设任务组 ST8，统筹规划和协调工业互联网国内标准化工作。中国移动牵头制定了《工业互联网边缘计算需求》《工业互

① Internet Engineering Task Force，因特网工程任务组。

② China Communications Standards Association，CCSA。

联网边缘计算边缘节点模型与要求：边缘网关》《工业互联网边缘计算边缘节点管理接口要求》等标准，并参与制定了多项其他边缘计算系列标准。TC5/WG12 移动通信核心网工作组也发起若干多接入边缘计算的标准立项。其中，中国移动牵头制定了行标《基于 LTE 网络的边缘计算总体技术要求》，并推动了 5G 边缘计算系列标准。

（6）SDN/NFV 产业联盟

2018 年 4 月，SDN/NFV 产业联盟成立 MEC 应用推进工作组并由中国移动担任组长。该组织推动了 NFV、SDN、边缘云、云管理编排等多个领域的联动发展，促进相关技术成熟，培育商业案例落地，进一步做强边缘计算产业。

7.1.2 移动边缘计算的业务场景

1. 智能制造

随着万物互联的物联网系统及工业智能制造和智慧工厂的兴起，边缘计算，尤其是云网一体化的边缘计算解决方案，发挥越来越重要的作用，以满足行业在实时业务、应用智能、安全与隐私保护等方面的基本需求。云网一体化的边缘计算解决方案应用于智能制造，意味着许多控制、分析将通过本地设备实现，而无须交由云端，处理过程将在本地边缘计算层完成，这无疑将大大提升处理效率，减轻云端的负荷；由于更加靠近终端设备，还可为终端设备提供更快的响应，在边缘端解决需求。物联网作为智能制造领域的一项解决方案，在响应时间、可靠性、成本等方面存在一定的局限性，因此各组织正在探索利用边缘计算实现智能制造。边缘计算将物联网网络的大部分处理和存储元件靠近数据收集点和需要采取行动的地方，这意味着将工业物联网的思维和决策能力分配到更接近感知和行动能力的地方，使用这种体系结构，制造商可以最大化物联网带来的好处，并将其带来的风险和不良影响降至最低。

当前，边缘计算在智能制造领域主要的应用场景包括数据采集分析、室外设备控制，产品质量智能检测等。在数据采集分析场景中，物联网各种传感器所采集的数据必须实时、准确、完整地传输到边缘计算平台，以支撑各种智能分析需求，因此 5G 边缘网络的安全性、隔离性是基本要求；在室外设备控制场景中，生产设备（如机械臂、智能小车）的自动控制可以把劳动力从恶劣、危险的工作环境中解放出来，同时提高劳动生产率，因此对于此类生产设备的控制，要求边缘网络提供较低的时延与较高的可靠性，以提升控制的精确度与灵敏度。在产品质量智能检测方面，通过部署工业相机，捕捉流水线产品图像或视频并传送至边缘计算平台，结合平台 AI 视频识别能力，实现图像快速识别、资料分析，检测产品质量，需要边缘网络具备低时延、高带宽的特性。

2. 智慧园区

智慧园区如工业园区、产业园区、物流园区、都市工业园区、科技园区、创意园区等，信息化改造需求较强，通过引入 5G，可以为园区提供更精细化的管理手段，满足园区智慧化建设需求，提供大带宽低时延的网络环境，为信息技术与园区业务需求融合提供可能。园区对边缘网络的需求主要集中在：

（1）数据流量本地卸载。5G 网络通过 UPF 在网络边缘的灵活部署，实现数据流量本地卸载。很多企业用户希望运营商在园区本地可以提供分流能力，将企业自营业务的流量直接分流至企业本地的数据中心进行相应的业务处理。例如在校园实现内网本地通信和课件共享，从企业园区分流至私有云实现本地 ERP 业务，在公共服务/政务园区提供医疗、图书馆等数据业务。在这一类应用场景中，运营商为客户的本地边缘计算业务提供了专线服务。

（2）大流量、低时延。在办公园区、工业生产使用的视频监控、视频直播、视频回传、工业质检等场景中，用户对网络有大流量、低时延的需求。工业质检利用高分辨率摄像头对生产线上的产品进行实时图像采集，并结合图像处理和人工智能算法，对产品外观、尺寸、缺陷等进行快速分析和判断。这一技术已被广泛应用于电子、机械、食品等制造领域，帮助企业提高产品质量和生产效率。工业质检通常包括图像采集、图像预处理、特征提取以及缺陷判定等关键环节，这些过程都需要网络提供高带宽、低时延的服务能力，以确保检测数据能够即时传输和处理。在工业园区的工业控制场景中，需要有可靠性保障的确定性网络来完成控制信号的传输，像远程控制机械臂、远程驾驶、远程操作等也都需要通过确定性、低时延的网络来完成。

（3）实时定位。在办公园区的信息化管理场景中，系统往往仅对各种行政、技术文档及工作业务流过程进行电子化管理，而无法实时获取现场信息，不能全面、及时、准确地掌握进出人员、车辆信息以及厂区内的人员分布，间接产生很多安全隐患，甚至发生事故。因此企业用户提出对进出人员以及车辆实时定位的需求。

（4）二次鉴权、IP 地址自主分配。在园区的安全管理场景中，园区内不同用户对各种业务的访问权限不同，出于安全和保密的考虑，部分业务需要企业自主进行二次鉴权，以及 IP 地址自主分配。

（5）第三方应用可以及时切断 PDU 会话。在校园内，由于有大量的青少年用户，因此对网络环境的安全纯净提出了特别的要求。当有用户恶意散布违反国家法律条例、有害国家安全、不利于青少年成长的内容时，需要及时定位该用户并在第一时间切断源头。因此需要部署在园区的 UPF 能通过有问题的会话来定位恶意用户，并及时切断该用户的业务访问连接。

3. 智慧安防

近年来，随着 5G、AI 技术的不断发展，安防行业越来越多的数据从云中心迁移到摄像头、传感器等“边缘”位置，以节省带宽、提升服务响应速度与可靠性，降低成本。5G 带给安防行业 4K/8K 等超高清体验，并使海量终端接入网络，但与此同时，无疑也大大加重了通信网络的承载负担。面对 5G 带来的海量数据，边缘计算能够在近端进行处理，减少云端之间来回传输数据的需求，可对生物识别、人群分析等结果进行高效处理，将智能场景从昂贵笨重的硬件设备中解放出来，提高智能安防的落地效率和复制速度；摄像头也可以就近存储海量监控数据，为用户提供就近高速可存可分析的业务体验。

随着联网智能设备的增多，数据安全也日益受到各方重视。边缘设备能够在本地收集和处理数据而不必将这些数据传输到云端。因此，敏感信息不需要经由网络传输，即便云遭到网络攻击，影响也不会那么严重，保证了数据的安全。

4. 车联网

在车联网领域中，高精度导航地图、自动驾驶、车路协同是典型的边缘业务应用场景。

（1）高精度导航地图由含有语义信息的车道模型、道路部件、道路属性三类矢量信息，以及用于多传感器定位的特征图层构成。其数据量是普通地图的 10^5 倍甚至更多，目前以云计算为核心的集中式大数据处理模式已经无法满足相关业务需求。高精度导航地图主要应用于智能导航、交警执法、保险理赔、辅助驾驶、自动驾驶。其绘制需要保障处理的实时性，该业务场景具有低时延、大流量特征。

（2）自动驾驶场景分为车队行驶、半自动/自动驾驶、远程驾驶、扩展传感器四大类，每个场景的需求指标差异较大，因此需要采用不同的技术组合满足不同的场景需求。自动驾驶场景覆盖范围广，属于泛在物联网，该业务场景具备低时延、移动性特征。

（3）车路协同是对各类交通事件进行实时提示，包括弯道信息（弯道位置、速度建议、当前路面情况、弯道曲率等）、临时施工道路、十字路口通行信息、停车场入口控制、车辆远程诊断等，该业务场景具有低时延、大流量特征。

总的来说，在车联网领域，业务具备低时延、大流量、移动性需求，尤其对时延的需求非常苛刻，因为需要为防碰撞、编队等自动/辅助驾驶业务提供毫秒级的时延保证，同时需要为边缘业务本地提供算力，支撑高精度地图的相关数据处理和分析，更好地支持视线盲区的预警业务。

7.1.3　移动边缘计算的架构

边缘计算由于部署位置低、靠近用户，具备业务低时延、大带宽的优势，同时可以大幅减少核心网的传输带宽，为行业应用带来了变革性的解决方案与无限可能。4G 时代，移动网已经在进行边缘计算的初步尝试，基于边缘计算分流节点部署位置尽量下沉的技术思想，4G 分流网关需要部署在靠近基站侧，然而由于 4G 核心网的非服务化设计、集中化部署，天然难以支持边缘计算技术，4G 的边缘实践缺乏统一的国际标准，同时也存在改造困难，安全性、可靠性要求高等问题。而 5G 的服务化架构支持 UPF 下沉，支持本地分流，天然支持边缘计算技术。

5G 核心网选择一个靠近用户的 UPF，并通过 N6 接口完成从 UPF 到本地数据网络的流量控制，这一过程基于 UE 的订阅数据、UE 位置、来自 AF 的信息、策略或其他相关业务规则。鉴于用户或应用程序功能的移动性，可能需要根据服务需求或 5G 网络情况来确保服务以及会话的连续性。5G 核心网会将网络信息和功能开放给边缘计算应用功能。

边缘计算支持或部分支持以下功能。

- 边缘应用服务器（Edge Application Server，EAS）发现和重发现：5G 核心网通过向 DNS 消息配置部分字段参数的方式，实现 UE 本地的 EAS 发现和重发现；
- 用户面功能（User Plane Function，UPF）选择：5G 核心网选择本地 UPF 作为本地 PDU 会话锚点（Local PDU Session Anchor，L-PSA），将用户流量路由到本地数据网络；
- 本地路由和流量控制：5G 核心网选择要路由到本地数据网络中应用的流量；
- 单 PDU 会话支持多个 PDU 会话锚点（UL CL / IPv6 多宿主）；
- 会话和服务连续性：保障 UE 和应用在移动中的会话和服务连续性；
- 应用功能可能会影响通过 PCF 或 NEF 完成的 UPF 重新选择和流量路由；
- 网络能力开放：5G 核心网和应用功能通过 NEF 向对方提供信息；
- QoS 和计费：PCF 为路由到本地数据网络的流量提供 QoS 控制和计费规则；
- 局域网数据网络的支持：5G 核心网为部署应用程序的特定区域提供连接到局域网数据网络的支持。

对特定的边缘计算流量，5G 核心网通过流检测和流转发规则进行流量的区分和卸载。和 4G 相比，5G 引入了新的会话管理架构，可以实现在单 PDU 会话内区分边缘计算流量并进行分流；这样，5G 边缘计算的分流机制可以分为两类，即单会话多 UPF PSA 分流机制及基于 LADN 的分流机制。5G 边缘计算架构支持三种方式的本地分流，UL CL、BP 和 LADN。

（1）分流方式 1：采用 UL CL 方式实现本地流量卸载（分流），该过程参见图 7-1。

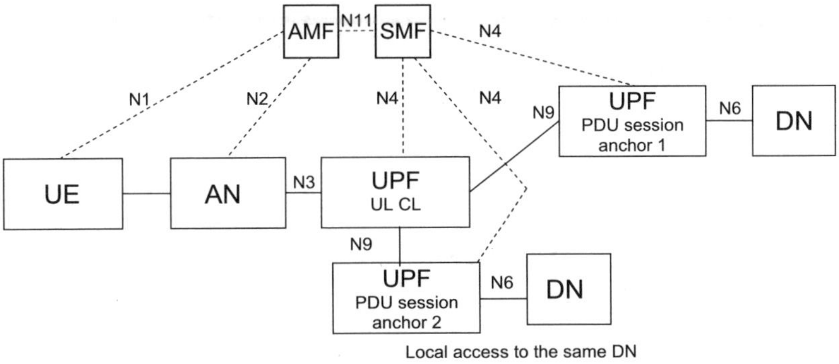

图 7-1　采用 UL CL 方式实现本地分流

针对 IPv4、IPv6 和以太网的 PDU 会话，SMF 可以决定给会话的数据路径插入上行分类器（UL CL）。UL CL 是 UPF 的一种功能，用于根据 SMF 提供的流量过滤器将某些流量分流出来。对于核心网内的“UL CL”数据转发功能，UE 是不感知的，UE 完全不参与“UL CL”的插入和删除。

UL CL 的插入、移除由 SMF 依据切换过程中的终端位置决定，当终端移入 MEC 覆盖区域时，SMF 通过 N4 接口对 UPF 增加 UL CL 功能和 L-PSA 完成本地流量通路的创建。SMF 可能在一个 PDU 会话的数据路径上引入多个支持 UL CL 功能的 UPF。

当将 UL CL 功能引入 PDU 会话的数据路径中时，会出现多个 PDU 会话锚点。这些 PDU 会话锚点为同一 DN 提供了不同的接入点。当 PDU 会话为 IPv4 或者 IPv6 类型时，仅有一个 PDU 会话锚点会提供给 UE，作为该 PDU 会话的 IPv4 地址/IPv6 前缀的 IP 锚点。

UL CL 提供了将上行数据流分流到不同 PDU 会话锚点，以及将下行数据流汇聚的功能。这些功能基于 SMF 提供的流量检测和转发规则。

UL CL 根据过滤规则决定数据包的路由方式，例如检查目的 IP 地址或者 UE 发送的上行 IP 数据包的地址。支持 UL CL 的 UPF 在 SMF 的控制下，还可以进行计费流量检测、合法监听流量复制和比特率增强。

该方式对终端没有特殊要求。

（2）分流方式 2：采用 BP 方式实现本地流量卸载（分流），如图 7-2 所示。

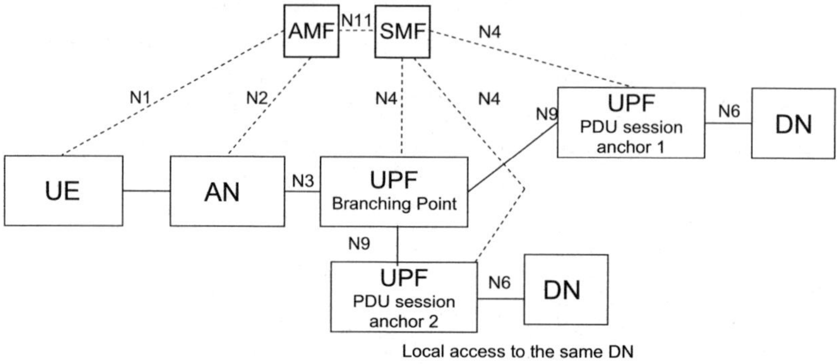

图 7-2　采用 BP 方式实现分流

PDU 会话可以与多个 IPv6 前缀关联，即多宿主 PDU 会话。多宿主 PDU 会话将提供一个以上的 IPv6 PDU 锚点来接入数据网络。拥有不同 PDU 锚点的用户面路径将从某个具备 BP（Branching Point）功能的 UPF 开始被分支。BP 功能提供到不同 IP 锚点的上行流量，并汇聚下行流量到 UE。

支持 BP 功能的 UPF 在 SMF 的控制下也可以支持计费流量检测、合法监听流量复制和比特率增强。BP 的插入、移除由 SMF 决定，并由 SMF 通过 N4 接口和 UPF 进行控制。SMF 可以决定在 PDU 会话建立期间或之后，在 PDU 会话的数据路径中插入支持 BP 功能的 UPF，或者从 PDU 会话的数据路径中删除已支持 BP 功能的 UPF。

仅 IPv6 类型的 PDU 会话支持多宿主特性。当 UE 请求类型为“IPv4v6”或“IPv6”的 PDU 会话时，UE 还需向网络指示是否支持多宿主 IPv6 PDU 会话。

多 IPv6 前缀的 PDU 会话主要用于在 SMF 的配置下，支持具备 BP 功能的 UPF 基于 PDU 的源地址前缀将上行业务流分散到各 IP 锚点。

多宿主 PDU 会话支持先建后断的会话与业务连续性模式 SSCMode3，还支持用户同时接入本地数据网络和中央数据网络。

在这种分流方式下，要求 UE 同时支持多 IPv6 地址，并能将不同应用程序映射到不同的 IPv6 地址上。实现该流程的方式是，终端可以自主配置 IPv6 地址与应用程序的对应关系，或者接收由网络配置的 IPv6 地址与应用程序的对应关系，其中网络配置的对应关系具有较高优先级。如果由网络配置对应关系，则由 SMF 根据 PCF 策略决定，再通过路由更新消息（RA 消息）发送给终端。该 RA 消息的传递路径为 SMF→UPF→UE。

（3）分流方式 3：采用 LADN 机制实现分流，如图 7-3 所示。

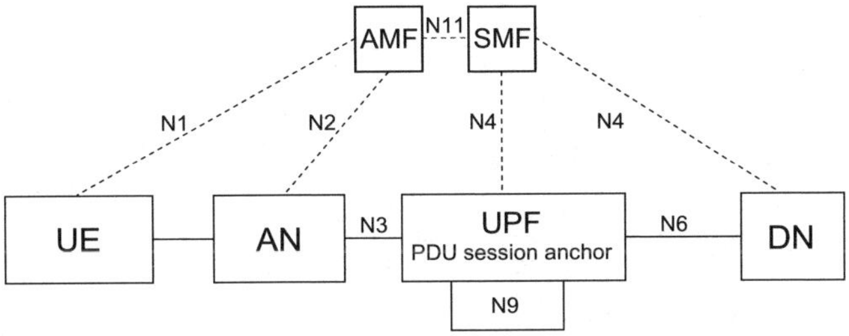

图 7-3　采用 LADN 机制实现分流

LADN 服务范围以 TA（跟踪区域）为粒度，LADN 的信息（包括 LADN 服务范围和 LADN DNN）以 DN 为粒度配置到 AMF 上。对于访问相同 LADN 的不同 UE，无论其他因素如何（例如 UE 的注册区域或 UE 的订阅信息），配置的 LADN 服务区都相同。在 UE 注册流程或 UE 配置更新流程中，LADN 的信息由 AMF 配置给终端。终端根据自身所处位置判断是否处于 LADN 服务区域内。当 UE 处于 LADN 服务区域时，UE 可以：

- 为该 LADN 的 DNN 请求 PDU 会话的建立或修改；
- 请求为该 LADN 的 DNN 激活现有 PDU 会话的 UP（用户）连接。

SMF 向 AMF 订阅终端的移动通知服务，当终端移入或者移出 LADN 的服务范围时，AMF 会通知 SMF。

a）当 SMF 接收到 UE 不在 LADN 服务区域（状态为 OUT）的通知时，SMF 应：

- 立即释放 PDU 会话；
- 或者在保持 PDU 会话的情况下，停用 PDU 会话的用户面连接，并在一定时间内未接收到 UE 进入 LADN 服务区域的通知时禁用数据通知，并可释放 PDU 会话。

b）当 SMF 被通知 UE 处于 LADN 服务区域内时，SMF 应：

- 确保已启用数据通知功能；
- 当 SMF 从 UPF 接收下行链路数据或数据通知时，触发 LADN PDU 会话的网络触发服务请求过程，以激活用户面连接。

c）当 SMF 被通知 UE 在 LADN 服务区域中的存在状态未知时，SMF 可以：

- 确保已启用数据通知功能；
- 当 SMF 从 UPF 接收下行链路数据或数据通知时，触发 LADN PDU 会话的网络触发服务请求过程，以激活用户面连接。

对于 LADN 的分流方式，除了要求终端支持 LADN DNN 的配置，还需要支持识别终端是否处于 LADN 的服务范围（通过感知 LADN 的服务范围，终端可以存储 AMF 发送的相关 LADN 服务配置信息）。如果终端处于 LADN 的服务范围，那么 UE 可以自主发起使用 LADN DNN 的请求，建立本地 PDU 会话。

7.1.4 边缘业务的路由寻址

边缘计算的分布式部署可解决业务端到端时延过长、网络汇聚流量过大等问题，为实时性和带宽密集型业务提供更好的支持。

精准调度能力是指为行业应用提供基于用户粒度的、基于边缘计算网络拓扑的业务服务调度能力，即通过边缘计算全局调度系统，为每位用户匹配最佳的边缘计算服务节点。实现边缘计算精准调度能力的关键技术是全局调度技术。

3GPP SA2 在 R17 设立了面向边缘计算的 5G 核心网增强研究项目。在标准制定阶段，定义了包含本地分流 UL CL/BP（如图 7-4 所示）和不包含 UL CL/BP 的两种边缘计算架构场景，以及三种连接模型。

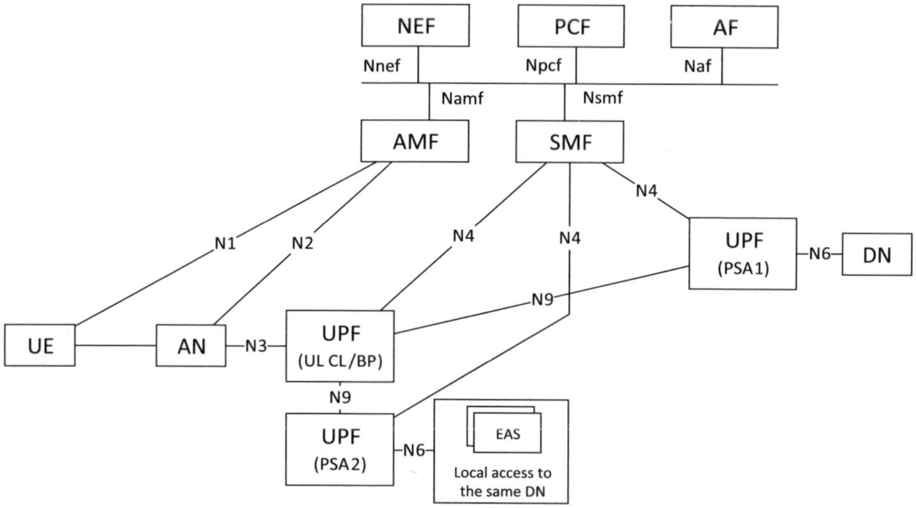

图 7-4 使用 UL CL/BP 方式接入边缘应用服务器

如图 7-5 所示，5G 核心网支持至少以下三种连接模型来支持边缘计算：

1）分布式锚点：用户的 PDU 会话锚点位于本地端点。用户移动时，PDU 会话重新锚定到当前的本地端点，优化应用流量的本地引导。

2）会话本地分流：PDU 会话同时在中心端点和本地端点设有锚点。使用 UL CL 或 IP 多归属 BP 技术，有选择地将边缘计算应用流量分流到本地 PDU 会话锚点。用户移动时，重新选择本地会话锚点来优化用户流量路由。

3）多 PDU 会话：针对边缘计算应用建立特定的 PDU 会话，该会话锚定在本地端点上。用户的其他应用则使用锚定在中心端点的 PDU 会话。用户移动时，仅需重新锚定边缘计算应用的 PDU 会话至当前本地端点，以优化流量的本地引导。

该研究确立了四个关键问题：边缘应用服务器地址发现、边缘业务连续性、为本地低时延应用提供网络信息，以及基于 AF 请求将业务流量路由到本地数据网。

对于边缘应用服务器地址发现问题，大多数方案基于现有的 DNS 寻址机制，因为它对应用程序本身没有影响，且终端设备无须了解应用程序的部署位置及其所有权（例如边缘应用服务器可能由运营商或第三方拥有）。针对上述三种连接模式分别有若干解决方案，主要差异在于 DNS 解析路径。核心网会根据用户 DNS 请求中包括的应用程序 FQDN，判断该请求是否属于边缘计算应用；如果是且用户允许使用边缘计算服务，则网络会在 DNS 请求中添加反映用户物理位置的信息，即增强 DNS 客户端子网选项，以便 DNS 解析器能够根据用户位置找到最适合的或最近的边缘应用服务器。

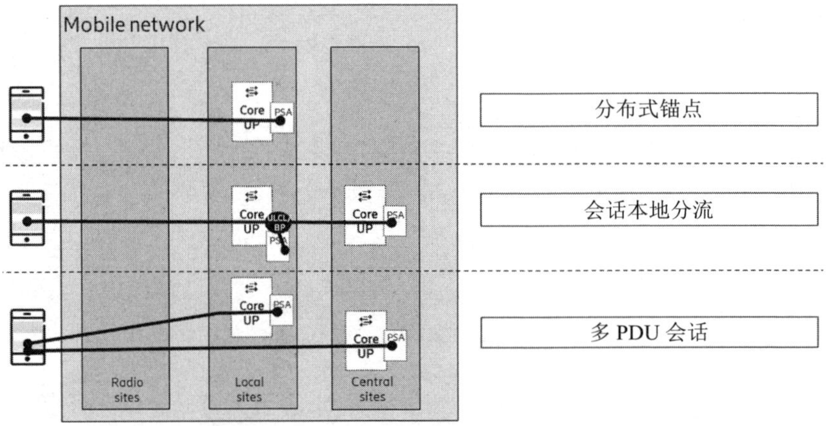

图 7-5 边缘计算的 5G 核心网连接模型

3GPP SA2 在 R18 开展边缘计算增强研究，在归属地路由漫游场景下的本地业务发现和相关的会话策略管理、多 UE 边缘业务协同接入等新增特性方面完成了标准化。R19 则针对本地边缘计算处理及 N6 时延测量辅助的本地路由选择等特性进行了增强。3GPP SA6 应用组自 R17 开始也设立了边缘计算研究和标准项目，重点关注边缘计算应用使能架构。SA6 相关标准定义了一种基于应用层的边缘计算应用服务器的发现机制，即通过边缘使能层各节点的配置，将相关信息下发至用户终端的应用客户端，使客户端能直接找到最近的边缘应用服务器。R18 面向移动性对边缘计算应用使能架构进行了增强，R19 则面向群组边缘计算服务为多用户提供一致的服务质量进行增强。

与 3GPP 重点关注移动网络中的边缘应用寻址不同，ITU-T 从固定、移动等不同接入方式下的边缘应用寻址及业务连续性保障方面展开了研究。

ITU-T SG13 于 2020 年 3 月启动了“边缘应用寻址的场景和需求”立项。该标准项目主要研究边缘应用寻址的典型场景、需求以及支持固移融合的边缘节点调度架构和技术方案。已梳理出一些重要场景，包括边缘应用服务器的首次调度、因 UE 移动引起的边缘应用服务器的重新调度，不同接入方式下边缘应用服务调度等场景。同时，梳理了不同场景需要解决的关键问题，包括如何实现基于 UE 位置的精确调度、如何保障移动性条件下的业务连续性等。

为满足业务本地 DNS 解析需求，有以下方案。

1. 5G UPF 增强支持对 DNS 请求数据包的识别和分流

本地 5G UPF 能够识别 DNS 请求报文并进行本地分流，并由 L-DNS（本地 DNS）对该请求进行解析；L-DNS 被纳入 DNS 递归解析体系。

在本方案中，核心网和边缘网的 DNS 对外呈现统一的 IP 地址，该地址由 SMF 在 UE 建立 PDU 会话时下发。UPF 通过 IP 网络的路由机制将 DNS 请求包转发至 L-DNS。

本方案的限制或前提条件：核心网和边缘网的 DNS 对外需呈现统一 IP 地址；L-DNS 需本地部署，并同步更新本地业务部署的域名解析关系；由于所有 DNS 流量被分流至 L-DNS，L-DNS 可能成为流量瓶颈。

2. eDNS 方案

在无须对 5G UPF 进行功能增强的情况下，需对大网 DNS 进行升级，通过扩展报文字段，支持在递归解析过程中携带发起 DNS 解析请求的终端标识（如 IP 地址），将终端请求调度至部署在边缘计算平台上的最优边缘服务器。

在边缘计算系统中，集中部署边缘计算调度中心，实现用户请求的全网调度。调度中心通过管理全网节点的拓扑结构、节点状态、业务分部等信息，结合请求域名及请求来源，完成对终端 DNS 请求的解析，实现本地服务器 IP 地址的发现。具体的服务流程如下。

（1）终端发起 DNS 解析请求；

（2）UPF 通过监测端口号识别报文为 DNS 解析请求（端口号为 53），并将 DNS 解析请求在本地分流至大网 DNS；

（3）大网 DNS 执行递归解析，并携带请求来源标识，如 UE NAT 后的公网 IP 地址；

（4）DNS 解析请求通过 DNS CNAME 方式转发至边缘计算调度中心，调度中心根据预配置的调度策略返回最优节点 IP 地址；

（5）终端向该 IP 地址发起请求，目的地址匹配分流策略，执行本地分流。

本方案的前提或限制条件：运营商 DNS 需要改造支持 eDNS，并纳入 DNS 递归解析体系；需要为边缘计算建设统一的边缘计算调度中心。

3. 基于对 UE 的 DNS 动态配置方案

根据 UE 的当前位置，当网络确定当前 PDU 会话支持本地分流时，SMF 将通过 PDU 会话建立（或修改过程）将 EC 中的 L-DNS 地址发送给 UE。一旦接收到 DNS 服务器地址，UE 便会更新该 PDU 会话的 DNS 配置。这种动态 DNS 地址配置方法确保 UE 始终获得正确的 DNS 地址，以便发现本地应用程序服务器的 IP 地址。

当 UE 从一个 EC 服务区移动到另一个 EC 服务区时，SMF 采用目标 EC 中的 L-DNS 地址更新 UE 的配置信息。当 UE 从 EC 服务区移动到没有 EC 的区域时，SMF 则采用大网 DNS 地址更新 UE 配置信息。

7.1.5 应用层影响的数据路由

AF 可以向 SMF 发送请求，以影响 PDU 会话的路径建立和数据传输。AF 的请求可以影响 UPF 的选择和重选，支持将数据流卸载到由 DNAI（Data Network Access Identifier）来标识的本地网络。

AF 可以是第三方应用程序也可以是运营商自有业务应用。如果是第三方应用，那么 AF 不能直接与核心网通信，而是需要通过 NEF 与 5G 核心网交互。AF 的请求可以通过 N5 接口直接传递给 PCF，或者通过 NEF 与 PCF 交互。该请求可能会影响一个 UE 或一组 UE 的相关 PDU 会话，并会发送给一个或者多个 PCF。PCF 将 AF 的请求翻译为相应的网络策略，并实施到不同的 PDU 会话中。

AF 可以管理在本地 DN 网络中的应用选择，因此可能会请求网络来告知 PDU 会话的相应变化。当 AF 向 SMF 订阅 UP 路径更改消息时，SMF 可以将该事件通知直接传递给 AF，或者通过 NEF 告知 AF。

AF 的请求消息可以包括以下信息。

（1）数据流识别信息。数据流可以通过 DNN、S-NSSAI 或 AF Service ID 来识别，也可以通过应用标识或者数据过滤信息（如 IP 五元组）来识别；

（2）与数据标识信息对应的数据流的 N6 数据路由信息。该信息可以隐式提供，以路由信息列表的形式表示，与 DNAI 一致，或以 DNAI 列表的形式提供；

（3）数据路由的潜在位置。潜在位置的信息可以由 DNAI 列表表示。如果 AF 通过 NEF 与 PCF 交互，则 NEF 可以将 AF 服务标识映射到 DNAI 列表。DNAI 列表可以用于 UPF 的选择或重选；

（4）UE 标识信息包括以下内容。

a）单个 UE 标识：可以是 GPSI、IP 地址/前缀或 MAC 地址；

b）UE 群组标识：UE 群组标识可以由外部群组标识来标识；

c）任何 UE 接入 DNN、S-NSSAI 与 DNAI 组合时的标识。

（5）应用重定向可能的指示信息。当核心网设备为 UE 选择应用服务器的位置时，该指示信息用于指示应用是否可以重定向。如果应用重定向不可行，则核心网设备应该确保在已选择了应用服务器后，该应用的数据流不能触发 DNAI 的改变；

（6）临时有效条件。该信息用于指示 AF 请求的有效条件，可以通过时间间隔或持续时间的方式呈现；

（7）有效区域。该信息用于指示 AF 请求有效的区域信息；

（8）UP 路径管理事件的通知类型。AF 签约信息可以确定通知类型是早通知和/或晚通知。早通知是指会话管理功能在 UPF 路径改变之前通知 AF，晚通知是指在数据传输路径改变之后通知 AF；

（9）和 AF 请求对应的 AF 事务标识信息。当 PCF 接收到 AF 请求时，会根据该请求生成 PCC 规则，并通知 SMF 执行该规则。AF 事务标识信息包括如下内容。

a）（重）选 UPF 功能设备。会话管理功能根据 UE 的位置以及数据接入点信息，负责选择合适的 UPF 功能设备；

b）激活多宿主功能或者执行 UL CL 功能设备，包括向 UPF 下发数据转发规则；

c）通知 AF（重）选择 UP 路径（当 DNAI 改变时）。

DNAI 的定义及使用：DNAI 即数据网络接入标志，通常使用“DNN+SMF 服务区”的格式。

（1）SMF 在 PDU 会话建立时，用于选择锚点 UPF；或在需要业务分流时，用于选择分支点锚点 UPF；

（2）DNAI 也可以来自 AF，用于第三方下发的 UPF 选择和分流策略；

（3）在通过 NRF 发现 UPF 时，SMF 可以根据 DNAI 选择合适的 UPF。

7.2 网络切片

7.2.1 网络切片提出背景

和 4G 以人为中心的移动宽带网络相比，5G 具有丰富的业务场景和需求，将实现真正的“万物互联”，并缔造规模空前的新兴产业，为移动通信带来无限生机。物联网扩展了移动通信的服务范围，从人与人之间的通信延伸到物与物、人与物之间的智能互联，使移动通信技术渗透至更广阔的行业和领域。物联网业务场景和类型丰富多样，移动医疗、车联网、智能家居、工业控制和环境监测等将会推动物联网应用的爆发式增长，数以千亿计的设备将接入网络。此外，物联网业务的特征差异也非常显著：智能家居、智能电网、环境监测、智能农业和智能抄表等业务需要网络支持海量设备连接和频繁的小数据分组传输；视频监控和移动医疗等业务则对传输速率提出了很高的要求；车联网和工业控制等业务则要求毫秒级的时延和接近 100%的可靠性。为了深入渗透到更多物联网业务，5G 应具备更强的灵活性和可扩展性，以适应海量设备连接和多样化的用户需求。在满足移动宽带需求的基础上，以垂直行业需求为导向，构建灵活、动态的网络架构，满足不同行业的需求。

垂直行业是 5G 时代的重要业务场景，服务范围从传统的以人为中心扩展至以物为中心。这不仅仅是电信行业发展新的价值所在，更是经济增长和社会发展的新引擎。5G 网络承载着“万物互联”的愿景，使移动通信的服务范围从人与人通信延伸至物与物、人与物的智能互联，渗透至更广阔的行业和领域。为此，5G 应具备更强的灵活性和可扩展性，以应对海量的设备连接和多样化的用户需求。按需、定制、差异化的服务将成为未来运营商业务提供的重要模式，也是运营商新的价值增长点。端到端网络切片是实现这一目标的关键技术，是 5G 服务于千行万业的框架。为垂直行业提供各类可保证的网络连接服务，是端到端网络切片整体架构设计的目标。

5G 不仅是无线技术的一次升级换代，更将带来网络服务架构的变革。“网络切片”是 5G 区别于 4G 的标志性技术之一，通过逻辑“专网”服务垂直行业，是未来运营商拓展行业客户、催生新型业务、提高网络价值的有力抓手。网络切片是针对业务差异化、多租户需求提供的一类技术解决方案的统称，旨在通过功能、性能、隔离和运维等多方面的灵活设计，使运营商能够基于垂直行业的需求创建定制化的专用网络。一个网络切片实例由网络功能和所需的物理/虚拟资源组成，包括接入网、核心网、传输承载网等。网络切片可基于传统的专有硬件构建，也可基于 NFV/SDN 的通用基础设施构建。

7.2.2　网络切片的架构设计

7.2.2.1　网络切片设计理论

5G 网络旨在给多样化的业务提供支撑保障，实现网络和业务之间的“语言互通”，并针对不同业务的需求实现一网分“多网”，这类差异化需求对网络资源的匹配提出了挑战。同时，“专网”的组建横跨终端、无线、核心网及传输、承载多个网络域。多个网络切片共享基础设施，既要承载全网海量用户，还要支持工厂、矿山、核电、电力等专网，保障全天候可靠的网络服务。这种情况对资源异质性下的“多网”间有效隔离和一致化贯通提出了挑战。

为应对上述两大挑战，提出了基于切片基的动态资源映射和端到端切片机制，以及一致响应的统一标识两项网络切片设计理论创新（参见图 7-6）。

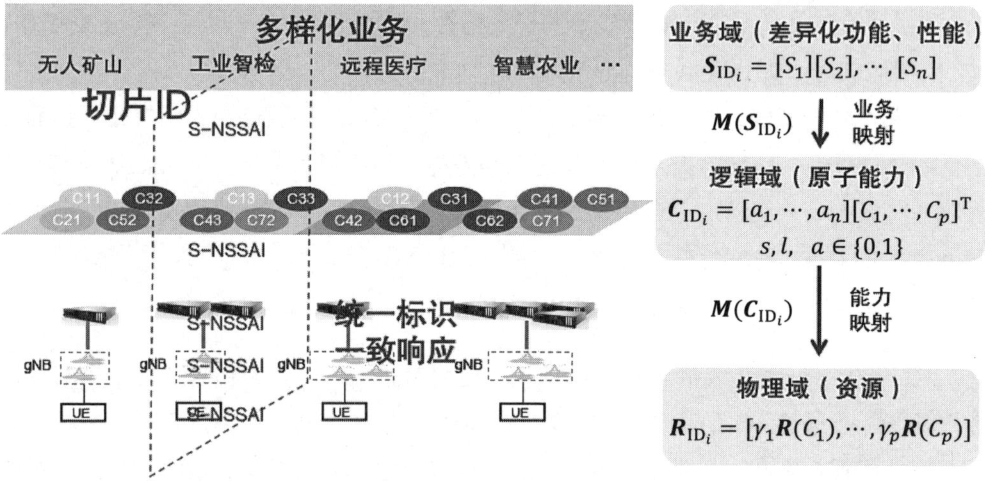

图 7-6　网络切片设计理论

（1）基于“类”和“基”的动态资源映射机制

端到端切片贯通业务域、逻辑域和物理域。提出基于“类”和“基”的设计方法，利用海量业务统计模式及超图映射，将业务域$\boldsymbol{S}_{\mathrm{ID}_i}=[S_1][S_2],\cdots,[S_n]$的差异化功能、性能通过业务映射$\boldsymbol{M}(\boldsymbol{S}_{\mathrm{ID}_i})$映射到逻辑域$\boldsymbol{C}_{\mathrm{ID}_i}=[a_1,\cdots,a_n][C_1,\cdots,C_p]^{\mathrm{T}}$；将逻辑域$\boldsymbol{C}_{\mathrm{ID}_i}$的原子能力通过能力映射$\boldsymbol{M}(\boldsymbol{C}_{\mathrm{ID}_i})$映射到物理域$\boldsymbol{R}_{\mathrm{ID}_i}=[\gamma_1\boldsymbol{R}(C_1),\cdots,\gamma_p\boldsymbol{R}(C_p)]$的各项资源。由此解析出 5 大网络切片类并形成全球共识，形成上百个切片基。该机制实现了专网从需求到组网的快速映射，使网络资源能够快速匹配各类“专网”需求。

（2）端到端统一切片标识和响应保障机制

采用端到端统一切片标识体系可以建立业务到网络的映射，实现自底向上、面向不同业务需求、海量并发情况下的网络资源一体化贯通。通过层次化、富语义的标识体系，切片标识能够有效地从资源空间（物理域）映射到网络空间（逻辑域、业务域）。同时，设计一套软硬件适配的层次化 QoS 体系，提出了功能与资源隔离、用户与承载隔离的机制，并设计了从底层通信协议、中层操作系统到上层业务应用的贯通隔离和保障机制。通过 URSP 实现了不同业务到不同切片的映射。

基于上述两大切片机制，在 SBA 架构下，专网上线周期大幅缩短，大幅提升了运营效率。

7.2.2.2　端到端网络切片整体架构

端到端网络切片整体架构（参见图 7-7）设计的目标是为垂直行业提供各种类型的、可保障的网络连接服务。该架构由业务使能层、网络管理层和网络运维层三部分组成。

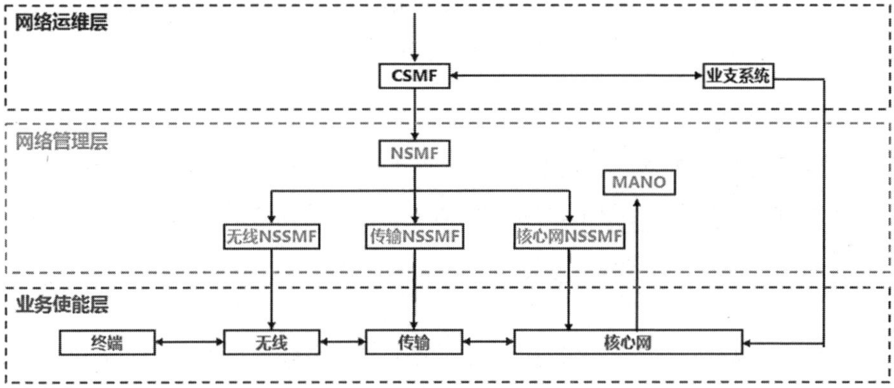

图 7-7　端到端网络切片整体架构

- 业务使能层：端到端网络切片的关键组成部分，负责提供基本能力并最终呈现给客户。包含无线、传输和核心网子切片逻辑功能。包括以下几项关键技术。
  - 端到端切片标识关联：涉及网络切片标识签约、注册，传递与更新。
  - 无线切片技术：包括无线切片资源分配，管理与控制，切片可用性管理等。
  - 核心网切片技术：包括切片签约、核心网网元切片选择、切片隔离、切片能力开放及切片漫游等。
  - 传输切片技术：涉及传输硬隔离、软隔离，传输切片与核心网及无线映射。

- 网络管理层：主要负责管理切片的端到端整体资源及业务编排，包括以下关键技术。
    - 端到端网络切片管理与编排：端到端切片由核心网、无线网、传输网子切片组合而成，各域通过各自的子切片系统进行管理，并通过端到端切片管理系统进行统一管理与编排。
    - 端到端切片 SLA 指标保障：生成实时的切片体验质量数据，确保 SLA 达成。
    - 基于策略的智能控制：通过收集实时切片体验质量数据，结合智能化分析手段，实时动态调整各域切片资源配置。
- 网络运维层：负责切片运营平台的线上业务（如切片订购）、网络切片服务申请流程。行业客户通过切片订购平台提供切片需求，订购定制化网络切片。运营商通过切片管理平台创建网络切片，并按需开放网络切片管理信息。

网络切片整体架构有如下主要特点：

- 共用基础设施：与专网相比，通过共用基础设施支持多种垂直行业，可以提高资源使用效率，缩短服务上线时间，获得长期有效的技术演进和支持，以及开放的生态系统。
- 按需定制：各网络子域具备灵活可定制的能力，通过切片管理系统协同工作，实现客户定制化的网络切片的设计、部署和运维；为了达到商业适用性与架构复杂度之间的平衡，各域可以在功能场景、设计方案上独立裁剪。
- 隔离性：整体架构支持网络切片实例间的隔离，包括资源隔离、运维隔离和安全隔离。实现方法包括物理隔离和不同层次的逻辑隔离。
- 可保证服务：网络切片将实现端到端 SLA 保障，达到行业标准定义的 5G 性能规格，支持垂直行业的需求。
- 可伸缩：和专网相比，网络切片允许在同一基础设施上共存多个逻辑网络。基于虚拟化技术，可以根据业务负载情况动态调整切片占用的资源。通过有效的资源整体编排，可以提高资源的使用效率，例如，将 mMTC 类型切片实例的部分资源释放给 eMBB 类型切片实例使用。

- 面向租户的运维：当一个网络切片被多个租户共享时，需要实现租户级别的独立运维，并确保有效隔离不同租户的管理数据。
- 网络切片运维能力开放：运营商的网络切片管理系统将部分运维能力开放给租户，例如网络切片参数或者策略的配置等。
- 支持多厂商及跨运营商场景：为了实现网络切片端到端特性，需要支持在同一运营商管理域内的多个技术域（如接入网、核心网和承载传输网）的跨域集成，并允许不同技术域中的网元来自不同厂商。除此之外，还需支持跨运营商管理域的场景。

7.2.2.3　无线接入网对网络切片的支持

无线接入网对网络切片的支持需求主要包括：第一，将网络切片的整体需求分解到接入网，包括隔离与定制、SLA 保障等；第二，考虑接入网自身技术特征所产生的关联需求，如对一些关键稀缺资源（空口频谱资源）的使用，在网络切片技术中要满足其资源效率需求。以上需求导致了网络切片无线接入网部分的设计需要考虑接入资源的隔离属性。无线接入网的资源种类多样，不同种类资源的隔离程度根据运营商和租户的需求而定。无线接入网资源的切分可通过频段、时间、码字、设备（包括站点）、软件等维度实现，灵活可伸缩地使用资源，提升效率。

无线网子切片，作为端到端网络切片中的一个关键组成部分，应能根据端到端切片编排管理系统下发的不同业务的不同 SLA 需求，灵活地定制子切片。无线侧为了保障无线侧 SLA 需求，一方面可以基于 QoS 机制，从空口速率、时延、可靠性三个维度深度优化无线网络，实现 QoS 保障；另一方面，可以为特定切片的用户预留资源，保障该切片内用户的业务体验。

7.2.2.4　核心网对网络切片的支持

5G 核心网提供网络功能和资源按需部署的能力，在统一设施的基础上，构建逻辑隔离的网络切片，服务不同业务或垂直行业。网络切片是对现有物理网络进行切分，形成多个彼此独立的逻辑网络，为差异化业务提供定制化服务，满足未来垂直行业多样化的业务需求。根据不同业务的 SLA 及定制化需求，网络切片被分配对应的网络功能和资源，并提供差异化的服务。

核心网切片建议基于云化技术部署，云化技术通过软硬件解耦及功能抽象，可以充分灵活共享资源，实现新业务的快速开发和部署，并可根据实际需求实现自动部署、弹性伸缩、故障隔离和自愈等，为网络切片的设计、部署和管理带来了更大的灵活性和弹性。云原生与微服务能力有助于进一步提升核心网业务敏捷性，通过对功能的进一步原子化分解，并借助集成的自动化工具，实现微服务的持续集成/持续部署，显著提升新功能的引入速度和自动化水平。

核心网架构定义了网络业务控制面和用户面的各个网元功能及其相互关系。在5G时代，根据不同的业务需求，同一个网络基础设施中将会同时存在多个逻辑隔离的网络切片实例，如图 7-8 所示。每个网络切片实例都将拥有特定的拓扑结构、网络功能及资源。

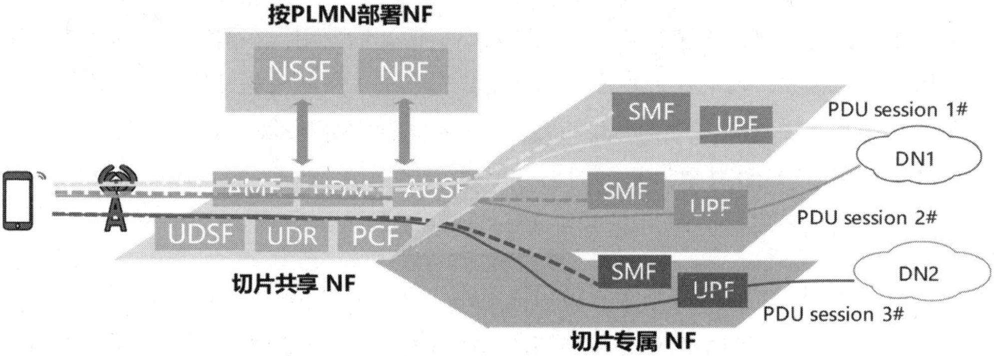

图 7-8　网络切片实例

7.2.2.5　核心网网络切片选择机制

核心网应支持切片选择能力，包括在注册和会话建立过程中切片实例的选择，切片内各核心网网元的选择与重选。

- 核心网支持通过 NSSF 实现切片的选择。NSSF 支持基于 NSSAI、位置信息等各种策略，智能化地选择切片。

- 核心网支持 UE 在登记、会话建立、4G/5G Interworking 时，选择切片实例。
- 核心网支持 UE 能够同时访问一个运营商的多个网络切片。

单个 UE 通过 5G 接入网可以同时连接到一个或多个网络切片实例。一个 UE 最多可以由 8 个网络切片提供服务。服务于 UE 的 AMF 实例在逻辑上属于为 UE 服务的每个网络切片实例，即该 AMF 实例对于服务于 UE 的网络切片实例来说是共享的。网络切片实例集合中的每个网络切片实例可以对应于一个或者多个允许的 S-NSSAI。

对每个 PLMN，一个 PDU 会话属于且仅属于一个特定的网络切片实例。尽管不同的切片可能使用相同 DNN 的 PDU 会话，但不同的网络切片实例不共享 PDU 会话。

在网络切片的发现和建立过程中，基站和 AMF 都会维持一个 NSSAI 列表，每个 NSSAI 列表中包含多个 S-NSSAI。基站和当前 5G 核心网都基于这些列表来支持相应的网络切片。其中，基站所支持的网络切片列表可以由核心网下发（包括初始列表/列表更新），也可由运营商预配置。

网元注册服务到 NRF 时需包括所属的切片服务信息，比如 S-NSSAI。

7.2.3 网络切片管理

7.2.3.1 总体架构要求

网络切片管理由 3GPP 标准定义，包含网络切片/切片子网设计、生命周期管理以及网络切片运维保障功能。NFV-MANO 是 ETSI 定义的 NFV 管理系统，主要包括网络服务 NS 或虚拟网元 VNF 的生命周期管理功能、网络服务或网元所需的加载模板和安装包的管理、网络资源的管理和分配等功能。二者融合构成了 5G 网络切片融合架构，如图 7-9 所示。

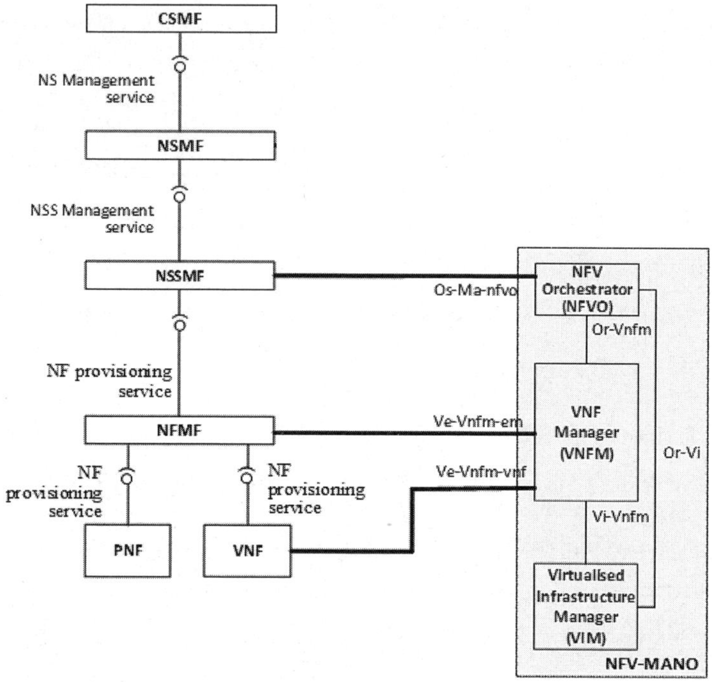

图 7-9　5G 网络切片融合架构

为了实现网络切片的管理，5G 网络中新增网络切片的管理功能，包括：通信服务管理功能（Communication Service Management Function，CSMF）、网络切片管理功能（Network Slice Management Function，NSMF）和网络切片子网管理功能（Network Slice Subnet Management Function，NSSMF），具体功能如下。

CSMF：通信服务管理功能，完成用户业务通信服务的需求订购和处理，将通信服务需求转换为对 NSMF 的网络切片需求。

NSMF：网络切片管理功能，接收从 CSMF 下发的网络切片部署请求，将网络切片的 SLA 需求分解为网络子切片的 SLA 需求，向 NSSMF 下发网络子切片部署请求。

NSSMF：网络切片子网管理功能，按照专业领域分为无线 NSSMF、传输 NSSMF 和核心网 NSSMF。各领域 NSSMF 接收从 NSMF 下发的网络切片子网部署需求，将网络切片子网的 SLA 需求转换为网元业务参数并下发给网元。对于核心网领域，将网络切片子网的资源需求转换为网络服务，向 NFV 的 NFVO 系统下发网络服务的部署请求。

7.2.3.2　网络切片管理功能概述

端到端网络切片实例的生命周期管理是 NSMF 最主要的功能，NSMF 要支持网络切片实例完整生命周期流程中的各项功能。该生命周期管理流程如图 7-10 所示。

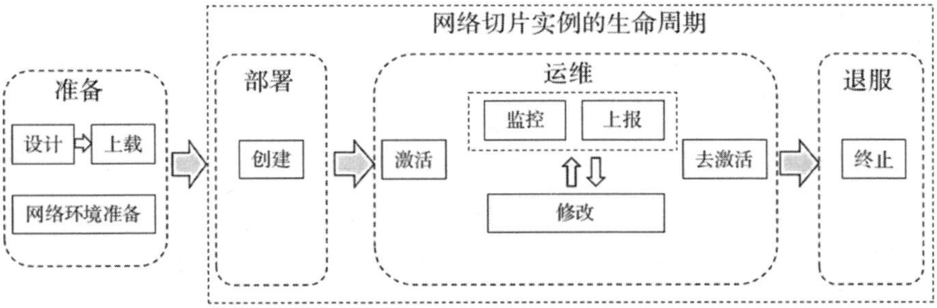

图 7-10　网络切片实例生命周期管理流程

准备：准备阶段包括网络切片模板设计和上载、网络切片容量规划、网络切片需求的评估、网络环境准备等。

部署：NSI 的创建。创建 NSI 时对所有需要的资源进行分配和配置以满足网络切片的需求。

运维：运营阶段的操作可以分为指配类操作和监控类操作。指配类操作包括针对一个 NSI 的激活、修改及去激活；监控类操作包括对 NSI 的状态监控、数据报告（例如 KPI 监测）和资源容量的规划。

退服：退服阶段中的网络切片实例指配包括根据需要退服 NSI 中非共享部分，以及从共享部分中删除此 NSI 的特定配置。在退服阶段之后，NSI 被终止并且不再存在。

为满足网络切片实例的完整生命周期管理流程，NSMF 需要与各专业领域切片子网管理功能 NSSMF，配合完成网络切片/切片子网的管理，主要功能包括：

- 网络切片/切片子网设计；
- 网络切片模板 NST/切片子网模板 NSST 的管理；
- 网络切片/切片子网的生命周期管理；
- 网络切片/切片子网的配置管理；

- 网络切片/切片子网的性能、告警等 FCAPS 管理；
- 网络切片/切片子网的 SLA 闭环保障，故障自愈；
- 网络切片/切片子网资源、性能和告警等数据的开放。

7.2.4　网络切片服务质量保障：SLA

5G 作为数字化社会的关键基础设施，不仅服务于个人用户，还需要满足各行各业数字化转型的需求。5G 业务有三大应用场景：增强型移动宽带（eMBB）、超可靠低延迟通信（uRLLC）和大规模机器类型通信（mMTC）。不同的应用场景对网络有不同的要求，例如 eMBB 应用要求支持大带宽、uRLLC 应用要求支持低延时和高可靠性、mMTC 应用要求支持巨大的连接数量。如果为每种业务需求都新建独立的网络，建网成本巨大，会严重制约业务的发展；如果使用同一张网络承载所有业务，则很难同时满足超高带宽、超低时延、超高可靠性等需求，不仅建网困难，在业务隔离上也有隐患。

为了解决差异化网络服务与建网成本之间的矛盾，网络切片成为必然选择。基于强大的虚拟化技术，网络切片技术可以在一张物理的 5G 网络上切分出多个虚拟的端到端网络，即允许网络运营商在公共网络基础设施上创建满足特定服务或客户特定需求的专用虚拟网络，这样便可支持不同类型服务的特性需求，并且切片间可根据需求实现不同程度的隔离，显著提升网络安全性，因此，网络切片成为 5G 时代重要的技术方案。

服务等级协议（Service Level Agreement，SLA），是服务供应商对客户在服务质量上的承诺。SLA 作为一种“标尺”，可用来衡量服务的质量，同时明确服务供应商相关的责任，无法完成任务时的惩罚措施。以 IP 网络服务为例，一个比较完整的 SLA 应该包含以下几点：1）定义需要提供的服务，如网络连接情况和网络设备的运营和维护；2）服务的表现水平，主要是可靠性和响应性；3）服务的监控和报告，定义需要上报的统计指标和时间间隔；4）给出问题出现后的解决时间；5）当服务无法达标时的惩罚措施。对服务供应商而言，保障 SLA 是满足客户需求的具体措施和前提，因此具有重要意义。

网络服务运营商通过和垂直行业客户签订 SLA 来保障网络切片的使用，满足特定的服务需求。2020 年，5G 切片联盟和中国信息通信研究院相继发布有关 5G 切片 SLA 的白皮书，分别给出了 5G 切片的种类和服务等，以及垂直行业对于端到端 5G 网络切片的 SLA 需求，由此可见业界对于 5G 切片 SLA 保障的重视程度和迫切需求。目前 3GPP、GSMA、ITU-T、CCSA 等国际、国内主要标准化组织均在研究如何将网络切片与 SLA 保障相关联。

但当前面向 5G 网络切片 SLA 保障的研究方面，仍面临以下难题。

（1）和 4G 传统网络一体适用（one fit all）模式相比，缺乏可参考的行业 SLA；

（2）端到端网络涉及无线、承载及核心网等多个领域，牵一发而动全身。每个 SLA 指标的签订都涉及跨域协调，且影响因素复杂。

（3）全新的服务模式，5G SLA 的制定与行业相关性较强，行业场景区别较大，通用框架的制定难度大。

考虑到以上难题，中国移动首先提出了 5G SLA 指标框架体系，提供了 5G SLA 指标在网络中转换与分解的整体视图。经充分调研行业应用，量化了 5G SLA 指标，为 5G SLA 的签订奠定指标基础。

当行业客户与运营商签约 5G SLA 时，首先需确定业务需求的 5G SLA 网络服务指标（如需求时延、上下行带宽和网络可靠性等业务需求信息）；然后运营商会通过网络管理功能把它们转换到 5G 网络业务画像中，实现对端到端网络的具体配置要求；最后分解至无线、传输和核心网各域的网络子业务需求画像中，实现对各域网络功能的具体配置。例如，核心网子业务需求画像用于规定核心网络域要求，无线网子业务需求画像用于规定无线域要求，承载网子业务需求画像用于规定承载域要求。5G SLA 指标框架体系如图 7-11 所示。

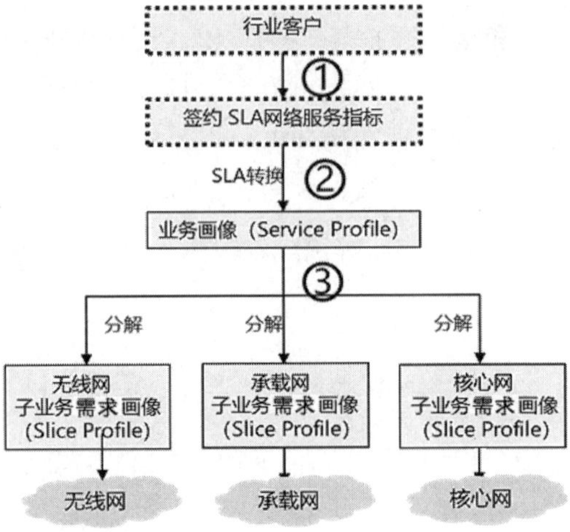

图 7-11 5G SLA 指标框架体系

5G SLA 指标是 5G SLA 的重要组成部分，除明确如何映射到网络中，还需明确它包含哪些指标。参考 3GPP TR 28.805[9]定义，5G SLA 指标主要包含提供给行业客户和网络切片客户的通信服务信息。

（1）服务特定信息，即配置通信服务所需的属性（包括时延、带宽、最大并发连接数等网络性能）和数值。

（2）客户特定信息，即为特定客户配置服务所需的属性，例如覆盖范围和服务等级，体验质量（Quality of Experience，QoE）等相关的信息。

因此，可将网络切片 SLA 指标分为两大类网络指标：范围指标和特征指标。

范围指标：主要用来描述行业客户的特定信息，包括对于网络切片规模需求的参数，比如签约用户数和覆盖区域等，此类指标与运营商的 5G 网络建设和资源有关，必要时需要提前勘察。

特征指标：主要指行业客户对业务需求的网络能力信息，包括为其配置不同的 5G 能力。为了区分不同的行业需求，特征指标可细分为性能指标、功能指标和管理运维指标。每个网络切片 SLA 可以根据需要签约零至多个特征指标。

- 性能指标，主要指指定切片支持的 KPI（关键绩效指标），例如带宽、时延等，此类指标需要在切片实例化之前配置完毕；

- 功能指标，主要指指定切片需要提供的功能，例如分流能力、性能监控等，此类指标需要在切片实例化之前配置完毕；
- 管理运维指标，主要指指定切片是否可以给行业客户提供监控或者管理网络切片的能力，例如 KPI 的监控信息，根因分析等，此类指标需要在切片实例化之后通过监控 API（Application Programming Interface）对外呈现。

当前 GSMA、3GPP 等国际标准已经定义了有关网络服务性能的要求，可被视为与网络切片相关的网络指标全集。在充分调研了南方电网、国家电网、CCTV、咪咕、建设银行等垂直行业应用后，中国移动从全集中摘取了 49 项与客户需求最为相关且较受关注的网络服务指标，形成了当前的指标体系，如表 7-1 所示。

表 7-1 SLA 指标体系

范围指标	特征指标		
范围指标（9 个）	性能指标（11 个）	功能指标（16 个）	管理运维指标（13 个）
签约用户数	时延	分流能力	业务需求 ID
注册用户数	带宽	资源共享等级	单一网络切片标识列表
覆盖区域列表	用户请求成功率	性能监控	PLMN ID 列表
签约省份	丢包率	性能预测	管理能力开放
允许并发最大连接数	支持的最大数据包大小	根因分析	SST（网络切片模板）
切片数据上/下行总流量上限	单用户保障上/下行流量	用户管理能力开放	通信服务可用性
终端密度	故障恢复时间	确定性通信	根因分析
在线用户数	终端移动速度	延时服务需求	UE 移动速度
终端密度	可靠性	支持多接入类型	UE 移动等级
	抖动	会话连续性模式	切片数据上/下行总流量上限
	单切片接入速率	群组广播通信能力	客户网元需求
		定位服务	性能监控
		IP 地址	性能预测
		支持逻辑传输接口	
		无线频谱需求	
		非 IP 会话支持	

本章提出的 49 项 SLA 网络服务指标可作为运营商与行业客户签约时的参考，明确之后可直接转换为端到端网络可配置的业务需求指标，通过 5G 网络能力，实现对 5G SLA 指标的网络保障。

7.3 5G 局域网

7.3.1 背景

从 2G 到 4G，移动网络主要提供统一的接入和一致的终端管理。随着 5G 时代到来，行业客户希望 5G 网络不仅能提供大连接、高带宽和低时延，还能实现类似自建局域网那样灵活的终端管理。5G LAN 技术的出现正满足了行业客户的这一诉求。

5G LAN 技术首次在移动网络中引入终端组管理的概念，支持组内终端直接通信，可实现为终端分配指定的 IP 地址、动态加入或退出一个群组，一个组内的终端具有相同的地址段，可在一个“局域网”内经 UPF 相互直接通信。该技术具备广阔的应用前景，在海量物联网终端接入的情况下，5G LAN 技术能轻松定位到某行业客户的终端群组，并支持客户自主配置终端；在工业场景下，可通过构建不同的 5G LAN 群组，实现不同等级终端之间的安全隔离；在云办公场景下，企业终端可在全国范围移动并无缝接回企业内网，实现基于 5G 网络的广域“局域网”。

移动通信的发展带来信息的移动化，企业办公系统的移动接入比例不断扩大，同时数字化业务越来越分散：分支办公室、雇员或合作方的 SOHO 场所、使用移动设备的自由办公员工以及广泛的移动业务操作都需要企业云办公系统支持企业终端之间灵活的、跨地域的、安全可信的互联互通。

当前的企业办公系统中，传统设备通过固网接入企业网络、便携式设备通过本地 Wi-Fi 接入企业网络，跨地域的分支办公节点则通过专线等连接。这样的企业办公系统存在许多问题：建设成本高、无法保障用户体验和企业信息安全等。

面对以上企业办公的普遍现状，企业办公系统急需引入新技术来保障企业总部与各分支之间、企业内移动终端与固定终端之间、移动终端之间灵活、便捷、可靠的高质量通信。

5G LAN 技术可有效解决上述企业云办公中的问题。5G LAN 是 3GPP R16 阶段最具市场前景的技术之一，在 5G SA 网络覆盖前提下，基于 5G LAN 技术，5G 网络能够支持第三方企业对其终端的灵活管理（上线、下线，组通信，切换分组等），并且未来可以将 5G 核心网的 QoS 策略映射到现有的固网专线上，双方协同，保障从终端侧到企业私有云之间的传输质量。同时，在 5G LAN 技术支持下，如图 7-12 所示，5G 网络可根据企业需求，为其终端分配与企业云在相同网段的 IP 地址，并建立从无线到核心网再到企业云的端到端隧道。借助 5G LAN 技术，企业管理者可以灵活管理这些终端（这些终端仍处在企业内网中），实现对终端的无缝管理。

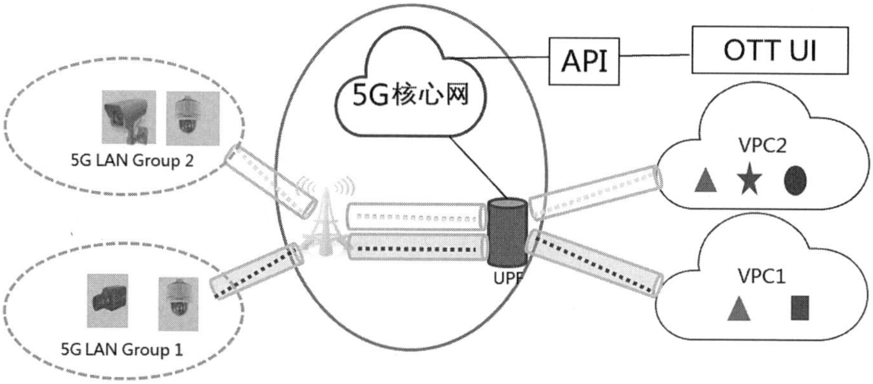

图 7-12　企业云办公场景，企业对 5G LAN 群组进行配置

7.3.2　5G LAN 标准关键技术

用户通过 5G LAN 指定终端的 IP 地址、要求终端只能与特定的终端通信、授权终端属于特定群组并动态加入和删除等。5G LAN 技术在移动网络中引入终端组管理的概念，支持组内终端直接通信。

动态的群组管理：UDM 维护一个组内终端的所有签约信息，行业客户可通过能力开放接口，从群组内动态添加或删除终端。

指定终端的 IP 地址：行业客户可通过能力开放接口，将指定的 IP 地址段配置到 UDM 中。当终端使用 5G LAN DNN 创建会话时，5G 网络将采用静态 IP 地址分配的方式，将 UDM 中存储的指定 IP 地址分配给组内终端。这样达到行业终端使用行业内网 IP 地址的效果，使得通过 5G 网接入的终端可以无缝地与行业内网中的应用服务器或终端互通。

通过 UPF 直接通信：一个组内终端相互发送的数据，可经过 5G 网关 UPF 直接转发，不需要经过 N6 口；一个组内的终端接入多个 UPF 时，将在这些 UPF 之间构建直连隧道，保障直接通信。这样的设计使得 5G UPF 具备了类似路由器一样的直接转发功能，不再需要 N6 口上路由器或应用服务器的介入，缩短了数据转发路径。

（1）5G VN 组管理

5G VN（虚拟网络）组由一组通过专用通信提供 5G LAN 类型服务的 UE 组成。5G 系统支持对 5G VN 组的标识、成员资格及数据进行管理。5G VN 组的管理可以由网络管理员配置，也可以由应用功能（AF）动态管理。

5G VN 组包含以下内容。

- 5G VN 组标识：外部组 ID 和内部组 ID 用于标识 5G VN 组。
- 5G VN 组成员：5G VN 组成员由 GPSI 唯一标识。
- 5G VN 组数据：5G VN 组数据可以包括 PDU 会话类型、DNN，S-NSSAI 和应用程序描述符等参数。

当前仅支持 NSSAI、DNN 与 5G VN 组之间 1∶1∶1 的映射关系。

一个 PDU 会话仅提供一个 5G VN 组的访问，一个 5G VN 组通信的所有 PDU 会话由一个专有 SMF 负责。在 PDU 会话建立过程中，SMF 基于 UE 提供的 DNN 从 UDM 检索与 5G LAN 类型服务相关的 UE 用户数据。为了实现 N19 流量路由，SMF 将与 5G VN 组对应的同一 DNN 的 PDU 会话进行关联。当生成相应的组级别 N4 会话规则时，SMF 基于其他组成员 UE 的 PDU 会话上下文，创建 FAR 和 PDR。SMF 为充当 PSA 的 UPF 提供用于 5G VN 通信的 FAR 和 PDR。

PDU 会话为与 5G VN 组关联的 DNN 提供单播、广播和多播通信。PSA UPF 根据接收到的数据的目标地址确定通信是用于单播、广播还是多播，并执行单播、广播或多播通信处理。

在 PDU 会话建立期间，可以执行二次鉴权以验证和授权 UE 访问与 5G VN 组相关的 DNN。二次验证 DNN 的验证和授权意味着关联 5G VN 组的验证和授权。没有定义 5G VN 组特定的认证或授权。

同一 SMF 下关联 5G VN 组内基于 N6 的流量转发的 5G VN 通信支持三种业务连续性模式。

（2）支持 5G LAN 类型服务的三种 5G VN 通信方式

5G LAN 类型服务的 5G VN 通信有以下三种类型。

❍ 基于 N6

其中 5G VN 通信的 UL / DL 业务被转发到 DN 或从 DN 转发出去(参见图 7-13)。

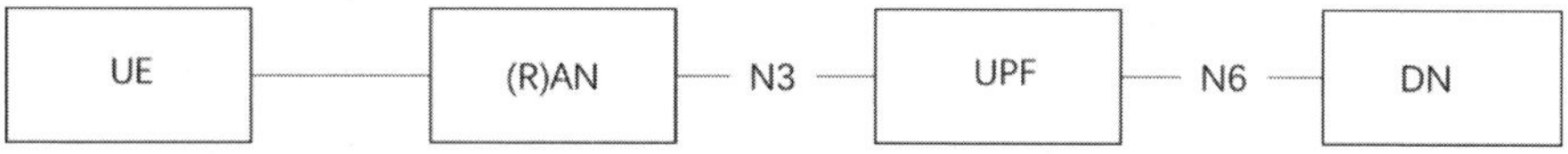

图 7-13　基于 N6 的 5G VN 通信

当基于 N6 的流量转发时，在创建 5G VN 组后，AF 可以通过提供标识流量的信息，适合选择的 DNAI 和可选的信息来影响 5G VN 组所有成员的流量路由。流量相关性的指示以及 5G VN 外部组 ID，用于标识发送到 PCF 的 AF 请求中的 5G VN 组。如果提供了业务相关性的可选指示，则意味着 5G VN 组成员 UE 的 PDU 会话应通过用户平面中的公共 DNAI 与业务相关联。PCF 将 AF 请求转换为适用于 5G VN 组的 PDU 会话的策略，并将该策略发送到 SMF。根据策略，SMF（重新）为 PDU 会话选择 DNAI，并配置其 UP 路径以将流量路由到选定的 DNAI。如果策略包括流量相关指示，则 SMF（重新）为 PDU 会话选择一个公共 DNAI，以便将 5G VN 组的流量路由到该公共 DNAI。

通过在发送给 PCF 的 AF 请求中提供标识流量的流量描述信息以及标识 5G VN 组的 5G VN 外部组 ID，AF 可以影响基于 N6 的特定流量转发。

PCF 将 AF 请求转换为适用于 5G VN 组的 PDU 会话的 PCC 规则，并将 PCC 规则发送到 SMF。根据 PCC 规则，SMF 会在组级别 N4 会话上生成并配置 N4 规则，以允许处理往/返 DN 的数据包。此外，SMF 应该根据 PCC 规则或本地策略中收到的用于处理目的地址未知的流量的指示，决定丢弃目的地址未知的流量或将其路由到 N6。

❍ 基于 N19

其中用于 5G VN 组通信的上行（UL）和下行（DL）通信通过 N19 在不同 PDU 会话的 PSA UPF 之间转发。N19 基于共享的用户平面隧道，实现对单一 5G VN 组内 PSA UPF 的共享（参见图 7-14）。

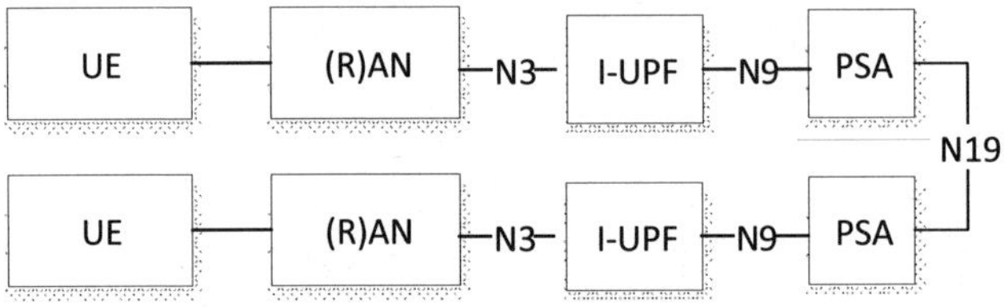

图 7-14　基于 N19 的 5G VN 组通信

在 PDU 会话建立期间为 5G VN 组选择新的 UPF 时，可以在新的 UPF 与属于 5G VN 组的其他 UPF 之间建立基于 N19 的隧道。当该 UPF 中没有 5G VN 组的 PDU 会话时，可以在 PDU 会话释放期间或之后释放 N19 隧道。在 UPF 上建立或释放 N19 隧道是在组级 N4 会话内执行的。

❍ 本地交换

如果该 UPF 是同一 5G VN 组的不同 PDU 会话的通用 PSA UPF，则流量由单个 UPF 在本地转发（参见图 7-15）。

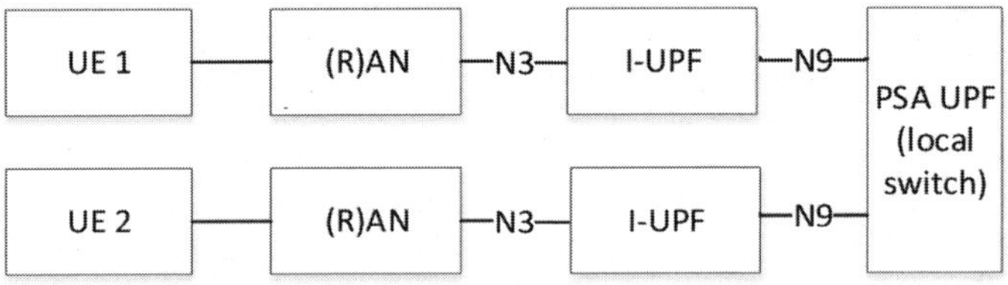

图 7-15　基于本地交换的 5G VN 组通信

7.3.3　对网元的功能要求

（1）AF

AF 需要分配外部组 ID 标识 5G VN 组，5G VN 组的外部组 ID 对应于一组唯一的 5G VN 组数据参数，且 AF 可以在提供初始配置之后的任何时间更新 5G VN 组的 UE 身份。

（2）NEF

为了支持 5G VN 组标识和成员资格的动态管理，NEF 需开放一组服务来管理（例如添加/删除/修改）5G VN 组和 5G VN 成员。NEF 还开放动态管理 5G VN 组数据的服务。NEF 向 UDM 提供 5G VN 组的外部组 ID、5G VN 组成员身份信息和 5G VN 组数据等信息。NEF 可以通过服务操作从 UDM 检索 5G VN 组的内部组 ID。

（3）UDM

UDM 需要为新创建的 5G VN 组分配内部组 ID，并支持外部组 ID 映射到内部组 ID；UDM 负责存储、更新、维护 UE 订阅数据的内部组 ID 列表、外部组 ID 到内部组 ID 映射关系、组成员列表和 5G VN 组数据（PDU 会话类型，DNN 和 S-NSSAI，应用程序描述符）。

如果 UE 是一个 5G VN 组的成员，则 UDM 从 UDR 检索 UE 订阅数据和相应的 5G VN 组数据，并为 AM 和 SM UE 订阅数据提供包含 5G VN 组数据的数据。

（4）PCF

PCF 需要为属于 5G LAN 组的每个 GPSI 向 UE 发送 5G VN 组配置信息（DNN，S-NSSAI，PDU 会话类型）。

（5）SMF

SMF 为尽可能多的 PDU 会话选择一个 PSA UPF（以相同的 5G VN 组为目标），以便在 UPF 上实现本地交换。SMF 能够在 PSA UPF 之间建立基于 N19 的隧道，以支持基于 N19 的流量转发。对于以太网 PDU 会话，SMF 可以指示 UPF 根据 VLAN 标签对帧进行分类，并在 N6 上接收和发送的帧上添加和删除 VLAN 标签。

7.3.4 应用案例

2019 年 4 月 11 日，中国移动与华为和百度一起在百度云智峰会上首次展示了 5G SA 架构下的基于 5G LAN 技术的 8K 实时图像采集、处理和播放（参见图 7-16）。8K 摄像头实时采集现场画面，经 5G 基站传回中国移动信息港 5G SA 核心网，通过同网段的百度服务器进行高速编/解码，并将处理后的 8K 高清视频下行传回会议酒店，实现实时展示。5G 网络利用 5G LAN 技术构建了从摄像头到网络再到百度云服务器的专用局域网。

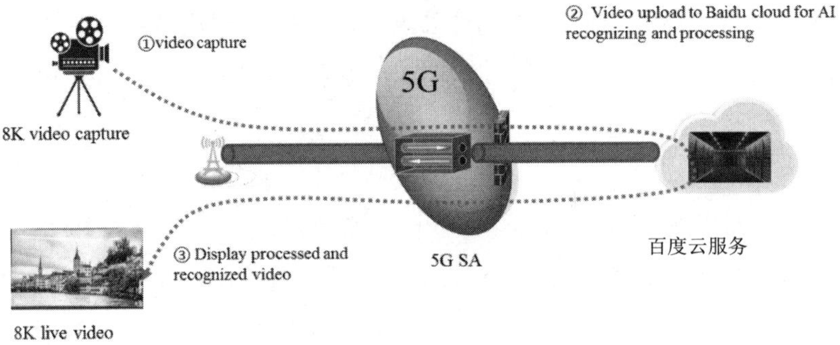

图 7-16 基于 5G LAN 技术的 8K 实时会议系统演示

7.4 非公共网络（NPN）

7.4.1 行业专网需求

2021 年，约超过 70%的企业都在生产环境中使用蜂窝移动网络来提高效率并获得收益。因此，移动运营商必须专注于在 5G 网络基础设施上获得新的盈利机会。5G 面向垂直行业而生，专网将成为服务行业客户的有效方式。5G 可以推动垂直行业的研发设计、生产控制、办公管理等环节的深刻变革，实现各行各业向智能化、服务化、高端化转型。经过前期对业务背景的调研，垂直行业对业务功能的需求不尽相同，体现在优先级，安全性和移动性等方面。表 7-2 展示了几个垂直行业典型场景的业务性能和指标需求。

表 7-2　垂直行业典型场景的业务性能和指标需求

行业	工业	工业	能源	交通	采矿	云办公	医疗
场景	移动机器人	AR 巡检	配电网三遥	远程驾驶	机器和车辆远程控制	云协同	远程会诊
带宽要求	一般小于 500Kbps，如果需要 AGV 视频回传，带宽 10Mbps~50Mbps	100Mbps	上行：512kbit/s ~ 2048kbit/s 下行：512kbit/s	上行 25Mbit/s 以上，下行 1Mbit/s	50Mbps~100Mbps	2Mbps	≥40Mbps
时延要求	10ms~100ms	20ms	信息采集类＜3 秒，控制类＜1s	<10ms	10ms~20ms	100ms	≤100ms
可靠性	99.9%以上	99.9%	99.999%	99.999%	99.999%	同大网要求	99.999%

以上调研数据取自 GTI 网络需求组的部分场景，从中可以发现不同行业客户需求差异较大，且各行业需求也各有侧重。因此对于行业客户，可采用专网形式提供网络服务，使服务模式更清晰，行业用户更易接受。为了满足行业应用的不同特性和需求，专网应具备以下能力。

一是功能可定制，网络功能性能、接入方式、服务范围、部署策略可定制。

二是质量可保证，按照垂直行业需求，满足其 SLA 服务质量要求。

三是建网需敏捷，部署短平快、成本低廉、随时按需调整。

四是网络可专用，当专网服务于有隔离性要求的特定应用场景时，可与其他网络相互隔离，互不影响。

7.4.2　独立非公共网络

（1）概述

独立部署的 NPN（Non-Public Network，非公共网络）架构如图 7-17 所示，它可以为垂直行业提供专属接入网络，通过中间网关等核心网设备实现和运营商网络的互通，适用于数据保密性高、有专属基站接入需求的工厂或企业。

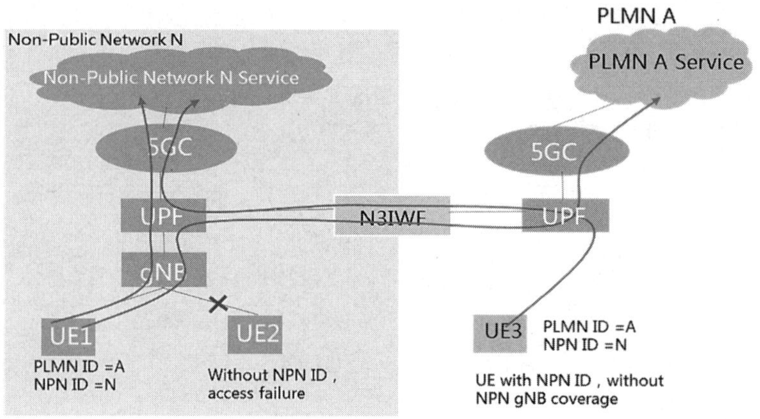

图 7-17　NPN 架构

对于独立部署的 NPN，核心网会分配 NPN ID，无线网广播 PLMN+NPN ID，只有携带 NPN ID 的终端才可以接入网络，否则不能接入。NPN 可以通过 N3IWF（Non-3GPP InterWorking Function）接入 5G 网络。

（2）标识

SNPN 由 PLMN ID 和网络标识符（NID）的组合进行标识。SNPN 使用的 PLMN ID 不要求唯一，可以保留供私有网络使用的 PLMN ID，例如，基于国际电联分配的移动国家代码（MCC）999；或者 PLMN 运营商可以将自己的 PLMN ID 与一个或多个 NID 组合，用于标识 SNPN。在这种情况下，SNPN 不依赖于 PLMN 提供的网络功能，不支持 SNPN 用户在 PLMN 中进行注册，也不支持 PLMN 和 SNPN 之间的移动性。

SNPN 的 NID 应支持以下两种分配模式。

一是自定义分配。NID 是由 SNPN 运营商在部署时单独选择的（因此可能不是唯一的），所使用的编号空间与 3GPP TS 23.003 中定义的统一分配 NID 的编号空间不同。

二是统一分配。使用以下两个选项之一分配 NID：a.所分配 NID 独立于所使用的 PLMN ID，在全球范围内是唯一的；b.所分配 NID 与 PLMN ID 的组合是全球唯一的。

对应每一个 NID，有一个可读的网络名称作为可选项，有助于在手动选择 SNPN 期间标识 SNPN。

（3）广播系统信息

提供对 SNPN 的访问权限的 NG-RAN 节点广播以下信息：一个或多个 PLMN ID；每个 PLMN ID 对应的 NID 列表，用于标识 NG-RAN 提供的非公共网络访问；（可选）每个 NID 的可读网络名称（可选）；此外，还可以包括其他信息，如无线资源控制信息（例如 RAN Area Code、cellReservedForOperatorUse 等），以防止不支持 SNPN 的 UE 访问该小区。这些信息用于标识该小区仅提供对非公共网络的访问。

（4）UE 配置和签约

对于通过 PLMN ID 和 NID 组合标识的每个 SNPN 用户，启用 SNPN 功能的 UE 配置相应的用户标识符（SUPI）和可信凭证。

SNPN 的用户：由包含网络特定标识符的 SUPI 所标识，该标识符基于 RFC 7542 网络访问标识符（NAI）格式，在 3GPP TS 23.003 第 28.7.2 节中定义。NAI 的域部分可以包括 SNPN 的 NID；也可以包含 IMSI（国际移动用户身份）的 SUPI 标识。

启用 SNPN 功能的 UE 支持 SNPN 接入模式。在设置 UE 为 SNPN 接入模式时，UE 仅通过 Uu 接口选择 SNPN 并向 SNPN 注册。SNPN 接入模式不支持紧急服务。

如果没有将 UE 设置为 SNPN 接入模式，即使它已启用 SNPN 功能，UE 也不会选择 SNPN 并向 SNPN 注册。未设置为 SNPN 接入模式运行的 UE 执行 3GPP TS 23.122 第 4.4 节中定义的 PLMN 选择过程。对于能够同时连接到 SNPN 和 PLMN 的 UE，SNPN 接入模式的设置仅被应用于连接 SNPN 的 Uu 接口。

（5）独立非公共网络模式下的网络选择

当 UE 被设置为以 SNPN 接入模式运行时，UE 不会执行 3GPP TS 23.122 第 4.4 节中定义的常规 PLMN 选择过程。以 SNPN 接入模式操作的 UE 从广播系统信息中读取可用的 PLMN ID 和可用的 NID 列表，用于网络选择。

对于自动网络选择，具有 SUPI 和可信凭证的 UE 选择相应的以 PLMN ID 和 NID 标识的可用 SNPN 并尝试注册。具有多个 SUPI 和可信凭证的 UE，如果存在多个可用的对应 SNPN，由 UE 决定 SNPN 选择和注册的优先级。

对于手动网络选择，支持 SNPN 接入模式的 UE，如果具有多个 SUPI 和可信凭证，将向用户提供 NID 列表以及相应的可用 SNPN 的名称。

当 UE 对 SNPN 执行初始注册时，UE 应向 NG-RAN 指示所选择的 NID 和相应的 PLMN ID。NG-RAN 应将选择的 PLMN ID 和 NID 通知 AMF。

（6）网络接入控制

对于由 PLMN ID 和自定义分配的 NID 标识的 SNPN，如果 UE 在其中执行注册或服务请求，而 SNPN 中没有该 UE 的用户信息，则 AMF 将拒绝 UE 请求，并使用适当的原因代码来暂时阻止该 UE 再次自动选择并向同一个 SNPN 注册。

对于由 PLMN ID 和统一分配的 NID 标识的 SNPN，如果 UE 在其中执行注册或服务请求，而 SNPN 中没有该 UE 的用户信息，则 AMF 将拒绝 UE 请求，并使用适当的原因代码以永久阻止 UE 再次自动选择并向同一个 SNPN 注册。

为了在网络拥塞/过载的情况下防止授权 UE 访问 SNPN，统一访问控制信息是针对每个非公共网络配置的（即作为给定非公共网络的 UE 用户信息的一部分）。

（7）独立非公共网络模式下的小区选择（重选）

在 SNPN 接入模式下，UE 仅选择广播消息中指定的 SNPN 网络的 PLMN ID 和 NID 对应的小区和网络。

（8）通过非独立公共网络接入 PLMN 业务

在 SNPN 网络注册的 UE 可以通过 SNPN 网络以非受信任的非 3GPP 方式接入 PLMN 网络。SNPN 网络的 QoS 差异化可以通过 UE 请求的或者网络侧请求的 PDU 会话修改流程，在每个 IPsec 子 SA（Security Association，安全关联）基础上实现。在 PLMN 网络中，N3IWF 负责决定 IPsec 子 SA，PLMN 网络可预配置 N3IWF，以便为不同 QoS 配置的 QoS 流量分配不同的 IPsec 子 SA。

为了支持 SNPN 网络中的 QoS 差异化，假定 SNPN 和 PLMN 网络之间的映射规则受 SLA 约束，包括：1）NWu 接口上的 IPsec 子 SA 中的 DSCP 标记与对应的 QoS 之间的映射，这些 QoS 是 PLMN 的需求并期望由 SNPN 网络提供；2）PLMN 网络中

N3IWF 的 IP 地址。此外，还假设 NWu 接口上的 DSCP 字段不会改变 SLA 和 3GPP 范围外的传输域的规划约束。SNPN 网络中的报文检测过滤器可以基于 N3IWF 的 IP 地址以及 NWu 接口上的 DSCP 标记完成。

为了在 SNPN 网络中支持 UE 请求的 QoS 差异化，UE 可以利用 PLMN 网络提供的 5QI，在 SNPN 网络中请求一个具有相同 5QI 的 IPsec SA 。假设仅当 PLMN 网络使用的是标准 5QI 时，才会应用 UE 请求的 QoS 流程。请求的 QoS 规则中的报文检测过滤器可以基于 N3IWF 的 IP 地址和 IPsec SA 关联的 SPI 进行配置。

（9）通过 PLMN 接入独立非公共网络业务

在 PLMN 网络注册的 UE 可以通过 PLMN 网络以非受信任非 3GPP 方式接入 SNPN 网络。

PLMN 网络的 QoS 差异化可以通过 UE 请求或网络侧请求的 PDU 会话修改流程，在每个 IPsec 子 SA 基础上实现。在 SNPN 网络中，N3IWF 负责决定 IPsec 子 SA，且 SNPN 网络可预配置 N3IWF，为使用不同 QoS 配置的流量分配不同的 IPsec 子 SA。

为使网络触发的 QoS 流程在 PLMN 网络中支持 QoS 差异化，假定 PLMN 和 SNPN 网络之间的映射规则受 SLA 限制：1）NWu 接口上的 IPsec 子 SA 中的 DSCP 标记与对应 QoS 之间的映射，这些 QoS 是 SNPN 网络的需求并期望由 PLMN 网络提供；2）SNPN 网络中 N3IWF 的 IP 地址。此外，假定 NWu 接口上的 DSCP 字段不会变更 SLA 及 3GPP 范围之外传输层协议保障。PLMN 网络中的报文检测过滤可以基于 N3IWF 的 IP 地址和 NWu 接口上的 DSCP 标记进行。

为了在 PLMN 网络中支持 QoS 差异化，UE 可以利用 SNPN 网络提供的 5QI，向 PLMN 网络请求相同 5QI 的 IPsec SA。假设只有当 SNPN 网络使用的 5QI 为标准 5QI 时，才会采用 UE 请求的 QoS 流程。请求的 QoS 规则中的报文检测过滤器可以基于 N3IWF IP 和 IPsec SA 关联的 SPI 进行配置。

7.4.3 PLMN 公网集成非公共网络

（1）概述

PLMN 公网集成非公共网络（PNI-NPN）是指通过 PLMN（如使用专用 DNN 或为非公共网络分配的一个或多个网络切片实例）提供的非公共网络。当非公共网络经由 PLMN 提供时，UE 需要签约为 PLMN 用户（见图 7-18）。

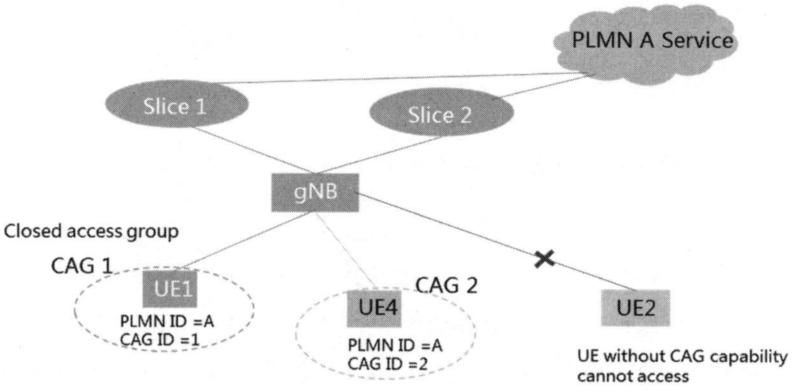

图 7-18　PNI-NPN 网络架构图

基于公网的 NPN 可以通过网络切片或者 CAG 等技术实现网络资源隔离，限制非垂直行业终端尝试接入专用基站或频段，保障行业客户的资源独享。CAG 技术典型适用于不同企业或园区通过频段隔离，共享接入基站。CAG 标识一组允许接入与该 CAG 关联的一个或多个 CAG 小区的用户。

CAG 用于 PNI-NPN 网络，以防止未签约 CAG 的 UE 通过自动选择接入关联的小区，进而接入非公共网络。CAG 在网络/小区选择时进行授权，并作为用户签约中移动限制的一部分进行配置，即不依赖于任何 S-NSSAI。CAG 不作为 AMF 选择或网络切片选择的输入。如果需要非公共网络隔离，运营商可通过为 PNI-NPN 部署网络切片，为特定非公共网络配置专用的 S-NSSAI，并限制非公共网络的 UE 签约这些专用的 S-NSSAI。

（2）标识

CAG 由 CAG 标识符进行标识，该标识符在一个 PLMN（公共陆地移动网络）的范围内是唯一的；一个 CAG 小区会广播该 PLMN 内的一个或多个 CAG 标识符。此外，CAG 小区还可以为每个 CAG 标识符广播可显示的网络名称。每个 CAG 标识符的可显示网络名称仅在用户请求手动选择 CAG 时，才会向用户显示。

（3）UE 配置、签约和存储信息

为了支持 CAG，可以通过以下 CAG 信息对 UE 进行预配置或（重新）配置。这些 CAG 信息包含在签约数据中，作为接入限制的一部分：允许的 CAG 列表，即允许 UE 接入的 CAG 标识符的列表；和（可选的）CAG-only 指示，用于指示是否仅允许 UE 通过 CAG 小区接入 5G 网络。HPLMN 可以通过 UE 配置更新过程，为 UE 预配置或重新配置上述 CAG 信息。

上述 CAG 信息由 HPLMN 根据每个 PLMN 单独提供。在 PLMN 中，UE 仅应考虑为此 PLMN 提供的 CAG 信息。UE 应为每个 PLMN 存储最新的有效 CAG 信息，并在注销或关机时继续保留。当移除 USIM 卡时，应删除 CAG 信息。CAG 信息不涉及 UE 是否以及如何通过非 3GPP 方式接入 5G 网络。

（4）网络和小区选择及接入控制

CAG 小区应广播信息，以确保只有支持 CAG 的 UE 才能接入该小区。为了防止在网络拥塞/过载的情况下，授权 UE 接入非公共网络，可使用现有的控制面负载控制、拥塞和过载控制机制，以及接入控制和禁止功能，还可使用基于接入类别的统一接入控制。移动性限制应能够根据签约中配置的允许 CAG 列表限制 UE 的移动性，并指示是否仅允许 UE 接入 CAG 小区（如果在签约中配置）。

在 UE 从空闲态过渡到连接态期间，如果 UE 正通过 CAG 小区接入 5G 网络，AMF 必须验证 UE 的接入权限。如果 NG-RAN 传送的 CAG 标识符属于 UE“允许的 CAG”列表，则 AMF 接受 NAS 请求；如果 NG-RAN 传送的 CAG 标识符不在 UE“允许的 CAG”列表中，则 AMF 拒绝 NAS 请求，并告知适当的原因值。UE 将从其“允许的 CAG”列表中删除该 CAG 标识符（如存在）。然后，AMF 将触发 AN 释放流程，释放 UE 的 NAS 信令连接。如果 UE 正通过非 CAG 小区接入网络，并且 UE 的签约信息中包含仅允许 UE 接入 CAG 小区的指示，则 AMF 会使用适当的原因代码拒绝

NAS 请求，同时 UE 更新其本地配置。之后，AMF 将再次通过触发 AN 释放流程释放 UE 的 NAS 信令连接。

从“RRC 非激活”状态过渡到“RRC 连接”状态期间，当 UE 在 CAG 小区中并启动 RRC 恢复过程，使 RRC 从非激活状态转移到连接状态时，如果 CAG 小区支持的所有 CAG 标识符均不在 UE 的允许范围内，则 NG-RAN 将拒绝来自 UE 的 RRC 恢复请求。当 UE 在非 CAG 小区中并启动 RRC 恢复过程，使 RRC 从非激活状态转移到连接状态时，如果仅允许 UE 通过 CAG 小区接入，则 NG-RAN 将拒绝 UE 的恢复请求。

在连接模式移动性过程中，根据从 AMF 收到的移动性限制，如果目标小区是一个 CAG 小区，并且该 CAG 小区所支持的 CAG 标识符都不是 UE 所允许的 CAG 列表的一部分，则源 NG-RAN 不得将 UE 切换到目标 NG-RAN 节点；如果只允许 UE 接入 CAG 小区，则源 NG-RAN 不得将其切换到非 CAG 小区；如果目标小区是 CAG 小区，并且该 CAG 小区所支持的 CAG 标识符，都不是移动性限制列表中 UE 允许的 CAG 列表的一部分，则目标 NG-RAN 应拒绝基于 N2 的切换过程；如果目标小区是非 CAG 小区，并且基于移动性限制列表，该 UE 仅被允许访问 CAG 小区时，则目标 NG-RAN 应拒绝基于 N2 的切换过程。

在移动性限制更新过程中，当 AMF 从 UDM 接收到 Nudm_SDM_Notification，并且确定允许的 CAG 列表，或 UE 是否仅允许接入 CAG 小区的指示发生变化时，AMF 将相应地更新 UE 和 NG-RAN 中的移动性限制。一旦收到 AMF 的移动限制信息，NG-RAN 将确认 UE 当前是否正在访问 CAG 小区。如果 CAG 小区支持的 CAG 标识符已从允许的 CAG 列表中移除，或 UE 当前正在访问非 CAG 小区且订阅中指示 UE 仅允许访问 CAG 小区，则 NG-RAN 应启动相应操作（如切换或释放），以确保 UE 不再由当前小区服务。

（5）CAG 小区支持紧急呼叫

对于支持 CAG 的 UE，无论是正常注册还是紧急注册，CAG 小区均支持紧急服务。支持 CAG 的 UE 可以在有限服务状态下，驻留在可接受的 CAG 小区上。对紧急服务的支持要求该小区仅连接到支持紧急服务的 AMF。

在切换到 CAG 小区的过程中，如果未授权 UE 接入目标 CAG 小区并具有紧急服务，则目标 NG-RAN 节点仅接受紧急 PDU 会话，并且目标 AMF 释放非紧急 PDU 连接。切换完成后，UE 表现为紧急注册。

7.4.4　对网元功能要求

（1）AMF

针对 SNPN，在注册流程或业务请求流程中，当 AMF 从 NG-RAN 接收的 N2 parameters 中包含 PLMN ID 或者 PLMN ID 与 NID 的组合时，会根据该 SNPN 中是否有该 UE 的用户信息，确定是否接受或拒绝 UE 的注册请求或业务请求。

针对 PNI-NPN，在注册流程中，AMF 需要支持如下功能。

1）当从 NG-RAN 接口接收的 N2 消息中包含 CAG ID 时，AMF 会根据从 UDM 获取的用户接入和移动性签约数据，判断是否接受该注册请求；

2）当签约数据中包含 CAG 信息时，AMF 将接受该注册请求，并通过 N2 接口将允许的 CAG 列表及可选的 CAG-only 指示的移动限制信息发送给 NG-RAN，同时通过 N1 接口发送给 UE。

从 UDM 接收发生变化的 CAG 信息后，AMF 应更新 UE 和 NG-RAN 的移动限制信息。当 UE 从空闲态转换为连接态时，如果 UE 通过 CAG 小区接入 5G 系统，则 AMF 根据移动限制信息验证是否允许该 UE 接入。

（2）UDM

针对 PNI-NPN 场景，UE 需要在 PLMN 网络中进行签约。如 7.4.3 节所述，新引入了 CAG 标识。UDM 需在接入和移动性签约数据中支持 CAG 信息的签约，包括允许的 CAG 列表（包含一组允许 UE 接入的 CAG 标识）；CAG-only 指示（用于标识 UE 只能通过 CAG 小区接入 5G 系统）。

在 UE 注册过程中，AMF 从 UDM 获取签约数据，如果 UE 签约了 CAG 信息，UDM 将包含 CAG 信息的签约数据返回 AMF。

根据运营商的策略，可以修改 UE 在 UDM 上的签约数据，UDM 通过订阅数据更新通知消息通知网络侧签约数据更新。

7.4.5 5G 移动通信非公共网络概述

3GPP SA2 工作组在设计专网的网络架构时，提出了非公共网络（NPN）的概念，NPN 是通过非授权频谱或授权频谱创建的专有网络，以支持企业通信和工业以太网等典型场景，是移动网络扩展到行业领域的重要技术。在 R16 阶段的 NPN 研究中，定义了独立部署的 NPN 和公网集成的 NPN，对于独立部署的 NPN（SNPN），会给行业终端分配 NPN ID，并通过 RAN 广播 PLMN+NPN ID，终端基于 PLMN+NPN ID 进行网络选择、小区选择和接入控制，并支持与 PLMN 的业务互通。对于公网集成 NPN（PNI-NPN），引入 CAG（Closed Access Group，闭区域接入组）的概念，以保障行业客户独享无线资源。RAN 广播 PLMN 和 CAG ID，终端基于 CAG ID 执行网络选择和小区选择，AMF 根据终端的签约信息，最终判断终端能否接受该小区服务。

SNPN 和 PNI-NPN 均基于 5G 系统架构，目前仅支持通过 3GPP 接入连接到 SNPN。SNPN 不支持与 EPS 系统的互操作，不支持紧急业务。同时，SNPN 网络之间不支持漫游和切换。

5G 多运营商共享网络支持以下几种非公共网络参与的场景：NG-RAN 由多个 SNPN 共享；NG-RAN 由一个或多个 SNPN 与一个或多个 PLMN 共享；NG-RAN 可由一个或多个使用 CAG 的 PNI-NPN 与一个或多个 SNPN 共享；NG-RAN 可由一个或多个 PLMN 与一个或多个使用 CAG 的 PNI-NPN 共享。

在所有非公共网络共享场景中，每一个 cell ID 和下列配置之一关联：一个或多个 SNPN；一个或多个使用 CAG 的 PNI-NPN；仅限一个或多个 PLMN。

7.5　时间敏感网络（TSN）

7.5.1　行业需求

5G 时代，垂直行业对网络确定性提出明确诉求，服务垂直行业成为 5G 网络发展的重点方向。与个人用户相比，行业客户在带宽、时延、抖动、可靠性、同步精度方面提出了明确的业务体验需求及质量保障要求。例如，在工业制造领域的闭环控制场景中，端到端时延要求为 10ms，抖动要求为±0.5ms，可靠性要求在 99.9999%到 99.999999%之间；在运动控制场景中，端到端时延要求为 2ms，抖动要求为±500ns，可靠性要求在 99.9999%到 99.999999%之间。如在电力能源领域的分布式配电自动化场景中，时间同步精度小于 1μs，网络端到端时延要小于 12ms。这些要求都已明确写入 3GPP SA1 需求标准（TS 22.104）。

但是目前移动网络无法提供“确定保障”，原因在于：（1）移动网络本身的局限性。移动网络提供的是无线传输服务，与有线传输相比，更易受环境影响，传输质量更难保障。空口资源紧缺，只能通过“尽力而为”的调度满足数据传输要求。（2）网络尚未完成彻底虚拟化，对于物理设备而言，资源的预留或独占是极大的浪费。网络资源无法根据业务流量特征进行动态调整，导致运营商缺乏驱动力来保障稳定业务体验；（3）缺乏端到端的确定性保障机制。移动网络的 QoS 本质是资源抢占，但只要有资源冲突，就存在数据处理的不确定，设置高优先级 QoS 仅提高了资源抢占的概率，无法保障稳定的业务体验。

可以看到，移动网络已经从 2G 至 4G 时代以人为中心的消费互联网，逐步转向 5G 时代的服务垂直行业的产业互联网。网络功能从提供大带宽、广覆盖、支持广域互联和视频娱乐，发展为提供覆盖确定、连接确定、时延确定、安全确定的质量可保障的网络。5G 正逐渐成为工业互联网、能源物联网和车联网的技术基础，并推动产业升级与发展。5G 确定性网络已成为通信技术与运营技术融合发展的必然方向。因此，在 3GPP R16 版的 5G 标准研究中，引入了时间敏感网络（Time-Sensitive Networking，TSN）技术，使 5G 网络在有确定性需求的场景时能够提供确定性的服务。

7.5.2 TSN 起源

TSN 起源于 IEEE。IEEE 802.1 工作组于 2007 年创建了音频视频桥接（AVB）任务组，旨在用以太网取代家庭中的 HDMI、扬声器和同轴电缆。随着 IEEE 802.1AVB 标准在广播工作室、体育场馆和娱乐场所的成功应用，这项技术开始吸引工业界和汽车行业的关注。

2012 年，IEEE 802.1AVB 任务组更名为 TSN 任务组。TSN 标准扩展了 AVB 的技术，具有时间同步、时延保证等确保实时性的机制，成为新一代以太网协议。TSN 标准从时间同步、流量调度和整形、可靠性、配置管理四个方面定义了 26 个网络协议，其中优先被业界考虑应用的协议包括：时间同步 802.1AS、门控调度 802.1Qbv、入端口流量管理协议 802.1Qci，配置管理 802.1Qcc。IEEE TSN 任务组诞生了许多标准，但绝大部分是针对第二层网络（数据链路层）的。

7.5.3 5G TSN 标准关键技术

（1）TSN 时间同步

为了支持 TSN 时间同步，5G 系统和外部网络集成充当一个 TSN 桥（见图 7-19）。根据 3GPP TS 22.104 的规定，它应该被建模为符合 IEEE Std 802.1AS 标准的实体。为了实现 TSN 时间同步，整个端到端 5G 系统可以被视为一个符合 IEEE Std 802.1AS 标准的“时间感知系统”。仅在 5G 系统的边缘，TSN 转换器（TT）需要支持 IEEE Std 802.1 AS 操作。UE、gNB、UPF、NW-TT、DS-T 等网络元素的时钟同步依赖于 5G GM，该时钟应确保这些网络元素的时间一致性。TT 位于 5G 系统的边缘，执行与 IEEE Std 802.1 AS 相关的功能，如 gPTP 支持、时间戳和比特率管理等。图 7-19 展示了 5G 和 TSN 主时钟（TSN GM）通过 5G 系统进行分布的模型。

图 7-19 描述了 5G 系统同步和 TSN 领域同步两个同步系统，也包括了当 TSN GM 在 TSN 工作域中涉及的 M（主）和 S（从）端口。5G 系统同步用于 NG RAN 的同步机制。5G RAN 的同步在 3GPP TS 38.331 中有详细描述。TSN 领域同步提供 TSN 网络的同步服务，遵循 IEEE Std 802.1 AS 的标准。两个同步过程可以视为彼此独立，gNB 只需要与 5G GM 保持同步。为了实现 TSN 域的同步，5G 系统负责计算并将转换器

之间测量的延迟时间填入 TSN 工作域同步报文的校正字段中。

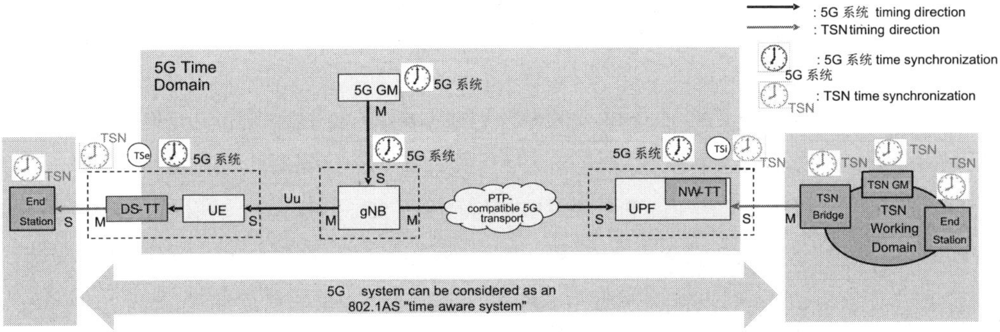

图 7-19　5G 系统同步和 TSN 领域同步

5G 系统桥的 PTP 接口状态在 DS-TT 和 NW-TT 本地配置，遵循如下规则：对于 DS-TT 端口，PTP 端口状态为所有 gPTP 域的主端口；当 TSN GM 是 5G 系统外部时，某个 NW-TT 端口（每个 gPTP 域）为从端口状态，同时该 gPTP 域内其他 NW-TT 端口的 PTP 端口状态可能为被动端口或者主端口；当 5G 系统配置为 gPTP 域的主时钟（即 5G GM）时，所有的 NW-TT 端口都为该 gPTP 域的主端口状态。

5G 内部系统时钟应由 5G 系统中所有用户面节点（UPF 和 NW-TT）获取。UPF 和 NW-TT 可以通过兼容 PTP 的传输网络获取 5G 内部系统时间，但该机制不在 3GPP 规范范围内。5G 内部系统时钟应能够被 UE 获取，同时 UE 还应接收到有关无线帧绝对时间的时间信息的指令。UE 应向 DS-TT 提供 5G 内部系统时钟。

根据收到的下行 gPTP 消息，NW-TT 为每个 gPTP 事件（同步）消息记录一个入口时间戳（TSi），并利用 gPTP 消息负载（包含一步操作的同步消息和两步操作的跟进消息）中的累计比特率来计算从 TSN GM 中上行流 TSN 节点（gPTP）流出的链路时延，具体方法参照 802.1AS 标准。NW-TT 接下来计算新的累计比特率（即 5G 系统的累计比特率），并对 gPTP 消息负载（包含一步操作的同步消息和两步操作的跟进消息）做如下修改：将来自 TSN GM 的上行 TSN 节点的链路时延添加到修正字段中；用新的累计比特率替换从上行流 TSN 节点收到的累计比特率；在 gPTP 包的后缀领域中增加时间戳。

UPF 接下来将 gPTP 消息从 TSN 网络转发到 UE，并通过 UE 向 TSN 网络中已经建立的所有 PDU 会话进行传递。所有 gPTP 消息都通过 QoS 流传输，并符合停留时间的上限要求。UE-DS-TT 的停留时间和 QoS 流的 PDU 总和必须低于时间感知系统的上限要求。

一个 UE 收到 gPTP 消息并转发给 DS-TT，DS-TT 随后创建出口时间戳（TSe）。TSe 和 TSi 的区别在于，TSe 反映了该 gPTP 消息在 5G 系统内经过的处理和传输时间（5G 系统时延）。DS-TT 用 gPTP 负载中的比特率将 5G 系统里的停留时间转化成 TSN GM 时间，并修改 gPTP 消息中的负载，然后发送给下行 TSN 节点，遵循以下规则：将计算出的 TSN GM 时间加入修正字段，并删除包含 TSi 的后缀字段。

每个 TSN 工作域都会发送自己的 gPTP 消息。这些消息通过以太帧传输，帧内携带特定的 gPTP 多播以太网目的 MAC 地址，同时，gPTP 消息中包含一个特别的 PTP "domainNumber"来指示其对应的时间域。NW-TT（网络时间传输器）为所有域的 gPTP 事件消息生成 TSi，并转发全域的 gPTP 消息给 UE。

UE 收到 gPTP 消息后，将其转发给 DS-TT。DS-TT 通过一个或多个 TSN 工作域的 gPTP 消息，接收到初始 TSN GM 时间信息和对应的 TSi。接下来，DS-TT 为每个额外的 TSN 工作域的 gPTP 消息生成 TSe，入口和出口时间戳是基于 NW-TT 和 DS-TT 的 5G 系统时钟生成的。终端设备可基于 gPTP 消息中的"domainNumber"来选择感兴趣的 TSN 时间信息。

上述时间同步的进程会在每个 TSN 工作域中，在 DS-TT 和 NW-TT 之间重复。如果所有的 TSN 工作域能够同步，且由 5G 时钟提供同步，则 NW-TT 输出端口通过 gPTP 消息将 5G 时钟传播到连接的 TSN 网络（即 5G 系统服从时间感知系统，在这种情况下它是所有 TSN 工作域的主时钟）。3GPP R16 版本支持多个 gPTP 域，TSN AF[①] 不参加 gPTP 时间同步处理。如果一个 5G 系统 TSN 桥支持流网关和或传输网关，那么这些网关将基于现有的单一 gPTP 域进行操作。

（2）TSN 周期确定的 QoS

TSN 的周期性、确定性 QoS 允许 5G 系统支持周期性确定的通信。它支持流量特征已知的情况，并且通过额外协议（在 3GPP 规范范围外）规划从 UE 到下行流节点

① TSN Application Function，TSN 应用功能。

或从 UPF 到一个上行节点的通信，包括以下特点。

- 提供 TSC（Time-Sensitive Communication，时间敏感通信）辅助信息，描述上下行方向流量的 TSC 流在 gNB 入口和 UE 出口接口上的流量模式；
- 支持 DS-TT 和 NW-TT 的保存转发缓存机制，以消除跨越 5G 系统的抖动。

（3）TSC 辅助信息

本节假设 PSFP 信息由 CNC（Central Network Controller，集中式网络控制器）提供。如果 TSN AF 已经声明 CNC 支持 PSFP，那么 PSFP 信息可能由 CNC 提供。只有当 5G 系统桥的所有 DS-TT 和 NW-TT 端口都支持 PSFP 时，TSN AF 才会指示支持 PSFP 到 CNC。如果 5G 系统不支持 PSFP 和/或 CNC 超出本规范范围，则派生 TSC 辅助信息。

TSC 辅助信息描述了用于 5G 系统的 TSC 流量特点。利用 TSN 流量模式的知识，gNB 可以更有效地通过配置授权、半持久授权或动态授权来调度周期性的、确定性的流量。TSC 辅助信息是由 SMF 提供给 5G-AN 的，例如在 QoS 流建立过程中。TSC 辅助信息参数是根据从 TSN AF 获取的相关参数设置的。TSN AF 可能会鉴别入口端口和相关的 PDU 会话。

TSN AF 接口面向 CNC，管理 PSFP 实体和部署在 DS-TT 和 NW-TT 上的 PSFP 功能。当 PSFP 信息由 CNC 提供时，TSN AF 可以从 PSFP 配置中提取相关参数。TSN AF 会根据输入端口和周期性的突发到达时间等信息，计算流量模式参数。TSN AF 还获得了规定的流向。TSN AF 负责将 TSC 辅助容器中的这些参数通过 PCF 转发给 SMF。如果 TSN 流属于相同的流量类别、终止在相同的出口，并且具有相同的周期性和兼容的突发到达时间，TSN AF 可以将 TSN 流进行聚合。对于多个 TSN 流，TSN AF 计算出一组参数和一个容器，以便将这些 TSN 流聚合到相同的 QoS 流。关于 TSN 流聚合的进一步细节（包括确定兼容的突发到达时间，以实现 TSN 流的有效聚合）仍有待实现。

在这种情况下，TSN AF 为聚合的 TSN 流创建一个 TSC 辅助容器，SMF 将把 PCC 规则与 TSC 辅助容器绑定在一起，SMF 根据每个 QoS 流导出 TSCAI，并将其发送给

5G-AN。信号到5G-AN的突发到达时间和TSC辅助信息的周期性分量是根据5G时钟确定的。SMF负责根据UPF测量和报告的TSN时间与5G系统时间之间的时间偏移和累积速率，将突发到达时间和周期从TSN时钟映射到5G时钟。

SMF中TSC辅助信息参数的确定如下。

1）对于下行方向的流量，SMF根据UPF最新接收到的时间偏移量校正TSN辅助容器中的突发到达时间，并将TSC辅助信息突发到达时间设为修正值与CN PDB之和，表示数据突发的第一个包到达AN时的最新可能时间；

2）对于上行方向的流量，SMF根据UPF接收到的最新时间偏移量，对TSN辅助容器中的突发到达时间进行校正，设置TSC辅助信息突发到达时间为修正值与UE-DS-TT停留时间之和，表示数据突发的第一个包到达UE出口时的最新可能时间。

SMF通过先前从UPF收到的累计比率来修正TSN辅助容器的周期，并将TSC辅助信息周期设置为修正值；SMF将TSC辅助信息流动方向设置为TSN辅助容器中的流动方向。

为了让TSN AF获取突发到达时间，在每个TSN流的基础上实现周期性操作，支持IEEE Std 802.1Q的每流过滤和监管功能（PSFP）中的流门控制操作是一个先决条件。

当TSN GM和5G GM之间存在时间偏差时，UPF使用3GPP TS 23.502在4.4.3.4节中定义的N4报告程序，将偏移量更新至SMF。在TSN时间和5G时间之间发生累积速率变化时，UPF使用3GPP TS 23.502中4.4.3.4节定义的N4报告程序，将累积速率更新给SMF。随后，SMF可能触发PDU会话修改，以便将TSC辅助信息参数更新至NG-RAN，而不需要与UE进行AN或N1层的特定信令交换。

为了防止UPF的频繁更新，UPF仅在当前测量和之前报告的测量之间的差异大于3GPP TS 23.502中4.4.3.4节所描述的阈值时，才发送偏移量或累积速率。

（4）TSC QoS流

TSC QoS流使用延迟关键GBR资源类型和TSC辅助信息。TSC QoS流可使用3GPP TS 23.501中5.7.2节规定的标准化5QIs、预配置的5QIs或动态分配的5QI值（这需要将 QoS 特性信令作为 QoS 概要的一部分）。在每个周期实例内（由周期值定义），5G-AN PDB 中要求 TSC QoS 流只传输一个最大的 MDBV 突发。TSC 辅助信息中提供的已知 QoS 流业务特性可用于优化 5G 系统中的调度。

以下内容适用于为 TSC QoS 流定义的 QoS 配置文件。

- TSC 突发大小可用于设置 MDBV 的规则如下：最大 TSC 突发大小被认为是一段时间内的最大数据量，它的值等于为该流量类设置的 5QI 对应的 5G-AN PDB 值。TSC 突发大小的最大值应该映射到 MDBV，其对应的 5QI 值需等于或高于此映射标准。该 5QI 还需具备一个满足相应流量类型桥接延迟要求的 PDB 值。对于 TSC QoS 流，其聚合 TSC 流的最大突发大小可以类似地映射到 MDBV 值，且该 MDBV 值需等于或高于对应的 5QI，同时，该 5QI 的 PDB 应满足所报告的桥接延迟要求。
- PDB 被明确地划分为 5G-AN PDB 和 CN PDB。为了计算 5G 系统接口上的期望数据包传输时间，需要单独考虑延迟预算。对于 TSC QoS 流，5G-AN PDB 的值设置为 3GPP TS 23.501 中 5.7.3.4 节所规定的 5QI PDB 减去 CN PDB 的值。CN PDB 可以是静态值，也可以是动态值，具体取决于 5G 系统网桥的实现方式。
- TSN AF 计算的最大流量比特率可用于设置 GBR。在本例中，MBR 被设置为等于 GBR。
- ARP 设置为预配置值。

（5）保持和转发缓冲机制

当 5G 系统透明地作为 TSN 网络中的桥梁设备参与时，DS-TT 端口和 NW-TT 端口应支持 IEEE Std 802.1Q-2018 中定义的“保持和转发”机制来调度流量。也就是说，该规范中的“保持和转发”缓冲机制提供了外部可观测的行为，支持最多 8 个队列，并在受保护的时间窗口内调度流量。帧只有在相应的传输门开启的时间间隔才能从指定的缓冲区传输，否则将被阻止（相当于传输门关闭）。受保护的窗口机制意味着在任何时刻只有一个传输门处于开启状态。因此，“保持和转发”缓冲机制允许基于 PDB

的 5G 系统 QoS 用于 TSC 流量的调度。

为了通过受保护的窗口方案实现外部可观测的行为，5G 系统为 DS-TT 和 NW-TT 提供了在每个以太网端口上符合 IEEE Std 802.1Q 标准的 AdminControlList、AdminBaseTime、AdminCycleTime 和 tick granularity 等配置项，用于支持“保持和转发”缓冲机制。TSN 转换器实现该缓冲机制的细节取决于实际部署情况。

（6）5G 系统桥延迟

为了使 5G 系统按照指定的传输门计划作为 TSN 桥接器参与，5G 系统桥接器需要按照 IEEE Std 802.1 Qcc 中的规定，为每个端口对和 5G 系统桥接器到 IEEE 802.1 TSN 系统之间的流量类别提供桥接延迟。确定 5G 系统桥接延迟所需元件如下。

- UE-DS-TT 驻留时间：在 UE 和 DS-TT 端口之间转发数据包所花费的时间称为 UE-DS-TT 驻留时间，它是在 UE 建立与网络的 PDU 会话时提供的。无论是上行和下行通信，UE-DS-TT 驻留时间在所有通信量类别中都是相同的。
- 每个流量类别在 UE 与终止 N6 接口的 UPF/NW-TT 之间的最小和最大延迟（包括 UPF 和 NW-TT 驻留时间），与给定的 5G 系统部署所支持的帧长度无关。UE 和 UPF/NW-TT 之间的每个流量类别延迟在 TSN AF 中进行预先配置。

TSN AF 使用上述组件计算每个端口对和每个流量类的 5G 系统的 independentDelayMin 和 independentDelayMax 值。5G 系统网桥的 dependentDelayMin 和 dependentDelayMax 指定了以太网帧单个八字节从入口到出口的传输时间范围，并包括接收和存储每个八字节的时间，根据 IEEE Std 802.1Qcc，这一时间范围取决于入口端口的链路速度。关于 TSN AF 如何确定 dependentDelayMin 和 dependentDelayMax 的更多细节，取决于具体的实现。

由于驻留时间可能因 UE 而异，且 UE 与 UPF/NW-TT 之间的每个流量类别延迟可能因 UPF 而异，所以 5G 系统桥接延迟是在 TSN AF 为对应的 UPF 和 UE 建立 PDU 会话后确定的。当 TSN AF 收到一个新建立的 PDU 会话的 5G 系统网桥信息并计算每个端口对的网桥延迟时，TSN AF 根据同一 5G 系统网桥的 DS-TT 以太网端口的端口号和 NW-TT 以太网端口的端口号推断相关的端口对。

（7）5G 系统 TSN 桥管理

5G 系统功能可充当 TSN 网络中的一个或多个 TSN 桥接（如图 7-20 所示）。每个 5G 系统网桥由单个 UPF（即 PSA）端上的端口、UE 与 UPF 之间的用户面隧道以及 DS-TT 端上的端口组成。在 TSN 网络的每个 5G 系统网桥中，NW-TT 端的端口支持与 TSN 网络的连接，而 DS-TT 端的端口则与提供 TSN 网络连接的 PDU 会话相关联。

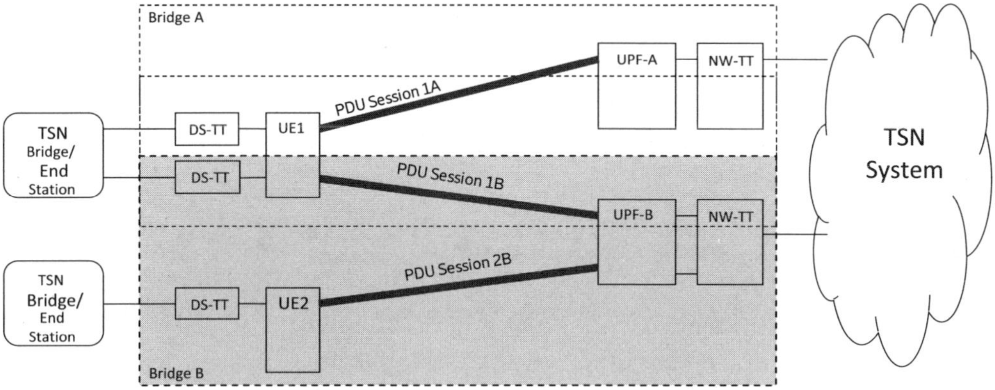

图 7-20 5G 系统 TSN 桥接示意

5G 系统 TSN 桥的粒度是按 UPF 计算的。5G 系统 TSN 桥接器的桥接 ID 绑定到 3GPP TS 23.502 中识别的 UPF ID。在报告 5G 系统 TSN 桥接信息期间，TSN AF 存储 UE/DS-TT 端口与 PDU 会话之间的绑定关系。TSN AF 还在 UPF/NW-TT 端存储有关端口的信息。UPF/NW-TT 根据流量转发信息将流量转发到适当的出口端口。从 TSN AF 的角度来看，5G 系统 TSN 桥接器在 UPF 中对应一个单一的 NW-TT 实体，而 NW-TT 可能有多个端口用于流量转发。

在 UPF 中如何实现单一的 NW-TT 实体是一个亟待解决的问题，该规范此版本中的以太网 PDU 会话类型可能受到以下限制：它仅支持与 N6 网络实例相关联的 UPF 中的单个 N6 接口。

在给定的 UPF 下，每个 DS-TT 端口仅支持一个 PDU 会话。所有通过特定 UPF 连接到同一个 TSN 网络的 PDU 会话被聚合到一个单独的 5G 系统网桥中。UE/DS-TT 端和 UPF/NW-TT 端口上的每个功能均被集成到 5G 系统网桥配置中，并同时通知 TSN

AF，最终交付给 CNC 进行 TSN 网桥注册和修改。假设所有通过特定 UPF 连接到同一个 TSN 网络的 PDU 会话都由同一个 TSN AF 处理。

如果一个 UE 建立了多个终止于不同 UPF 的 PDU 会话，则该 UE 用多个 5G 系统 TSN 桥表示。

为了在 5G 系统网桥上支持 TSN 调度流量（IEEE Std 802.1Q-2018 的 8.6.8.4 节），5G 系统支持以下功能：在 5G 系统中配置网桥信息；PDU 会话建立后，将 5G 系统网桥信息上报 TSN 网络；根据 3GPP TS 23.502 标准中 5.28.2 节的定义从 TSN 网络接收配置；将 TSN 网络中获得的配置信息映射为相应 PDU 会话中 QoS 流的 5G 系统 QoS 信息（如 5QI、TSC 辅助信息），以实现高效的时间感知调度。

TSN 网络利用 5G 系统网桥的桥接信息对 5G 系统网桥进行适当的管理和配置。5G 系统网桥的桥接信息至少包括以下内容：5G 系统网桥信息（Bridge ID、桥接 ID，用于区分 5G 系统中的桥接实例；网桥 ID 可以从 IEEE Std 802.1Q 中描述的唯一网桥 MAC 地址中获得，也可以通过实现特定方法设置，以确保在 5G 系统中使用唯一值）、端口号、端口号列表、5G 系统网桥的能力、每个流量类每个端口对的 5G 系统桥接延迟（包括入口端口号，出口端口号和流量类）、每个端口的传播延迟（txPropagationDelay，包括传输传播延迟、出口端口号）以及 VLAN 配置信息。

5G 系统网桥的拓扑信息包括 5G 系统网桥的底盘 ID 子类型和底盘 ID、IEEE Std 802.1Q 中定义的流量类及其每个端口的优先级，支持 PSFP 的流参数。

在 UPF 上可以预先配置 5G 系统网桥的网桥 ID 和 NW-TT 以太网端口的端口号。按照 6.3.3.3 节的规定，为服务于 TSC 的 PDU 会话选择 UPF。该规范的此版本要求为每个 DS-TT 端口分配一个全局唯一的 MAC 地址。DS-TT 端口的 MAC 地址不得用于用户数据流量，而是用于标识 3GPP 系统内的 PDU 会话和相关桥接端口。

在 PDU 会话建立期间，UPF 分配 DS-TT 上用于 PDU 会话的以太网端口的端口号。一个 PDU 会话的 DS-TT 以太网端口的端口号应该从 UPF 报告给 SMF，并进一步存储在 SMF。SMF 通过 PCF 将相关 PDU 会话的 DS-TT 以太网端口的端口号和 MAC 地址以及 NW-TT 以太网端口的端口号和 MAC 地址提供给 TSN AF。如果释放了一个 SMF 向 TSN AF 报告端口号的 PDU 会话，那么 SMF 将相应地通知 TSN AF。TSN AF

负责从 5G 系统接收 5G 系统网桥的网桥信息，并将这些信息登记或更新到 TSN 网络。

（8）5G 系统桥配置

IEEE Std 802.1Q 的 8.6.8.4 节中定义的 5G 系统网桥配置信息包括：5G 系统桥 ID、DS-TT NW-TT 端口上流量调度的配置信息（5G 系统桥的出口，DS-TT NW-TT 端口、流量类别和优先级）、5G 系统桥底盘的 ID、交通运输信息（TSN 流的目的 MAC 地址和 VLAN ID、端口 MAP 里的端口号）、每个流的配置信息（流过滤器和流门）。为了支持 IEEE STD 802.1q，要求支持流标识功能。

SMF 通过 PCF 将相关 PDU 会话的 DS-TT 端口的 MAC 地址报告给 TSN AF。DS-TT MAC 地址、5G 系统网络 ID 和 DS-TT 上的端口号之间的关联保存在 TSN AF 中，并进一步用于协助将 TSN 流量与 UE 的 PDU 会话绑定。

配置 TSN 流量的 5G 系统 QoS 支持两种模型。

1）基于假设 CNC 始终提供 PSFP 信息。在这种情况下，QoS 流的配置基于 CNC 提供的 PSFP 信息。如果 TSN AF 已经宣布对 CNC 提供 PSFP 支持，CNC 可以提供 PSFP 信息。只有在 5G 系统网桥的每个 DS-TT 和 NW-TT 都表示支持 PSFP 时，TSN AF 才会向 CNC 声明支持 PSFP。

2）不需要 CNC 提供 PSFP 信息。在这种情况下，将使用预先配置的 QoS 流，如在 PDU 会话建立期间进行配置。根据 PSFP 的需要（如果可用），将设置额外的 QoS 流。

当 PSFP 信息可用时，TSN AF 识别 TSN 流的入口端口，并确定 DS-TT 的 MAC 地址，识别携带该流的相应 PDU 会话。TSN 流的流向确定如下：如果入口为 DS-TT 端口，则流向为上行；否则，如果入口端口为 NW-TT 端口，则流向为下行。流向信息是 TSCAI 的一部分。

TSN AF 使用 PSFP 信息中的流过滤器实例来推导 TSN 流的服务数据流。TSN AF 利用流的优先级值滤波器实例 PSFP 信息（如果有的话），并可能另结合流量调度信息进一步推导出周围的 QoS 信息，适用于给定的 TSN 流或聚合的 TSN 流。

当 CNC 将 PSFP 信息配置到 TSN AF 时，TSN AF 会确定 TSC 辅助容器。TSN AF 将 TSN QoS 信息和 TSC 辅助容器关联到相应的服务数据流描述，并提供给 PCF 和 SMF。

当来自 PSFP 的 TSN 流优先级信息不可用时（流过滤器中的优先级值设置为通配符），在某些配置中，可以根据调度的流量信息推导 TSN 流的优先级。例如，当给定的 DS-TT 端口仅有一个下行流时，可以通过分析受影响的出入口的计划流量信息，确定下行中的受影响的 DS-TT 端口和相关的 TSN 流优先级，再根据所述时间门打开间隔和假定的入口比特率，推导出估算的 MDBV。

（9）5G 系统端口和桥管理信息交互

端口和桥的管理信息在 CNC 和 TSN 之间交换。端口管理信息与位于 DS-TT 或 NW-TT 的以太网端口有关。NW-TT 可以支持一个或多个端口。在本例中，每个端口使用单独的端口管理信息容器。5G 系统支持在同一个桥管理信息容器内，透明地传输标准化和专用部署的桥管理信息，适用于 TSN AF 和 NW-TT 之间的通信。

端口管理信息通过 5G 系统在端口管理信息容器（PMIC）内在 TSN AF 和 DS-TT 或 NW-TT 之间透明地传输。在桥接管理信息容器（BMIC）中，桥接管理信息通过 5G 系统在 TSN AF 和 NW-TT 之间透明传输。港口或桥接管理信息的传递过程如下。

- 将 DS-TT 或 NW-TT 的端口管理信息传达给 TSN AF。DS-TT 向 UE 提供 PMIC 和 DS-TT 端口 MAC 地址，其中包括作为 N1 SM 容器的可选信息元素的 PMIC，并触发 UE 请求的 PDU 会话建立过程或 PDU 会话修改过程，将 PMIC 转发给 SMF。SMF 将 PMIC 和相关的 DS-TT 以太网端口的端口号转发给 TSN AF。
- NW-TT 向 UPF 提供 PMIC 和/或 BMIC，UPF 触发 N4 会话级报告过程将 PMIC 和/或 BMIC 转发给 SMF。UPF 选择与此 NW-TT 的任何 N4 会话对应的 N4 会话。SMF 反过来将相关的 NW-TT 以太网端口（或 BMIC）的 PMIC 和端口号转发给 TSN AF。在 UPF 向 AF 报告 PMIC/BMIC 信息之前，必须为 DS-TT 端口建立至少一个 PDU 会话。

- 将端口管理信息由 TSN AF 传送至 DS-TT：TSN AF 提供一个 PMIC，用于报告与 PDU 会话相关 MAC 地址（即 DS-TT 端口的 MAC 地址），以及由 AF 会话级过程管理所使用的以太网端口的端口号。使用 PCF 发起的会话管理（SM）策略修改程序，根据 MAC 地址将信息转发给 SMF。SMF 确定该端口号与一个 DS-TT 以太网端口相关，并基于此，使用网络请求的 PDU 会话修改过程将 PMIC 转发给 DS-TT。
- 转换端口和桥接管理信息从 TSN AF 到 NW-TT：TSN AF 选择一个与 5G TSN 桥相关的 PDU 会话对应的 PCF-AF 会话，识别任何与 DS-TT 相关的 MAC 地址，并向 PCF 提供一个 PMIC 及相应的 NW-TT 端口号和/或 BMIC。PCF 通过发起 SM 策略关联修改程序，将从 TSN AF 接收的信息转发至 SMF。SMF 根据收到的端口号是否与 NW-TT 的以太网端口相关，或基于 BMIC 的存在，判断是否需要将包含的信息传递给 NW-TT，并通过 N4 会话修改流程将相关容器和/或端口号转发给 NW-TT。

CNC 从 TSN AF 获取 5G 系统桥 VLAN 配置，TSN AF 和 UPF/NW-TT 已预先配置了 5G 系统桥 VLAN 信息。VLAN 配置信息是在 TSN AF 和 NW-TT 之间预先配置的，而不是通过 TSN AF 和 UPF/NW-TT 进行交换。

（10）QoS 映射表

流量类和 5G 系统 QoS 配置文件之间的映射表用于找到合适的 5G 系统 QoS 配置文件，以便在 PDU 会话上传输 TSN 流量。QoS 映射程序分两个阶段执行：一是 QoS 能力报告阶段；二是 QoS 配置阶段。

TSN AF 应该预先配置（例如通过 OAM）一个映射表。映射表包含 TSN 流量类、预先配置的桥接延迟（即预先配置的 UE 和 UPF/NW-TT 之间的延迟）和优先级级别。一旦设置了 PDU 会话并检索了与 UE-DS-TT 驻留时间相关的信息，TSN AF 就会推导出由一个 NW-TT 端口和一个 DS-TT 端口组成的端口对，并基于预配置网桥延迟和 UE-DS-TT 驻留时间，确定每个端口对每个流量类的网桥延迟。TSN AF 根据 IEEE Std 802.1Q，更新每个端口对的桥接延迟和流量类，并报告每个端口的桥接延迟和其他相关 TSN 信息，如流量类表（IEEE Std 802.1Q 12.6.3 节）。

CNC 可以通过 TSN AF 将 PSFP 信息和传输门调度参数分发到 5G 系统网桥上，通过 TSN AF 映射到 TSN QoS。

PCF 映射表提供了从 TSN QoS 信息（参见 3GPP TS 23.503 的 6.2.1.2 节和 6.1.3.23 节）到 5G 系统 QoS 配置文件的映射。根据 TSN AF 的触发，PCF 可以触发 PDU 会话修改程序，建立新的 5G QoS 流，或者根据选定的 QoS 策略和 TSN AF 流量需求，对请求的流量类别使用预先配置的 5G QoS 流 5QI。

图 7-21 说明了 PCF 映射表的功能分布。

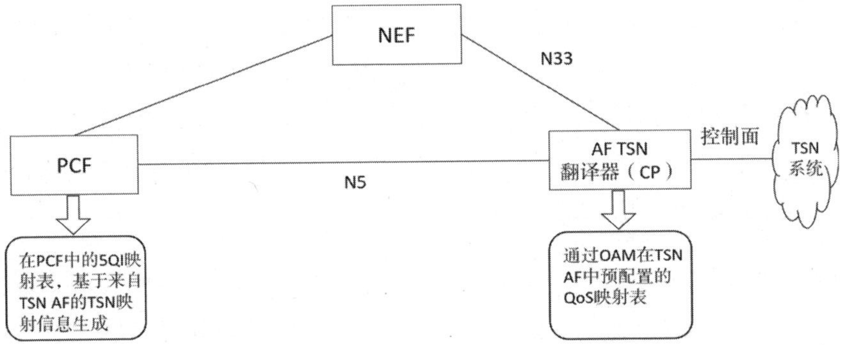

图 7-21　PCF 映射表功能分布

TSN AF 使用与映射 TSN QoS 需求相关的 TSN QoS 相关参数的最小集合：流量类及其每个端口的优先级、TSN 流的 TSC 突发大小、每个端口对的 5G 系统桥接延迟和流量类（independentDelayMax、independentDelayMin、dependentDelayMax、dependentDelayMin）、每个端口的传播延迟（txPropagationDelay）和 UE-DS-TT 驻留时间。

一旦 CNC 检索到必要的信息，便继续计算调度和路径，并在桥上设置配置信息。接收到的最相关的信息包括 PSFP 信息以及桥各端口流量等级的传输门调度。此时，可以通过识别 TSN 流的流量类别来获取 TSN 的 QoS 需求。流量类别与 TSN 的 QoS 和延迟需求的映射可通过 TSN AF 中的 QoS 映射表（详见 TS 23.503）完成。随后在 PCF 中，通过选择 TS 23.503 中指定的 5QI 来配置 5G QoS 流。此反馈机制通过上报给 CNC 的信息和 CNC 发送的配置信息反馈，实现 5G 系统中的映射和配置。

如果 CNC 通过 TSN AF 向 PCF 提供聚集的 TSC 流的最大突发大小，PCF 可以根据最大突发大小推导出所需的 MDBV。如果 QoS 映射表中与标准化 5QI 或预配置 5QI 关联的默认 MDBV 无法满足聚合的 TSC 突发大小，则 PCF 会在 PCC 规则中派生出 MDBV，并由 SMF 执行 QoS 流绑定。根据 psfpadmincycle 时间计算出的最大流量比特率由 TSN AF 提供给 PCF。PCF 随后将 GBR 和 MBR 值设置为最大流量比特率值。

根据 QoS 映射表中一个预先配置的 5QI 或另一个选定的 5QI（TS 23.503 中指定）的平均窗口调整最大流量比特率，可获得 5G 系统 QoS 剖面的 GBR。然后 SMF 使用 GBR 计算每个 QoS 流的 GFBR。PCF 中 TSN 参数与 5G 系统参数之间的 QoS 映射表应匹配时延、聚集的 TSC 突发大小和优先级，同时保留 5G 系统中的优先级。通过 5G 系统启用 TSN 服务的运营商可以选择多达 8 个流量类来映射到 5G 系统的 QoS 配置文件中。一旦 PCF 为 TSN 流识别出相应的 5QI，就有可能枚举尽可能多的桥端口流量类作为选择的 5QIs 的数量。

当给定 TSN 流的 TSN AF 无法获得 PSFP 信息时（例如，由于在 DS-TT 或 NW-TT 中缺少 PSFP 支持，或者超过了 PSFP 功能所支持的表项的数量，或者因为 CNC 不提供 PSFP 信息），5G 系统可以通过预先配置的从流优先级（即在 IEEE Std 802.1Q 中定义的 PCP）到 QoS 流的映射机制来支持 TSN 流。

7.6　非地面网络（NTN）

7.6.1　研究背景

5G 承担着万物互联的使命，除了传统的地面 5G 蜂窝移动通信网，业界也在研究采用 5G 新空口技术、基于卫星或无人机等各类飞行器或高空平台实现 5G 非地面网络，为用户提供大跨度、大范围、远距离的漫游和机动、灵活的移动通信服务，特别是为地面 5G 系统无法服务或难以有效服务的偏远地区、海岛、灾区、远洋船只及民航飞机等特定区域或对象提供 5G 通信，实现 5G 空地一体化服务的愿景。

5G 支持卫星接入的用例如下。

增强型移动宽带（Enhanced Mobile Broadband，eMBB）针对 5G 地面网络无法或难以服务的场景，如偏远村庄、海岛、矿山、民航飞机、远洋船舶或海上平台等。在这些场景下，可以利用 5G 非地面网络提供宽带连接，向用户提供语音、视频和数据等服务。此外，在某些场景下，5G 非地面网络还可以与地面蜂窝网络或有线网络结合使用，通过多连接等技术实现通信链路备份或数据分流，增强网络可靠性和稳定性。

在数据回传用例中，运营商可以在偏远地区等场景部署地面 5G 基站，利用 5G 非地面网络为地面 5G 基站提供通往公众数据网络的回传，与外界通信。

在应急救灾与公共安全用例中，5G 非地面网络可以为警察、消防和医疗救护等应急人员提供随时随地的消息、语音等通信服务。此外，在某些灾难现场，可以快速部署应急基站，依托 5G 非地面网络实现通信回传，保障应急人员之间、应急人员与远程指挥中心的通信。

在移动广播用例中，利用 5G 非地面网络，可直接向手持终端或车载终端提供广播/多播业务。如在灾害导致地面网络中断的情况下，公共安全部门可以通过 5G 非地面网络即时向公众发布灾害警报，并在救灾期间为公众提供指导。

在一些物联网用例中，传感器、执行器等物联网设备广泛分散或在一个很大的区域内移动，并且需要将采集的信息上报远程处理服务器。5G 非地面网络可以为这类用例中的物联网设备提供连接。如交通行业中的车队管理、资产跟踪和远程道路警报，石油/天然气行业中管道等基础设施的状态监控等。

5G 卫星接入一般包括如下内容。

卫星（或无人机等平台）：通常在其视场范围内的给定服务区域上产生多个波束，向地面与空中提供 5G 信号覆盖；

关口站：位于地面，连接 5G 非地面网络与公众数据网络；

终端：由卫星（或无人机等平台）提供通信服务，包括手持终端或 VAST 终端（甚小孔径终端）等；

业务链路：终端和卫星（或无人机等平台）间的通信链路，采用 5G 新空口技术；

馈电链路：关口站和卫星（或无人机等平台）间的通信链路，采用 5G 新空口技术或其他无线通信技术；

星间链路：在卫星进行星座组网时，可以在卫星之间通过星间链路实现信号的转发。星间链路可工作于无线电波段或光波段。

卫星（或无人机等平台）包括低轨道（LEO）卫星、中轨道（MEO）卫星、地球静止轨道（GEO）卫星、高轨道（HEO）卫星和各类无人机平台（包括高空平台）等。其中地球静止轨道卫星高度为 35786 千米，无人机平台典型高度为 5 千米~200 千米；相对地表给定地点而言，这两类平台的仰角与方位角理论上基本不变。低轨道卫星的轨道典型高度在 300 千米~1500 千米，中轨道卫星的轨道典型高度在 7000 千米~ 25000 千米，这两类卫星在环绕地球的轨道上快速运行，因此需要依靠卫星星座才能为地面提供连续的通信服务。

根据卫星（或无人机等平台）对 5G 信号处理能力（即通信有效载荷）的不同，可以将其分为透明载荷、再生载荷两类。透明载荷实现射频滤波、频率变换和放大等基本功能，其转发的波形保持不变，相当于射频直放站。而再生载荷不仅实现上述基本功能，还包括解调/译码、交换和路由、编码/调制等功能，相当于在卫星（或无人机等平台）上实现 5G 基站的全部或部分功能。

7.6.2 NTN 标准进展

为了更好地实现卫星通信和地面网络的优势互补和无缝兼容，满足用户的更高要求，3GPP 从 R14 开始展开卫星通信的研究工作，提出了天地融合的应用场景。3GPP 在 TS 22.261“Service requirements for next generation new services and markets”（新一代服务和市场的服务要求）中提出了 5G 需要支持卫星接入，根据星、地网络是否属于同一个运营商划分两类服务场景。同时，提出 5G 系统中对卫星通信的要求，包括基础功能和性能需求；在 2016 年 1 月开始的 TR 38.913“下一代接入技术的场景和需求”中，加入了对 5G 中卫星网络作用的分析；在 2018 年发布的 TR 22.822“卫星接入 5G 的研究”报告中给出了 5G 中卫星接入的一些研究结果，列出了 5G 与卫星通信结合的三大类用例，其中 12 个应用场景包括星地网络间的漫游、卫星的多播/广播、物联网、NR 和 5G 核心网间的固定回传链路等，并针对用例和场景提出了卫星接入 5G 网络的技术和监管要求。3GPP 中针对非地面网络的标准研究目前主要在 TR 38.811 和 TR 38.821 两个项目中开展。TR 38.811 名为“Study on New Radio to Support Non-Terrestrial Networks”，重点是非地面网络（Non-Terrestrial Networks，NTN）信道模型以及对 NR 的影响。该标准定义了包括卫星网络在内的非地面网络的部署场景及相关系统参数（如结构、高度、轨道等）；提出了适用于非地面网络的信道模型，包括传播模型、移动性管理等；最后，根据部署场景，提出需要在 5G 非地面网络中进一步研究的主要方向。在 2018 年 6 月的 3GPP RAN 全会上，3GPP 通过 TR 38.811 的提案并开始新提案 TR 38.821 的研究。

TR 38.821 名为“Solutions for NR to Support Non-Terrestrial Networks (NTN)”，在 TR 38.811 的成果基础上，该技术报告重点关注 5G 中使用卫星接入的研究。针对典型场景的性能仿真验证，包括链路级和系统级，研究 NTN 对 5G 物理层的影响、研究和定义层 2（无线协议层）和层 3（无线架构和接口协议层）的可选解决方案，无线接入网的框架和对应的接口协议。

3GPP TR 38.811 给出了第一阶段 5G 中卫星的部署场景和相关的系统参数和信道模型。它考虑了卫星通信的广域覆盖能力以及对物理攻击和自然灾害的抵抗能力强等优势，提出了基于 eMBB 和 mMTC 需求的 13 个用例，包括多接入、固定小区接入、集群和边缘网络交付等。TR 38.821 所参考的场景均考虑了圆形轨道、最大往返延迟时间、多普勒效应，并与 NG-RAN 保持一致，尽量避免定义新的接口和协议。TR 38.821 规定的卫星网络架构可能包含的系统组成如下。

- 信关站（Gateway）：连接卫星和公共数据网的网元。
- 馈电链路（Feeder Link）：信关站和卫星之间的链路。
- 用户链路（Service Link）：UE 和卫星之间的链路。
- 卫星（Satellite）：搭载弯管或者具备星上处理能力的卫星。
- 星间链路（Inter-Satellite Links，ISL）：具备星上处理能力卫星间的链路。
- NTN 终端（User Equipment）：3GPP 用户终端和非 3GPP 用户终端（卫星终端）。

3GPP 标准将网络架构分为透明转发和星间链路两种。在透明转发中，卫星具有变频和射频放大器的功能，类似于射频转发器。卫星在馈电链路的 NR-Uu 接口和用户链路之间转发数据。网关具备转发来自 NR-Uu 接口的信号所需的全部功能。在实际运行中，一个卫星可能和多个 gNB 相连。在支持星间链路的网络架构中，NR-Uu

接口是用户和卫星间用户链路的接口，卫星无线电接口（SRI）是网关和卫星间馈电链路的接口。星间链路段的接口不在 TR 38.821 中定义。

根据最新版本的 TR 38.821 报告，目前，3GPP 标准对层 1（无线物理层）没有统一定论，层 2（无线协议层）研究的内容主要包括不同场景下的时延计算；用户面包括对 MAC 层、RLC 层、PDCP 层和 SDAP 层的研究；控制面则关注移动性管理（小区切换）和跟踪区域管理等问题。层 3（无线架构和接口协议层）现在的重点研究内容包括跟踪区域管理、连接状态下的移动性管理、位置更新和寻呼处理、传输特性、网络标识管理、用户位置、用户移动性管理、馈电链路切换、运营维护和星历表。

国际电信联盟（ITU）是主管信息通信技术的联合国机构。ITU 下属机构包括无线电通信部门（ITU-R）、电信标准化部门（ITU-T）和电信发展部门（ITU-D）。其中 ITU-R 最核心的任务就是无线电频谱和卫星轨道资源管理。ITU-R 第 4 研究组——卫星业务研究组负责制订卫星业务的技术建议书。该研究组包括 3 个工作组，根据所研究的卫星业务（包括卫星固定业务和卫星广播业务、卫星移动业务和卫星无线电测定业务）分类。在 ITU-R 关于卫星的主要报告和建议书中，ITU-RM.2176-1 报告给出了 IMT-Advanced 卫星无线电接口的愿景和要求，ITU-RM.2047-0 建议书给出了 IMT-Advanced 卫星无线电接口的详细指标，ITU-RM.2279 报告给出了包括 IMT-Advanced 卫星无线电接口在内的 IMT-Advanced 的评估、寻求共识和决定进程（步骤 4~步骤 7）取得的成果。针对 IMT-Advanced 的“下一代移动通信网应满足用户能随时随地访问服务”需求，新一代移动通信需要实现无缝接入，实现不同接入技术间的协同合作，其中包含不同的地面与卫星网络。目前，卫星接入技术领域开展了 ITU-R M.[NGAT_SAT]标准的研究，标准成果最新版本草稿于 2018 年 7 月完成，其中研究了 5G 卫星网络的需求、应用场景、关键技术和核心问题等内容。预计 ITU-RM.[NGAT_SAT]报告将成为下一代移动通信和天地融合产业的基本规范。

ITU-RM.[NGAT_SAT]标准定义的卫星网络覆盖的业务类型包括视频业务（包括卫星多播和数据缓存等）；导航、天气、交通和其他环境数据传输；传感器设备、机器通信和自动驾驶汽车等物联网（IoT）相关数据传输；移动平台通信（如飞机的飞行中连接、用于船舶和火车的宽带服务等）。

ITU-RM.[NGAT_SAT]标准列出了以下典型应用场景。

（1）中继到站：卫星主要为遥远或者地面通信难以到达的地方提供通信服务。

（2）小区回传：卫星可以为无线塔、接入点和云提供高速多播回传通信服务。

（3）动中通：为移动用户包括飞机、火车、轮船和车辆等提供直接或补充通信连接服务。

（4）混合多播：能作为地面宽带的补充，为一个区域例如家庭或办公区域提供多播服务。多播内容包括视频、高清电视和非视频类内容。ITU-R M.2083 定义了卫星通信与下一代通信技术结合需解决的核心问题，包括支持单播、支持多播、支持智能路由、支持动态缓存管理和自适应流媒体传输、时延分析、一致的 QoS、与 NFV/SDN 兼容、灵活的商业模式以及内容/资产管理和安全，共 10 个方面。

目前，除了 3GPP 和 ITU，来自欧洲 9 个国家的 15 家企业和研究机构包括 SES、Airbus、iDirect、BT、Avanti，与以色列的 Gilat 共同成立了 SaT5G 联盟，希望为 5G 实现高效的即插即用的卫星通信服务，为卫星通信行业创造新的增长点。SaT5G 联盟的研究内容包括标准化、验证和演示、商业运行 3 个部分。自成立以来，SaT5G 联盟一直积极参与包括 3GPP、ITU 和 ETSI 在内的多个标准化组织的国际标准制定工作。目前，SaT5G 已参与完成了 4 份技术报告（如 3GPP TS 22.261、3GPP TR 22.822、3GPP TR 38.811、ECC Report 280），并正在参与 8 份技术报告的研究工作。在 2018 年的欧洲网络与通信会议上，SaT5G 联盟成员演示了卫星与 3GPP 网络架构的融合。2019 年 6 月 20 日，SaT5G 联盟成员在 2019 年欧洲网络与通信会议上宣布成功演示 5G 卫星系列操作。该演示通过并行的卫星和地面传输路径接入 5G 网络，为 4K 视频用户提供了增强的质量体验。

7.6.3 NTN 网络关键技术

（1）移动性管理技术

移动性管理技术，涵盖卫星单连接终端和卫星+固定/移动多连接终端的移动性管理技术，包括用户终端的接入控制、连接管理、注册管理、位置管理、切换管理、网元选择等关键技术点；还涵盖了 GEO 卫星/NGSO 卫星的移动性管理技术，包括卫星的接入控制、连接管理、注册管理、位置管理、切换管理等关键技术点。

卫星通信与传统地面通信方式差异较大，NGSO 卫星相对地面高速移动，为保证天地一体 5G 终端的业务体验，其移动性管理技术除需具备现有 5G 网络能力外，还需考虑卫星网络特性，以增强移动性管理。

- 天地一体 5G 终端可依据所属卫星星座选择合适的卫星波束及信道接入 5G 天基网络。
- 卫星覆盖范围远大于地面基站，卫星的移动性管理技术可通过卫星覆盖范围与跟踪区域的关联关系建立 5G 移动性管理机制。
- GEO 卫星的运行周期与地球同步，卫星相对地面静止，卫星与地基网络之间相对静止，终端在不同 GEO 卫星的覆盖区域间切换时，原 GEO 卫星可通过星间链路在终端移动过程中将卫星与终端、卫星与地基网络之间的链路切换至目标 GEO 卫星；终端在同一 GEO 卫星不同波束的覆盖区域间切换时，原波束在终端移动过程中将卫星与终端、卫星与地基网络之间的链路切换至目标波束。
- NGSO 卫星的运行周期较短，卫星相对地面高速移动，依据卫星轨道高度，同一卫星覆盖区的天地一体5G终端每隔一段固定时间（典型场景下10分钟）需切换接入同星座的其他卫星，传统基于终端信号测量被动触发网络切换的方式会增加终端与卫星之间、卫星与 5G 核心网之间的信令开销，因此卫星的接入控制技术可采用网络侧基于卫星星历检索结果主动触发切换的机制，并通知终端发送切换请求，不需要终端进行信号测量，节约卫星链路资源。
- 依据天地一体 5G 网络总体架构设计，移动性管理方案需适配不同的卫星部署方式。

a）天基网络作为透传模式（Level 1）

考虑到低轨道卫星的快速转动，基站与卫星间会产生频繁的连接建立/中断/再建立/再中断的过程，此模式下的移动性管理技术应优化基站与卫星间的连接管理机制。

b）天基网络作为部分/全部接入网模式（Level 2）

依据天基接入网的功能划分，部署在天基接入网的 DU 所采用的移动性管理技术需满足 DU 与 CU 的连接管理，DU 在 CU 的控制下，可通过星间链路实现 DU 之间的移动性切换。当 CU 和 DU 均部署于天基接入网时，移动性管理技术应满足星载基站与核心网之间的连接管理。

（2）会话管理技术

NTN 5G 网络的会话管理技术，涵盖卫星单连接终端和卫星+固定/移动多连接终端的会话管理技术，包括会话生命周期管理、地址分配、路由选择、会话连续性、策略规则匹配等关键技术点。

NTN 5G 终端通过天基接入网接入 5G 核心网时，5G 网络需对卫星终端进行会话管理，由于卫星波束覆盖范围与传统地面蜂窝网络差异较大，卫星链路资源宝贵，基于卫星通信的会话管理技术在会话建立/修改/释放、地址分配、路由选择等方面需考虑卫星网络特性，定义适配卫星特征的会话管理技术。

- 为实现天地一体 5G 网络对基于卫星通信的会话进行区别性管理，需新增 RAT 类型实现核心网对卫星接入方式的识别。
- 考虑到卫星终端的接续限制问题，天地一体 5G 网络可基于用户的签约 ARD 字段进行接续限制管理。
- 单颗卫星的通信容量有限，卫星链路资源宝贵，为防止基于卫星通信的终端发起大量数据业务造成卫星负载过高、链路资源独占的情况，天地一体 5G 网络可通过配置、签约及动态网络资源勘察实现用户接入的可控性，保障终端用户按优先级接入。

（3）流量调度和业务连续性技术

卫星网络与地面网络相比，由于计算能力、存储能力受限，且卫星节点的数目远远少于地面网络节点，可选择路径较少，容易出现网络拥塞、死锁和局部路径失效等情况，因此必须采用流量预测、拥塞控制和负载平衡等技术来控制网络资源，提高网络性能的网络资源调控。

当前卫星互联网，主要采用 GEO/NGSO 卫星通过星地和星间通信，实现用户的网络接入。其中，LEO 星座前期主要采用单层卫星网络设计，随着网络向大型、巨型化发展，多层卫星网络能够获得更高的网络服务性能，因此，多层路由算法得到了快速发展。由于 LEO 卫星的高速移动特性，LEO 星座的多层结构、动态拓扑的特点，以及地面用户分布不均匀的特性，星间网络的路由应具有快速的收敛性。随着卫星网络规模的不断增加，卫星网络路由也需要具有快速更新和多重路由的能力。

为了充分利用用户的本地信息，可以对数据流进行分析，并实现相邻卫星之间的交换负载信息。卫星可以根据数据流优先级进行数据分流，使卫星网络之间负载均衡。此外，建议通过跟踪数据传输时延的方法，控制网络的最大时延，避免产生路由环路。

固定、移动和卫星融合服务连续性可以考虑的功能如下。

- 固定接入、移动接入和卫星接入之间的接入转移：引入固定接入、移动接入和卫星接入的连接质量测量信息和针对卫星接入的星历信息，增强服务连续性。
- 卫星接入之间的接入转移：引入不同卫星接入的连接质量测量和星历信息，作为业务连续性的使能因素。
- 支持语音和视频呼叫连续性：引入语音和视频通信能力分类、用户对语音和视频业务的偏好、语音和视频业务策略映射、接入切换时的业务连续性操作，作为业务连续性的使能因素。
- 支持数据业务连续性：引入数据通信能力分类、用户对数据业务的偏好、数据业务策略映射、接入切换时的业务连续性操作，作为业务连续性的使能因素。
- 支持垂直行业业务连续性：引入垂直行业通信能力分类、垂直行业业务用户偏好、垂直行业业务策略映射、接入切换时的业务连续性操作，作为业务连续性的使能因素。

（4）用户数据管理技术

用户数据管理技术主要通过核心网网元 AUSF/UDM/UDR 为 5G 终端提供认证鉴权、用户数据管理等功能。由于卫星通信的特性，天地一体 5G 网络的用户数据管理技术在现有 5G 网络能力之上，需考虑卫星网络特性定义适配卫星通信的用户数据管理技术。

- 天地一体 5G 网络需具备接入卫星的合法性鉴权功能。传统 5G 网络的鉴权流程交互次数多，考虑到卫星链路资源宝贵，天地一体 5G 网络可通过优化现有 5G 鉴权流程节约卫星链路资源。
- 天地一体 5G 网络需支持用户的初始注册、注册更新、去注册、注册状态查询等 5G 现有功能，同时需支持天基网络用户数据组织，可存储用户上下文信息并同步给同星座卫星，避免每次注册过程中的鉴权流程。
- 天地一体 5G 网络需支持对卫星接入类型的识别存储、业务域选、注册区域限制等功能，由于卫星波束覆盖范围与传统地面蜂窝网络差异较大，基于卫星通信的终端业务域选、注册区域限制功能需结合星座信息适配卫星波束覆盖特性。
- 依据地基公众核心网和地基卫星核心网初期独立组网，后期融合组网的顶层设计思路，初期独立组网阶段，天地一体 5G 网络仅需支持针对卫星用户进行用户数据管理；后期融合组网阶段，天地一体 5G 网络还需支持针对卫星+固定/移动多连接用户进行用户数据管理。
- 在部署天基核心网的情况下，天基网络需支持与地基网络进行用户数据同步。

（5）策略控制和能力开放技术

天地一体 5G 网络策略控制可通过识别卫星接入的无线接入技术类型，根据不同的卫星接入场景实现策略的适配和下发。策略控制需支持非会话级别策略控制，包括接入和移动性策略控制、UE 策略控制等；同时需支持会话级别策略控制，包括计费、门控、QoS 控制、流量控制、事件监控、用量监控、流量引导等。由于通信卫星的通信载荷、通信能力及通信资源有限，天地一体 5G 网络的策略控制应满足不同等级的用户接入体验。

天地一体 5G 网络的能力开放技术需支持向全网应用开放天地一体化的通信能力，并提供覆盖移动全网的服务。可针对特色创新应用提供标准通信能力的 API 接口，汇聚封装本地通信能力（包括音视频能力、消息能力、管道能力和数据能力等）。

7.7 大规模机器类型通信（mMTC）

7.7.1 研究背景

mMTC（Massive Machine Type Communication，大规模机器类型通信）是 3GPP 定义的 5G 三大类应用场景之一，主要面向低速率、低成本、低功耗、深度覆盖、具有海量连接需求的物联网业务。

为了满足海量物联网终端的接入需求，减少系统信令开销及传输时延，3GPP 在 4G 阶段即开始了相应技术的研究和标准化。在 Release 13 中，3GPP 提出用 NB-IoT（Narrow Band Internert of Things，窄带物联网）和 eMTC（enhanced MTC，增强型机器类型通信）两种技术用于物联网，并制定了 NB-IoT 和 eMTC 的相关技术标准，Release 14 为 eMTC 和 NB-IoT 引入了一些新特性/服务，例如定位服务、多播服务以及更高的数据速率和移动性增强。

针对 5G 时代低速率的大规模物联网的连接需求，设计 5G 标准时充分考虑了 NB-IoT 基站的规模部署现状，在制定物联网相关标准时，基本上继承了 4G 的 NB-IoT 和 eMTC 特性，并增强了部分功能，使其具备接入 5G 核心网的能力。5G 的 mMTC 主要包括控制面优化传输、用户面优化传输、Non-IP 数据传输、节能增强、覆盖增强功能。

7.7.2 mMTC 的关键技术

（1）控制面优化传输

控制面优化传输指的是针对 UE 和 SMF 之间的小数据传输，数据包将被作为上下行 NAS 消息的负载进行传输。这就有效避免了为小数据包的传输专门建立 PDU 会话，提高了数据包传输的效率。UE 和 AMF 还可以对包含数据包的 NAS PDU 进行完整性保护和加密。此外，为了进一步提高传输效率，对于 IP 和以太网类型的数据包，UE 和 SMF 可以协商并执行头压缩。

在传输数据包之前，UE 和 AMF 需要进行能力协商并决定是否采用控制面优化传输方案。如果 UE 和网络已协商支持并使用控制面优化传输，则在 PDU 会话建立过程中，AMF 向 SMF 指示是否可用控制面 CIoT 5G 系统优化传输。在 PDU 会话建立过程中，AMF 根据首选和支持的网络行为、签约数据、其他已建立的 PDU 会话以及本地策略确定新 PDU 会话确定是否使用控制面优化传输（即不为新的 PDU 会话建立用户面连接）。如果 PDU 会话仅使用控制面优化传输，则 AMF 在 PDU 会话建立期间向 SMF 提供仅使用控制面的指示。SMF 在会话管理请求中向 UE 提供仅使用控制面的指示。接收到 PDU 会话中含有仅使用控制面的指示的 UE 和 SMF 必须为这个 PDU 会话使用控制面 CIoT 5G 系统优化传输。

如果 UE 和 AMF 除控制面优化传输之外还成功协商了 N3 数据传输，则 UE 或 SMF 可以请求为一个或多个未收到仅使用控制面的指示的 PDU 会话建立 N3 数据传输。在 CM-CONNECTED 状态时，如果此 PDU 会话已经建立了用户面资源，则 UE 和网络使用 N3 接口传输数据，如果此 PDU 会话未建立用户面资源，则使用 NAS 传输数据。

如果 UE 和 AMF 完成了 N3 数据传输的协商和控制面优化传输协商，则 SMF 可以基于本地配置确定使用不包含仅使用控制面的指示的 PDU 会话建立 N3 数据传输，例如基于上下行传输的数据量确定是否使用控制面优化传输的方式进行。

如果 UE 和 AMF 根据首选和支持的网络行为，在使用控制面优化传输时还成功地协商了 N3 数据传输，则 UE 可以决定为任何不包含仅使用控制面的指示的 PDU 会话建立 N3 数据传输，例如基于要传输的数据量。在这种情况下，UE 可发起 N3 数据传输建立流程。

对于使用控制面优化传输的 UE 和 AMF，如果发生了 NB-IoT 系统内的移动，则会启用控制面重定向指示流程，请求 AMF 对 UE 的重建请求进行身份验证，并在 UE 发起 RRC 重建过程后在新的 NG-RAN 节点启动 UE 的 N2 连接的建立。RRC 重建流程使用截断的 5G-S-TMSI 作为 UE 标识符。

（2）用户面优化传输

用户面优化传输方案指用户进入空闲态时，在 UE 和基站侧并不删除 UE 的 AS（Access Stratum，接入层）上下文，而是通过连接挂起流程挂起 RRC 连接，当空闲态的 UE 需要发送上行数据、不需要发起服务请求流程的情况下，通过快速恢复流程恢复 NG-RAN 和 UE 的 AS 上下文，进而传输数据包。这样可以省略服务请求流程，快速传输数据包。

在 UE 与 AMF 通过 NAS 协商均支持用户面优化传输方案后，且 UE 已经通过激活的用户面连接建立了至少一个 PDU 会话的情况下，当 UE 进入空闲态时便可通过连接挂起流程挂起 RRC 连接。在使用该流程时，UE 应存储 AS 信息，而 NG-RAN 则需保存该 UE 的 NGAP UE 关联（5G-AN 节点和 AMF 之间的每个 UE 关联的逻辑）和 PDU 会话上下文信息。AMF 应存储 NGAP UE 关联以及恢复 UE 关联所需的其他信息，并与 SMF 交互，以停用 PDU 会话的用户面资源并进入空闲态。当 UE 处于挂起的空闲态时，NG-RAN 会保存 N3 隧道节点信息。UPF 被指示在连接挂起流程中删除 AN 的下行 N3 隧道信息，但是 UPF 会保留上行 N3 隧道信息（即 UPF 接受并转发 UL 数据）。

当 UE 处于空闲挂起态且需要发送上行数据包时，UE 应尝试执行空闲态下的连接挂起恢复流程，恢复连接挂起过程中存储的 AS 信息。恢复 RRC 连接后，NG-RAN 将通知 AMF 基站与 UE 的连接已经恢复，然后 AMF 将进入连接态并与 SMF 交互以激活 UE 的 PDU 会话的用户面资源。如果 AMF 与新的 NG-RAN 建立了连接，且此连接与之前存储的 NGAP UE 关联不同，即当 UE 从另一个 NG-RAN 节点发起服务请求或注册过程时，AMF 应向旧 NG-RAN 节点发送 UE N2 释放命令。

（3）Non-IP 数据传输

Non-IP 数据传输（NIDD，Non-IP Data delivery）功能是指通过 5G 网络传输非结构化的数据，包括 UE 发起的数据和 UE 接收的数据。具体包括两种机制：使用 NEF 通过 NIDD API 进行传输，用 UPF 通过点对点 N6 隧道进行传输。这两种机制实现了与外部服务器之间的非结构化数据传输。其中通过 N6 隧道传输的方式和普通 IP 数据包的传输方式一致，这里不再详细展开。

使用 NEF 通过 NIDD API 进行传输时，UE 可以在 PDU 会话建立流程期间获取 NEF 的非结构化 PDU 会话。PDU 会话是否调用 NIDD API，取决于订阅信息中 DNN / S-NSSAI 组合是否出现“NEF Identity for NIDD”。如果订阅信息中包括与 DNN 和 S-NSSAI 信息相对应的“NEF Identity for NIDD”，则 SMF 选择该 NEF 并将 NIDD API 用于该 PDU 会话；会话交互过程中可以使用 NIDD 配置过程来更新订阅中指定 DNN 和 S-NSSAI 的 NEF ID。

NEF 还支持基于 NIDD API 将终端下行数据分发到一组 UE。在 MT NIDD 请求中包含外部组标识符，NEF 使用 UDM 将外部组标识符解析为 SUPI 列表，并将消息发送到具有活动 PDU 会话的用户组中的每个 UE。

协议配置选项（PCO）可以用于核心网与 UE 之间传输 NIDD 参数（例如，最大分组大小）。PCO 可在 UE 和 SMF 之间的 5G 会话管理信令中传递。NEF 通过与 SMF 之间的 N29 接口发送并接收 NIDD 参数。

（4）节能增强

5G 系统中 mMTC 终端大多有超低功耗的需求，基于大约 5000mAh 的电池，使用寿命可超过 10 年。为了实现这个目标，5G 完全继承了 NB-IoT 的节能功能，即 DRX（Discontinuous Reception，非连续接收）、eDRX（Extended Discontinuous Reception，扩展的非连续接收）和 PSM（Power Saving Mode，省电状态），此外还将这些技术和 5G 特有的 MICO 技术结合，进一步扩展节能功能。

DRX 是一种终端节省电力消耗的基本工作模式。UE 只在特定的时间段进入激活态并监听寻呼信道，判断是否有下行业务，如果有则进入连接态并开始接收下行数据，在其他时间段则进入休眠态，不接收任何下行数据。DRX 周期取值范围为 1.28 秒、2.56 秒、5.12 秒或者 10.24 秒。DRX 周期越短则业务处理越及时，但 UE 耗电量越大；反之 DRX 周期越长则业务处理越慢，但 UE 越省电。

为了节省终端功耗，同时满足一定下行业务时延的要求，3GPP 引入了 eDRX 的概念。在每个 eDRX 周期内，有一个寻呼时间窗口（Paging Time Window，PTW），

UE 只在 PTW 内按 DRX 周期监听寻呼信道，以便接收下行业务，在 PTW 之外则处于睡眠态，不监听寻呼信道，不接收下行业务。eDRX 周期长度、PTW 窗口长度可配置，UE 和运营商之间进行协商，以运营商下发给 UE 的值为准。eDRX 周期的具体配置可查看 3GPP TS 24.008。

PSM（Power Saving Mode），在 PSM 状态下，终端射频关闭，相当于关机状态，终端非业务期间深度休眠，不接收下行数据，只有终端主动发送上行数据（如 MOData）时可接收 IoT 平台缓存的下行数据。

（5）覆盖增强

广覆盖是 mMTC 的一个重要特性。但是由于增强覆盖意味着基站的重复发送、大功率发送等，会占用大量资源（如无线和信令资源），将显著降低网络容量、增加基站功耗，因此为了均衡，只能对特定用户群体开启覆盖增强功能。

为了实现区分用户的覆盖增强，在 UDM 签约数据中增加了“覆盖增强限制”信息，并可基于 PLMN 的维度来开启和关闭覆盖增强功能。覆盖增强有多种模式，比如覆盖增强限制信息中会指示是否针对 UE 限制使用覆盖增强，或者限制使用哪种覆盖增强模式。AMF 在注册过程中会收到 UDM 发来的覆盖增强限制信息，再基于本地配置、终端用途、UE 订阅信息和网络策略或它们的任意组合，来确定 UE 如何使用覆盖增强，是否在 AMF 的用户上下文中更新覆盖增强限制信息。

如果 UE 给网络发送的消息中携带了支持限制使用覆盖增强的指示，则 AMF 在注册接受消息中向 UE 发送覆盖增强限制信息。UE 应使用覆盖增强限制信息的值来确定是否限制覆盖增强限制功能。每当在 RAN 中建立 UE 上下文时，AMF 都会通过 N2 信令向 RAN 提供覆盖增强限制信息，即 N2 寻呼流程、服务请求流程、初始注册和定期注册过程。

对于漫游的 UE，如果 UDM 没有提供任何覆盖增强限制信息或所提供的覆盖增强限制信息与漫游协议冲突，则 AMF 应基于漫游协议在 VPLMN 使用本地配置的与 HPLMN 运营商签订的默认增强覆盖限制信息。

AF 可通过 NEF 逐用户查询覆盖增强限制功能的支持情况，每个 UE 启用/关闭增强覆盖限制的状态。

（6）核心网选择

NB-IoT 基站可能同时连着 5G 核心网和 4G 核心网，当多模终端从 NB-IoT 基站接入时，该终端可能接入 5G 核心网，也可能接入 4G 核心网。即使已接入某一个核心网，由于运营商的策略或者负载分担等原因，也可能重定向到另一个核心网。当重定向失败时，会回退到原来的网络中驻留。在支持 CIoT 功能的 EPC 和 5G 核心网的网络中，运营商可以根据运营商策略，如根据漫游协议、首选和支持的网络行为、负载重分布等，引导 UE 选择核心网类型。但是运营商需要避免终端在 4G、5G 网络中频繁切换。

多模终端在连接多个核心网的 NB-IoT 基站时，接入哪个核心网是根据 4G 和 5G 的广播指示以及 UE 中的 4G 和 5G 首选网络选项设置来确定的。NB-IoT 基站会在系统信息广播中指示是否支持 N3 数据传输。当 UE 发起注册流程时，在注册请求消息中携带 UE 的首选网络行为参数（即优选 4G 还是优选 5G），AMF 在注册接受消息中，向 UE 回复 5G 支持的网络行为。如果 UE 支持首选 5G 网络且支持 CIoT 优化传输能力，当 UE 执行附着或 TAU 等 4G 流程时，UE 在携带其 4G 首选网络行为的同时，还应包括其 5G 核心网首选网络行为。

有时因为负载均衡等因素，需将 UE 从 5G 重定向到 4G，或者从 4G 重定向到 5G。将 UE 从 5G 重定向到 4G 时，在 UE 发起注册过程中，AMF 返回拒绝注册响应并携带 EMM 原因值，指示 UE 不应使用 5G 核心网。同时 UE 禁用 5G 能力，重新启用 4G 能力（如果已禁用），然后 UE 通过 4G 执行附着或 TAU，重定向到 4G 网络中。将 UE 从 4G 重定向到 5G 时，在 UE 发起连接请求或 TAU 过程中，MME 发送具有 EMM 原因的拒绝消息，指示 UE 不应使用 EPC。UE 禁用 4G 能力并重新启用 5G 能力（如果已禁用）；然后，UE 执行 5G 核心网的注册流程迁移到 5G 网络中。

AMF/MME 根据 UE 的 4G、5G 支持能力、UE 的首选网络行为以及被重定向到的目标网络的支持网络行为来决定是否重定向。如果在重定向之后 UE 找不到合适驻留的小区，则 UE 可以重新启用禁用的原网络能力，并重新接入原来网络中驻留。

（7）系统间移动性管理

为了方便对终端在 NB-IoT 和其他 RAT 小区之间移动时的管理，3GPP 规定了跟踪区需要进行特殊的配置，即同一个跟踪区不能同时包含 NB-IoT 和其他 RAT 小区。当 NB-IoT 基站和其他 RAT 类型基站都连接到 5G 核心网，且 UE 在这两种基站之间切换时，UE 将执行移动注册更新程序。当 NB-IoT 基站和其他 RAT 类型基站分别连到 5G 核心网和 4G 核心网，且 UE 在两种基站之间移动时，UE 将执行注册、附着或 TAU 等流程，并在这些流程中判断 RAT 类型的改变。

终端在 NB-IoT 和其他 RAT 小区之间移动时的 PDU 会话处理由 UE 签约数据中的“RAT 间移动性 PDU 会话连续性”来控制，该信息由 SMF 在 PDU 会话建立期间从 UDM 中检索并获取（如果没有的话则使用 SMF 本地配置的信息），该信息表示是否从 DNN 或 S-NSSAI 的维度来维护 PDU 会话、通过重新激活请求断开 PDU 会话、在没有重新激活请求的情况下断开 PDU 会话，或者根据 VPLMN 的本地策略处理。

空闲态的 UE 在 NB-IoT 和其他 RAT 小区之间移动时，AMF 通过注册过程的 Nsmf_PDUSession_UpdateSMContext 消息通知 SMF 该空闲态 RAT 改变的移动性事件。基于此，Home SMF 根据“RAT 间移动性 PDU 会话连续性”签约数据或本地策略来处理 PDU 会话。

当空闲态的 UE 从其他 RAT 移动到 NB-IoT 时，如果 PDU 会话具有多个 QoS 规则，SMF 应启动 PDU 会话修改程序删除任何非默认的 QoS 规则，仅保留默认 QoS 规则。

7.8 车联万物

7.8.1 研究背景

车联网是指通过信息和通信技术，实现车与车、车与人、车与路和车与网的全方位网络连接，即车联万物（V2X，Vehicle to Everything，X 可以是任何事物），是提升汽车智能化、网联化水平，推动自动驾驶和智能交通发展的重要基础。通过车、人、路、网的互联互通，车联网能够提升出行安全、提高出行效率、提供更好的出行服务体验。

美欧日中等国家普遍非常重视车联网发展，将车联网作为国家战略性新兴产业，在国家层面开展顶层设计，推进智能交通和网联智能汽车产业发展，并通过强制立法着重推动部分重点领域发展。

美国从国家战略、立法和产业研发层面全面推进车联网发展。一方面，从 2003 年的 VII（车路集成），到 2009 年 IntelliDrive（智能驾驶）和 2011 年的 CVR（网联汽车研究）项目，美国交通部持续牵头推进车路协同的研究，并开展相关测试验证。另一方面，从国家层面制定并发布 ITS（智能交通系统）战略计划，明确 2019 年前重点推进实现车辆自动化和车辆联网两大目标。此外，2016 年美国交通部提案以立法形式，推动美国至 2023 年须强制所有轻型车辆安装 DSRC（专属短距离通信）联网设备。

不同于美国的单一部门推动，日本“自动驾驶系统研发计划”则由内阁牵头，警察厅、总务省、经济产业省和国土交通省等多部委联合推进，政府直接参与规划，融合推进网联化、智能化和安全化发展，并设定了短期（2014—2016）、中期（2017—2020）和远期（2021—2030）发展阶段和目标。短期着重开展车联网协同系统和终端设备研发以及市场战略部署；中期完成驾驶安全支持系统研发和 Level 2 市场部署，并将日本交通事故死亡人数降低到 2500 人/年以内；远期则完成 Level 3/4 系统研发和市场部署，并最终建成世界最安全畅通的道路。

欧盟面临多样化文化和国情现状，为推动科技创新促进经济增长，于 2014 年正式启动了地平线 2020 计划，加强在智能交通、汽车自动化和网联化及产业应用方面的投入和合作。2015 年发布了 GEAR 2030 战略，重点关注高度自动化和网联自动驾驶等领域。围绕自动化、网联化和产业应用，欧盟重点推进顶层设计和关键技术研发促进车联网发展。

中国政府高度重视车联网相关技术和产业发展，将加快构建车联网纳入国家“十三五”规划，积极推进跨行业融合和合作。2015 年发布的《中国制造 2025》明确提出汽车低碳化、信息化和智能化发展方向，推进智能交通工具等产品研发和产业化。2017 年成立了“国家制造强国领导小组车联网产业发展专项委员会”，由 20 个部门和单位组成，负责车联网发展规划、政策制定和措施落实。工业和信息化部将 5905~5925MHz 频段确定为车联网直连通信专用频段，进一步促进新一代信息通信技术与传统汽车产业深度融合，支持 LTE-V2X 技术在智能网联汽车的应用和发展。

7.8.2　车联网典型场景及研究现状

不同于以车载信息服务为主的传统车联网，下一代车联网将向以 V2X 为核心、以智能化和网联化为基础的智能辅助驾驶、自动驾驶及智能交通方向发展。

从服务内容的阶段划分，一般可以将车联网分为车载信息服务、辅助驾驶、及自动驾驶和智能交通 3 个阶段：

阶段 1（车载信息服务）：该阶段车辆通过通信模块获取所需的导航、路况、车辆诊断等信息，基于公众网络，实现车载信息服务娱乐、车载导航和远程控制等业务场景。车载信息服务是车联网最基础的属性和功能，随着网络能力的不断提升，应用空间也在不断扩展。

阶段 2（辅助驾驶）：辅助驾驶是随着汽车行业的自动化程度不断提升的产物，这一阶段注重各类高级传感器和智能化技术的应用，并且由于车辆安全与整个交通系统有关，因此车辆的通信需求不再局限于车载信息服务中车与云之间的通信，而是进一步扩展到车与万物，简称 V2X，意即车与车、车与人、车与道路等。这个阶段是车联网当前所处的发展阶段，也是当前产业界的热点领域。

阶段 3（自动驾驶和智能交通）：如果说阶段 2 主要解决了行车的安全问题，那么阶段 3 就是在阶段 2 基础上进一步试图解决交通系统运行效率的问题。随着自动驾驶技术的成熟以及车辆之间信息的充分交换，可以从更深的层次优化交通系统的运行，达到节能减排，省事高效的目的。

V2X 是下一代车联网核心技术之一，通过车-车（V2V）、车-路（V2I）、车-人（V2P）、车-云（V2N）等信息交互和共享，使车和周围环境协同配合，实现智能交通管理控制、车辆智能化控制和智能动态信息服务的一体化网络。

具体来说，V2V 是指通过车载终端获得车辆速度、位置和行车情况等信息，并通过车辆间的通信，满足限速提醒和碰撞预警等业务场景需求。V2I 是指车载设备与路侧基础设施进行通信，用于车速引导、道路紧急信息获取和车辆监控管理等场景。V2P 是指行人和骑行者等群体使用终端设备与车载设备进行通信，实现人行道通行预警和驾驶行为提示等应用。V2N 则是指车载设备与云平台之间的连接和数据交换，可应用于车辆导航、车辆监控、紧急救援和信息娱乐等服务。

7.8.3 车联网的网络关键技术

（1）5G V2X 网络架构如图 7-22 所示。

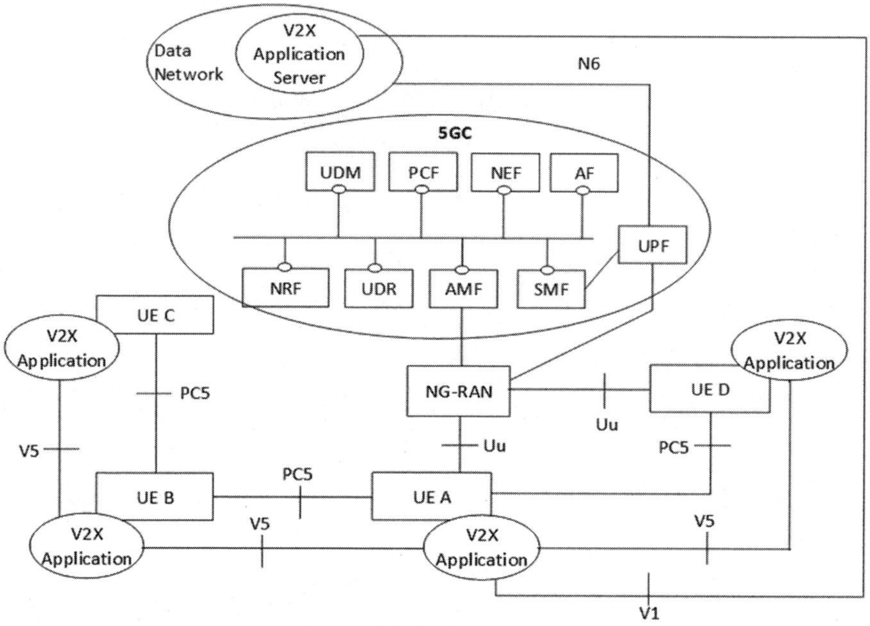

图 7-22 5G V2X 网络架构

3GPP R16 中 5G V2X 网络架构与 LTE-V2X 中 V2X 网络架构的区别在于，5G V2X 网络架构采用 PCF 作为 V2X 控制功能，基于 AF 对 UE 进行服务授权和配置。而 LTE-V2X 中 VCF 是用户面网元，功能与 PCF 类似。在 5G V2X 网络架构中，NRF 主要负责核心网网络功能的注册和发现。在 R16 V2X 中，如果 UE 具有 V2X 能力，且被授权 V2X 通信，会在 UE 注册过程中携带相关信息，AMF 收到后，会在选择 PCF 时向 NRF 要求选一个支持 V2X 通信的 PCF，NRF 会存储该条件并根据该条件选择 PCF。

（2）V2X 通信方式

V2X 通信方式主要分为两大类，基于 PC5 的通信和基于 Uu 口的通信。其中，基于 PC5 的通信在 5G 网络中有广播、组播和单播三种通信方式，基于 Uu 口的通信方式只有单播通信一种方式。

❍ PC5 广播通信

V2X 服务通信支持 UE 之间通过 PC5 接口进行用户面通信与信息交互（可传输基于 IP 和非 IP 的消息，但基于 IP 的消息仅支持 IPv6 传输）。如果 UE 有 IMS 域的紧急会话，则该会话优先级高于 V2X 通信。

广播通信时，UE 的源 IP 地址管理如下：UE 配置一个链路本地 IPv6 地址作为源 IP 地址，并使用此地址进行 PC5 V2X 通信，不需要针对重复地址检测发送邻居请求和邻居通告消息。

❍ PC5 组播通信

组播时，UE 的源 IP 地址管理如下：UE 配置一个链路本地 IPv6 地址用作源 IP 地址，并使用此地址进行 PC5 V2X 通信，不需要针对重复地址检测发送邻居请求和邻居通告消息。

❍ PC5 单播通信

两个 UE 之间的 PC5 单播链路允许在这些 UE 中的一对或多对对等 V2X 服务之间进行 V2X 通信。UE 中使用相同 PC5 单播链路的所有 V2X 服务都使用相同的应用层 ID。应用层 ID 可以根据隐私策略改变，且不会导致 PC5 单播链路重建。

一个 PC5 单播链路可以支持一个或多个 V2X 服务，源 UE 不需要知道不同 PC5 单播链路上的不同应用层 ID 是否属于同一个目的 UE；一个 PC5 单播链路只支持一个网络层协议（IP 或非 IP）；一个 PC5 单播链路支持流级别的 QoS 模型。

当 UE 中的应用层启动 V2X 服务的数据传输并要求通过 PC5 接口进行单播通信时，如果应用层 ID、网络协议等信息都和要求的一致，则 UE 应该复用现存的 PC5 单播链路；否则 UE 将触发新的 PC5 单播链路的建立；UE 会给每一个 PC5 单播链路分配一个独特的 PC5 链路 ID，该 ID 包括：服务类型、UE A 和 B 的应用层 ID 和层 2 ID，网络层协议、PC5 QoS 流 ID，每个 PFI 对应一个 QoS 参数。

PC5单播通信的IP地址分配机制如下：采用IPv6无状态地址自动配置来分配IPv6前缀，其中两个UE中的一个UE作为IPv6默认路由；IPv6链路本地地址由UE本地产生。当PC5接口上一个安全的层2链路建立时，IPv6链路本地地址会进行交换。层2链路建立后，UE应该禁用重复地址检测。

❍ Uu单播通信

Uu接口的V2X单播通信的机制与3GPP TS 23.501中PDU会话的建立类似，V2X信息通过已有的单播路径传输至V2X应用服务器或UE。

（3）针对UE的PCF授权服务和配置

V2X策略配置分为PC5 V2X通信授权和Uu通信授权。

PC5 V2X通信服务授权与服务提供的基本原则如下：UE需经PCF授权使用V2X PC5通信；HPLMN的PCF结合归属地和其他PLMN的授权信息，最后向UE提供最终的授权信息；PCF可以随时通过在UE策略透传过程中调用UE配置更新流程，撤销授权；通过PC5和Uu参考点向UE提供V2X通信由PCF控制，并可由UE触发。

通过Uu接口向UE传输的信息主要有：V2X服务与PDU会话类型、传输层协议、SSC模式、S-NSSAI、DNN参数的对应。

以下信息可能提供给UE，并可用于LTE-Uu和Uu接口的V2X通信：V2X服务（V2X应用的PSID或ITS-AID）与单播V2X应用服务器地址信息（IP地址和传输层端口）的映射；V2X应用服务器的IP地址或FQDN列表，以及配置的区域信息和PLMN列表。

（4）PC5 QoS增强

NR PC5接口的QoS模型（如图7-23所示）和Uu接口的很相似，均基于5QI和新增的参数Range。每个PC5 QoS流关联一个PC5 QoS规则，并包含相应的PC5 QoS参数。UE可以配置一些默认的PC5 QoS参数。对于NR PC5接口的广播、组播和单播，需要使用流级别的QoS模型来管理PC5 QoS。

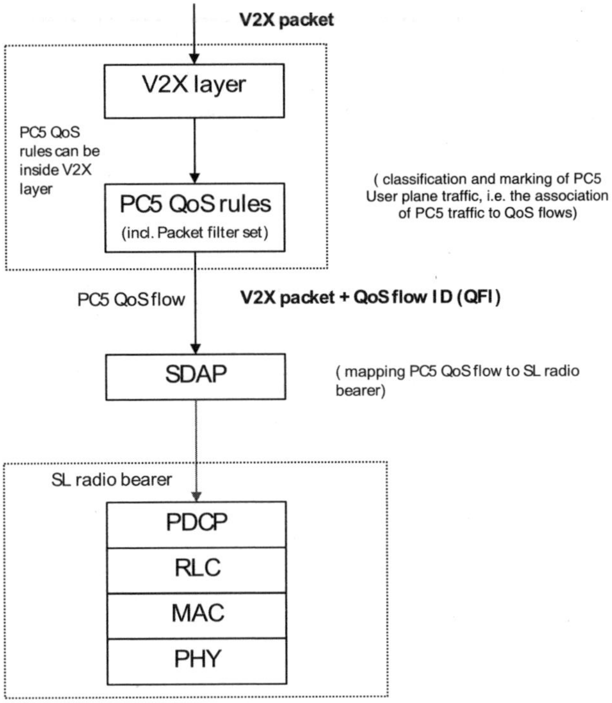

图 7-23　NR PC5 接口的 QoS 模型

应用层发起 V2X 应用请求，LTE 用 PPPP（ProSe Per-Packet Priority，ProSe 每包优先级）或 PPPR（ProSe Per-Packet Reliability，ProSe 每包可靠性），NR 则采用 PQI 和 Range 模型。UE 匹配应用层提供的 V2X 应用请求与合适的 QoS 参数，并将其传递给下层。对于 NR PC5，不同的 V2X 包可能会请求不同的 QoS，在这种情况下，V2X 层向接入层发送的 PC5 QoS 流中，不同的 V2X 包应该由不同的 PFI（PC5 QoS 流标识符）进行标识。

在组播时，Range 也包含在 QoS 参数中，可能由 V2X 应用层提供，或者根据服务类型的配置生成默认值。Range 标识了 QoS 参数需要被满足的最小距离，Range 和 QoS 参数一起传输至接入层，以实现动态控制。

不同传播方式的 QoS 处理不同，UE 处理的三种方式根据优先级确定，例如 PQI 所表示的优先级。在广播和组播的 PC5 中，标准 PQI 值由 UE 提供，这时 PC5 接口上没有信令传输；在网络规划操作模式下，针对 NR PC5 的 UE-PC5-AMBR 适用于所有通信模式，并且在资源管理中被 NG-RAN 用于覆盖 UE 的 NR PC5 传输。

UE 收到 V2X 应用层发送的服务数据和请求时，UE 会判断是否能匹配已有的 PC5 QoS 流；如果没有，UE 根据请求生成 PC5 QoS 参数，创建新的 PC5 QoS 流，并分配一个 PFI，生成一个 PC5 QoS 规则；在 NR PC5 的 V2X 通信中，PC5 QoS 流是区分同一个目的层 2 ID 的 QoS 最佳粒度。具有相同 PFI 的用户面数据流接收相同的流量转发处理要求（如时序安排和允许的门限），同一个目的中的 PFI 是唯一的。

在 PC5 的三种通信方式中，UE 存储 PFI 和相对应的 PC5 QoS 上下文和规则，上下文里包含 PC5 QoS 参数（PQI 和 Range）及 V2X 服务类型（PSID 或 ITS-AID）。当 UE 分配一个新的 PFI 时，会创建相应的上下文和规则，释放 PFI 时则会清除它们。在单播时，PFI 还额外对应其他参数。

PC5 QoS 规则包含 PFI、优先数值和 PC5 包过滤集合（Packet Filter Set）。优先数值决定规则评估的顺序，数值越低，优先级越高。

V2X 层向接入层（AS）提供每个目的地址（如通过目的层 2 ID 标识）的 PC5 QoS 操作信息，以进行流粒度的 QoS 模型操作：（1）增加或修改 PC5 QoS 流，V2X 层向 AS 层提供该流的 PFI、相应的 QoS 参数以及源/目的层 2 ID；（2）删除一个流，提供 PFI 和源/目的层 2 ID。

此外 V2X 层还向 AS 层提供多种通信方式（广播、组播、单播）和无线频率。无线频率根据与 PC5 QoS 流相关的 V2X 服务类型确定，V2X 层确保不同频率的 V2X 服务被分到不同的 PC5 QoS 流中。

（5）Uu V2X 通信的 QoS 处理

V2X 服务数据可以通过非保证比特率（Non Guaranteed Bit Rate，Non-GBR）QoS 流和保证比特率（Guaranteed Bit Rate，GBR）QoS 流传输。V2X 应用服务器可以请求在特定区域和时间段内进行 QoS 可持续性分析预测潜在的 QoS 变化，从而适应应用的行为；也可以请求之前的静态数据，如何使用静态数据不在 3GPP 定义的范畴内。

V2X 应用服务器作为 AF 通过 NEF 和其他 NF 交互。可以采用订阅-通知模式，或者仅请求单一通知（请求-回复模式）。

为了支持在不同配置下运行的 V2X 应用，作为应用功能的 V2X 应用服务器可在请求的服务水平要求之外，给 5G 系统提供备选的服务要求。这使得 5G 系统可以按照备选服务要求运行，并将其应用于扩展的 NG-RAN 通知。

V2X 应用服务器可以在提供服务信息时，将备选服务要求一并提供给 PCF，以此来影响给 V2X 提供服务的 QoS。

（6）V2X 应用服务器的发现

在 Uu 接口通信时，V2X 应用服务器需要被发现，其地址可以是配置在 UE 上的，也可以是通过 N1 接口传过来的。

当配置里含有 FQDN 时，UE 应该执行 DNS 解析获取 V2X 应用服务器的地址。UE 只能在指定的地理位置内使用 V2X 应用服务器信息，当 UE 切换服务的 PLMN 或者跨越配置区域时，需要进行地址重定向。当 SMF 指示 DNAI 修改并通知 V2X 应用层时，应用层可以触发 UE 进行 DNS 解析，以解决 V2X 应用的重定向问题。

在配置多个 V2X 应用服务器时，应当由应用层选择最合适的服务器。部署本地应用服务器后，可以通过 Anycast 方式向 UE 隐藏服务器的更改。在这种情况下，FQDN 会配置一个更大的区域，如整个公共陆地移动网络，UE 只需要重定向一次到一个任播的地址，由本地 UPF 基于任播路由将流量导向本地 V2X 应用服务器。

（7）V2X 服务的订阅

UDM 的用户文件包含订阅信息，可以授权 UE 使用 V2X 服务。

运营商拥有在任何时间都可以删除 UDM 的 UE 文件中关于 UE 订阅 V2X 服务的权利，取消 UE 使用 V2X 服务的许可。

针对 V2X 服务，定义了以下订阅信息：a）UE 是否被授权在 PC5 V2X 通信中作为车辆终端或行人终端，或者兼有；b）UE-PC5- AMBR；c）V2X 通信授权的 PLMN 清单，以及每个 PLMN 里的 RAT（无线接入技术）；d）PC5 QoS 参数。

UDM 可以从 UDR 里查询 a）和 b）。UE 在注册流程时，针对订阅数据类型“UE context in AMF data”，a）和 b）由 UDM 使用 Nudm_SDM 服务提供给 AMF，AMF 把 a）和 b）作为 UE 上下文信息提供给 NG-RAN。在 UE 策略关联建立流程中，c）

和 d）由 UDR 提供给 PCF。如果 UDR 向 PCF 提供的订阅信息有变化（如 PC5 QoS 相关参数和 PLMN 列表），则 PCF 初始化 UE 配置更新流程。

7.9 无人机

7.9.1 研究背景

5G 无人机系统（Unmanned Aerial System）由无人机（Unmanned Aerial Vehicle，UAV）及其控制器组合构成。无人机是指无人驾驶的飞行器，不同于一般的有飞行员的飞行器，无人机一般由无人机控制器操纵，并且具备一定程度的自动飞行能力。在无人机系统中，无人机与无人机控制器之间需要通信能力的保障。

无人机的尺寸范围比较广，既有体型较小、载荷较轻的无人机，也有体型较大、负载较重的无人机。不同类型的无人机适用于不同的场景，监管要求和网络需求也有所不同。无人机的通信需求场景主要有两类：命令和控制（Command and Control，C2）场景，无人机负载部件的上下行数据传递场景。

无人机系统除无人机和无人机控制器之外，一般还有无人机交通管理平台 UTM（Unmanned Aerial System Traffic Management）为无人机系统提供多种服务，主要包括无人机系统认证、无人机追踪、无人机系统鉴权、无人机管制以及无人机相关数据存储。它还允许授权用户（例如，空中交通管制，公共安全机构）查询无人机及其控制器的身份和元数据。

无人机是利用无线遥控和程序控制的不载人飞机。它涉及传感器技术、通信技术、信息处理技术、智能控制技术以及航空动力推进技术等，是信息时代高技术含量的产物。无人机价值在于形成空中平台，结合其他部件扩展应用，替代人类完成空中作业。目前消费类无人机占据的市场份额较多，但行业无人机前景看好。

目前，在中国乃至世界各地，诸多领域已出现“无人机+行业应用”的蓬勃发展势头（参见表 7-3）。无人机在农林植保、电力及石油管线巡查、应急通信、气象监视、农林作业、海洋水纹监测、矿产勘探等领域应用的技术效果和经济效益非常显著。

此外，无人机在灾害评估、生化探测及污染无人机应用场景和通信需求采样、遥感测绘、缉毒缉私、边境巡逻、治安反恐、野生动物保护等方面也有着广阔的应用前景。

表 7-3 无人机典型场景需求

	服 务	上下行带宽	端到端时延	海 拔	服务区域
1	8K 视频直播	100Mbps UAV 上行	200 ms	<100 m	城市，风景名胜区
		600Kbps UAV 下行	20 ms	<100 m	
2	激光测绘/高清巡逻记录	120Mbps UAV 上行	200 ms	30~300 m	市区，农村，风景名胜区
		300Kbps UAV 下行	20 ms	30~300 m	
3	4*4K AI 监控	120Mbps UAV 上行	20 ms	<200 m	市区，农村
		50Mbps UAV 下行	20 ms	<200 m	
4	远程 UAV 控制器借助高清视频	≥25Mbps UAV 上行	100 ms	<300 m	市区，农村
		300Kbps UAV 下行	20 ms	<300 m	
5	实时视频	0.06 Mbps w/o video UAV 上行	100 ms	-	市区，农村
6	视频流传输	4 Mbps 720p 9 Mbps 1080p UAV 上行	100 ms	-	市区，农村
7	定期静物摄影	1Mbps UAV 上行	1s	<120 m	市区，农村

5G 系统传输的数据包括无人机上的硬件设备（例如摄像机）收集的数据，如图片、视频和文件；也可以传输一些软件计算或统计数据，如无人机管理数据。5G 系统传输的业务控制数据可以基于应用触发，例如无人机上设备的切换、旋转，提升和降级控制。各种无人机应用程序可能同时需要不同的上行链路和下行链路 QoS。5G 系统可以在同一区域内同时向地面上的其他用户提供服务而不会降低服务质量。

7.9.2 无人机场景研究现状

在 3GPP 标准中，目前涉及无人机的研究项目主要集中在 SA1、SA2 以及 SA6 三个工作组。SA1 主要定义了在 3GPP 通信下无人机控制以及应用相关的网络场景和相关网络需求。SA2 主要研究如何支持无人机系统的连接、识别和追踪，包括在 3GPP 系统中用于无人机控制器和无人机识别和跟踪的机制；3GPP 系统如何为无人机提供地面识别的支持（例如，向警用设备的第三方授权）；通过 UTM 支持无人机控制器和无人机授权和认证的机制；处理未经授权的无人机和撤销授权的机制（例如，缺乏连接以携带无人机命令和控制消息，拒绝注册等），使系统能够跟踪和控制无人机。SA6 主要研究支持无人机系统的应用架构以及相关解决方案，包括如何实现无人机的多播广播、无人机地理位置信息。

7.9.3 无人机控制相关关键技术

（1）命令和控制（C2）

C2 通信有以下三类：

- 直接 C2 通信：无人机控制器和无人机建立直接 C2 链接通信，两者均通过 5G 网络进行直接 C2 通信所需的无线电资源的注册和配置。
- 网络辅助的 C2 通信：无人机控制器和无人机注册并建立到 5G 网络的单播 C2 通信链路，并通过 5G 网络通信。而且，无人机控制器和无人机均可通过不同的 NG-RAN 节点注册到 5G 网络。5G 网络需要支持机制来处理 C2 通信的可靠路由。

- UTM 导航的 C2 通信：已为无人机提供了预定的飞行计划，例如 4D 多边形阵列，用于自主飞行，但是 UTM 仍与无人机保持 C2 通信链接，以便定期监视无人机的飞行状态，使用最新动态限制来验证飞行状态，提供路线更新，并在必要时为无人机导航。

通常，无人机操作员通过无人机控制器进行直接 C2 通信和网络辅助 C2 通信。UTM 利用（由 UTM 导航的）C2 通信提供已存储的飞行路线和路线更新。为了确保 UAS 操作中 C2 通信的服务可用性和可靠性，尤其是当无人机超出操作员视线飞行时，可以为无人机控制器或其他任何 C2 通信链路建立冗余 C2 通信链路连接至 UTM。

出于可靠性和服务可用性的考虑，不可能激活一个以上的 C2 通信，通常将其中一个作为 C2 通信的备用链路，或者在适用的 C2 通信链路之间切换。

在 C2 通信中，针对无人机操作的四种控制模式具有不同的要求（参见表 7-4），例如：消息间隔、消息包大小和端到端时延等。这些控制模式包括转向航路点、直接用操纵杆操纵，通过 UTM 自动飞行以及接近自主导航基础设施。

- 转向航路点：控制消息中包含飞行声明，例如航点，从无人机控制器或 UTM 发送到无人机。在直接 C2 通信和网络辅助 C2 通信中都使用控制模式。
- 直接操纵杆操纵：控制消息包含从无人机控制器发送到无人机的方向指令，同时，视情况提供视频流量作为从无人机到无人机控制器的反馈。在直接 C2 通信和网络辅助 C2 通信中都使用控制模式。
- 通过 UTM 自动飞行：控制消息中包含预先安排的飞行计划，例如从 UTM 发送到无人机的 4D 多边形数组，此后通过定期位置报告自动飞行。控制模式用于 UTM 导航的 C2 通信中。
- 接近自主导航基础设施：控制消息中包含方向指示，例如从 UTM 到无人机的航路点、高度和速度。当无人机降落/起飞时，UTM 与自主导航基础设施（例如，垂直端口或包裹分发中心）进行更为紧密的协调。控制模式用于 UTM 导航的 C2 通信中。

表 7-4 无人机控制要求

控制模式	功能	消息间隔	UAV 最快时速	典型消息包大小	端到端时延	可靠性
转向航路点	无人机接收的 C2 信号	≥1 s	300 km/h	100 byte	1 s	99.9%
	无人机发出的 C2 信号	1 s		84 byte~140 byte	1 s	99.9%
直接用操纵杆操纵	无人机接收的 C2 信号	40 ms (note 6)	60km/h	24 byte	40 ms	99.9%
	无人机发出的 C2 信号	40 ms		84 byte~140 byte	40 ms	99.9%
通过 UTM 自动飞行	无人机接收的 C2 信号	1 s	300 km/h	<10K byte	5 s (note 9)	99.9%
	无人机发出的 C2 信号	1 s (note 9)		1500 byte	5 s (note 9)	99.9%
接近自主导航基础设施	无人机接收的 C2 信号	500 ms	50 km/h	4k byte	10 ms	99%
	无人机发出的 C2 信号	500 ms		4k byte	140 ms	99.99%

（2）签约注册

向 USS 注册时，无人机被分配了 CAA 级 UAV ID，以便能够向 USS 标识自己。如果在无人机向 3GPP 网络注册时，在无人机和 UTM / USS 之间使用了 USS UAV 授权/身份验证（UUAA）选项，则 UTM / USS 还可以提供安全凭证。

假定为 UE 分配了一个用于空中操作的外部标识符，作为通用公共订阅标识符的一部分。外部标识符用于与外部功能（例如 USS）进行交互。

USS 与 MNO 之间需支持两种场景：一种是存在先验关系并分配与 SUPI 对应的外部标识符；另一种是 USS 与 MNO 之间没有任何先验关联，需动态选择 USS。在第二种情况下，预计 MNO 将根据 MNO 特定机制为每个无人机通信订阅分配外部标识符，并且预期在无人机与 USS 之间或 MNO 与 MNO 之间的交互期间，将此类外部标识符传达给 USS。

可以在 3GPP 系统中使用无人机飞行使能子系统（UFES）。UFES 的作用是为 USS 提供单个接口，限制对 3GPP 系统的影响。原则上，UFES 执行 USS 选择而不需要 3GPP 网络节点（例如 5G 核心网中的 AMF、SMF 或 EPC 中的 PGW）来实现这种 USS 发现机制。UFES 支持将无人机外部标识符作为 3GPP 无人机 ID 交付给 USS，并且可以从 UDM 检索相关的订阅信息和/或接收 PCF 的策略控制。UFES 进行的 USS

选择基于此解决方案中所述的CAA级别无人机ID，而不是基于UDM订阅信息或PCC规则。

7.10 近场通信

7.10.1 研究背景

在 3GPP R12 版本标准的 EPS 中开展了近场通信的研究，以支持商业和公共安全服务。在 3GPP R14 版本标准中，强化了近场通信（特别是直接通信）来支持使用 LTE 网络的车联网服务。

对于 5G 系统来说，近场通信有望成为广泛支持各种应用和服务的重要工具。在 3GPP R16 系列标准中，在 V2X 服务中增加了基于 PC5 的架构增强和通信方式。然而，除了在 V2X 服务场景中需要近场通信，还有更多的近场通信的服务需求。例如，当前 5G 系统中缺乏直接模式 D2D 通信机制（包括 UE 与网络中继节点之间的通信）。这可能使得 5G 系统在某些关键任务的服务上存在缺陷。

因此，需要增强 5G 系统来支持近场通信，并根据该特性的增强改造现有的 5G 系统网络架构，构建一个通用且适用于近场通信的 5G 网络架构，并将该架构用于公共安全和商业相关的近场通信。

7.10.2 邻近服务关键技术

（1）邻近服务（ProSe）的发现过程

ProSe 直接发现过程用于 UE 通过 PC5 接口在附近发现或被附近的其他 UE 发现。UE 可以使用 ProSe 直接发现过程，发现对发布的 ProSe 业务感兴趣的应用或感兴趣的组的其他 UE。

ProSe 的发现过程可以分为以下几类：通过 PC5 接口发现对发布的 ProSe 业务感兴趣的组中的其他 UE（或被其他 UE 发现），该组信息可以来自应用程序层；通过 PC5 接口发现（或被其他 UE 发现）支持对发布的 ProSe 业务感兴趣的应用程序；如果 UE 不在覆盖范围内，则在覆盖范围内或覆盖范围之外发现（或被其他 UE 发现）；当 UE 处于覆盖范围内时，网络能够控制 ProSe 直接发现过程。ProSe 直接发现过程可用于执行 ProSe 直接通信，例如一对多直接通信，一对一直接通信。

（2）支持 NR PC5 近场通信

ProSe 服务的用例包括公共安全和交互式服务。对于公共安全和交互式服务，需要支持 NR PC5 ProSe 通信，包括单播和组播。

为了支持单播，组播和广播通信，可以复用 V2X 的 PC5 通信机制，但有一些区别：除了支持 IPv6，还支持通过基于 NR 的 PC5 参考点进行基于 IPv4 的 ProSe 通信；基于 NR 的 PC5 参考点进行 ProSe 通信的 IPv4 地址分配遵循 R16 版本的 ProSe 的 IP 地址分配机制；支持 5G ProSe 的 UE 能够处理以太网包数据和非结构化单元数据。

（3）支持 UE 到网络的中继

需要研究对 UE 到网络中继的支持。此外，还应考虑 Rel-16 5G 架构设计，例如基于 PC5 接口或 Uu 接口的基于流的 QoS 通信。

需要考虑 UE 可能通过图 7-24 所示的直接网络通信或间接网络通信访问网络的情况，其中路径＃1 也可能是不存在的直接网络通信路径，路径＃2 和路径＃3 是经由不同的 UE 到网络中继的间接网络通信路径。

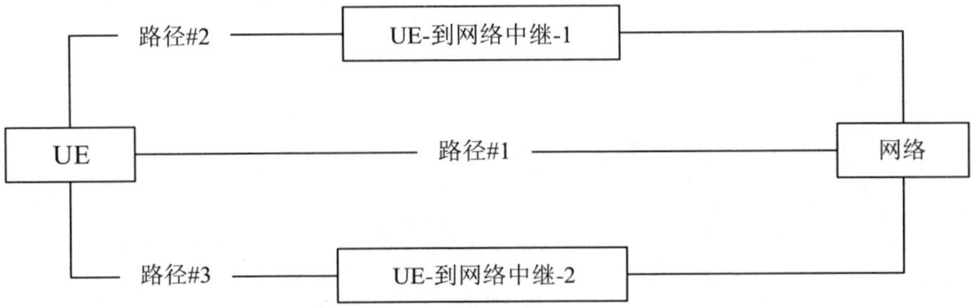

图 7-24　UE 与网络之间的直接或间接网络通信路径的示例场景

5G ProSe 需要支持 UE 到网络中继的功能。需要研究以下方面：如何授权 UE 作为 5G UE 到网络中继，以及如何授权 UE 通过 5G UE 到网络中继访问 5G 核心网；如何在远程 UE 和 UE 到网络中继之间建立连接以支持远程 UE 到网络的连接；如何通过 UE 到网络中继来支持远程 UE 和网络之间的端到端要求，包括 QoS（例如数据速率、可靠性、等待时间）和 PDU 会话相关属性（例如 S-NSSAI 的处理、DNN、PDU 会话类型和 SSC 模式）；网络如何允许和控制 5G ProSe UE-NW 中继的 QoS 要求；如何通过 UE 到网络中继在远程 UE 和网络之间传输数据；如何（重新）选择 UE 到网络中继以在两条间接网络通信路径（即图 7-24 中的路径＃2 和路径＃3）之间选择通信路径；如何在直接网络通信路径（即图 7-24 中的路径＃1）和间接网络通信路径（即图 7-24 中的路径＃2 或路径＃3）之间执行通信路径选择。在这些通信路径切换过程中如何保证在直接网络通信路径和间接网络通信路径之间切换，以及在两个间接网络通信路径之间切换时的服务连续性；关于 UE 到网络中继的支持，可以考虑两种情况，即由 gNB 基站服务的 UE 到网络中继（如图 7-25 所示）和由 ng-eNB 基站服务的 UE 到网络中继（如图 7-26 所示）。

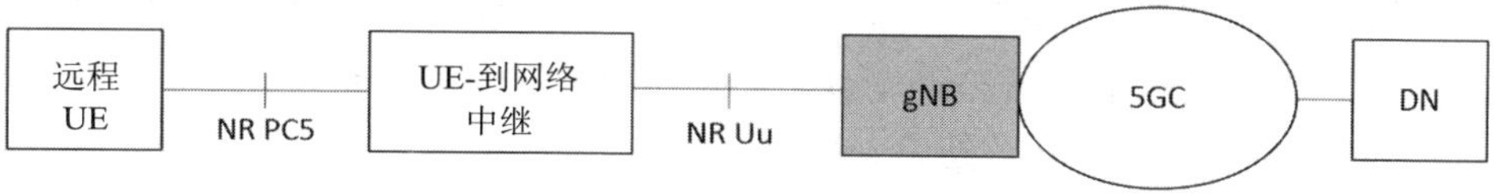

图 7-25 gNB 基站服务的 UE 到网络中继

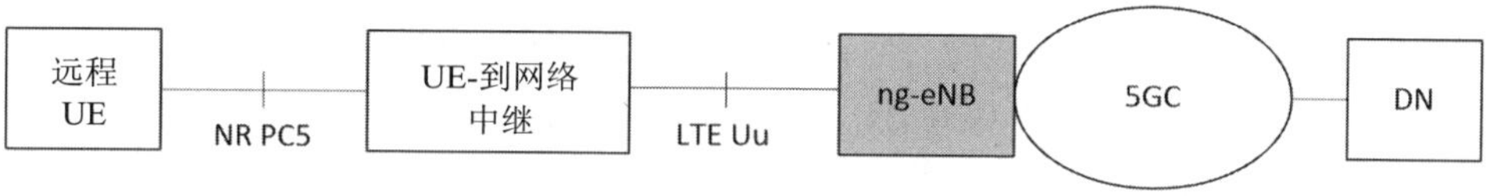

图 7-26 ng-eNB 基站服务的 UE 到网络中继

（4）支持 UE 到 UE 的中继

UE 到 UE 的中继需要支持以下功能：如何（重新）选择附近的 UE 到 UE 中继 UE；网络是否以及如何控制网络到终端的操作，至少包括：如何授权 UE 到 UE 中继，例如授权 UE 作为 UE 到 UE 中继；授权远程 UE 访问 UE 到 UE 中继；向网络提供源/目标 UE 和 UE 到 UE 中继的可见性如何通过 UE-UE 中继在源 UE 和目标 UE 之间建立连接；如何提供端到端的 QoS 框架以满足 QoS 要求（例如数据速率，可靠性，延迟）；如何增强系统架构为中继连接提供安全保护；在 UE 到 UE 中继有变化的情况下，如何提供一种机制来改变路径。

（5）支持 PC5 和 Uu 之间的直接通信路径选择

为支持 PC5 与 Uu 之间的直接通信路径选择，需要具备以下功能：向 UE 提供路径选择策略，以指示所有或特定 ProSe 服务的优选路径（即指示 PC5 优选，Uu 优选或不指示偏好）；路径选择策略可以预先配置在 UE 中或由 PCF 提供；ProSe 服务的路径首选项可以由 AF 提供给 UDR，并由 PCF 用于生成或更新路径选择策略。

（6）支持 PC5 服务授权和策略/参数的配置

为支持 PC5 服务授权和策略/参数设置，需要具备以下功能：PCF 用于为 5G ProSe 直接发现和通信提供策略和参数；ProSe 应用服务器可向 UE 提供组成员发现参数（如应用层组 ID）；组成员发现参数及其他策略和参数也可预先配置在 ME 或 UICC 中。

如果不同来源提供了除组成员发现参数以外的相同参数，则 UE 应按照优先级顺序执行，即 PCF 提供的策略和参数比 ProSe 应用服务器或其他来源提供的策略和参数具有更高的优先级。对于组成员发现参数，ProSe 应用服务器提供或更新的参数优先级高于由 PCF 提供或更新的、或由 ME 提供或在 UICC 中配置的相同参数。

第 8 章

6G 网络架构展望

8.1 6G 网络架构发展的驱动力

网络架构的发展是移动通信网络代际发展的核心标志之一，是每一代通信网络的骨骼和中枢，是承载移动通信系统设计目标的基础。网络架构设计的前瞻性、可行性、兼容性都会直接影响移动通信网络的发展路径和应用成效，必须提前考虑。

6G 网络的架构设计，既要面向数字化时代变革，与国家战略高度契合，又要考虑新场景新需求的驱动，同时还要论证跨界领域新技术的发展态势和引入的可行性。此外，综合考虑 5G 现网应用的经验、结合 5G-A 技术演进方向，对做好 6G 网络架构设计具有重要的启示意义。

8.1.1 新战略驱动

在"第四次工业革命"深化推进的时代背景下，数字时代悄然到来，人类社会将在物理世界和数字世界的深度融合中实现跨越式发展。数字化变革发展战略对信息通信提出了更高要求，6G 网络架构创新需要契合数字经济、"双碳""东数西算"工程以及"安全可信"等国家战略需求。

1. 数字经济

数字经济是时代发展的新脉络。数字技术正以新理念、新业态、新模式全面融入人类经济、政治、文化、社会、生态文明建设各领域和全过程，给人类生产生活带来广泛而深刻的影响。6G 网络在自身创新的基础上，需积极赋能数字文明的深化发展。

2. "双碳"目标要求

6G 网络在考虑自身低碳绿色演进的同时，也为其他产业的低碳转型提供辅助。2020 年 9 月，我国明确提出 2030 年"碳达峰"与 2060 年"碳中和"目标。碳达峰战略时间窗与 6G 网络发展时间线契合，对 6G 网络的绿色低碳设计提出了要求。5G 在提升带宽的同时，总体能耗比 4G 更大，在设计 6G 网络架构时需重点考虑节能相关的设计。同时，6G 网络需要推动传统行业加快"上云用数赋智"，促进数字化智能化绿色化融合发展。

3. “东数西算”工程

东数西算工程对算力布局、数据调度和网络连接提出了进一步要求，需要 6G 网络实现算力和网络深度协同。“东数西算”通过构建数据中心、云计算、大数据一体化的新型算力网络体系，将东部算力需求有序引导到西部，优化数据中心建设布局，促进东西部协同联动。东数西算是促进绿色节能、助力实现碳达峰、碳中和目标的重要手段，通过优化算力效率、改善能源结构，可以发挥区域优势并带动整个信息技术产业链发展。

4. 安全可信

6G 网络成为数字化的基座，与行业深度融合，它对安全性、鲁棒性和可信性有更高的要求。应从基础设施、信息网络、数字内容等层次加强通信网络安全能力，深入终端、网元、组网方面，防患于未然，构筑安全可信的网络空间。

8.1.2　新场景新需求驱动

新的业务需求是每一代移动通信网络发展的第一驱动力。2023 年 ITU-R 发布的 IMT-2030 框架建议书[64]中明确了 6G 的典型场景和技术指标，其中典型场景涵盖了三大场景增强，即沉浸式通信、超大规模连接、极高可靠性和低时延，和三大新场景拓展，即感知与通信融合、AI 与通信融合、泛在连接。技术指标包括 5G 单点能力增强，例如峰值数据速率 50 Gbps、100 Gbps 或 200 Gbps；用户体验速率 300 Mbps 或 500 Mbps；频谱效率比 IMT-2020 提高 1.5 倍或 3 倍，单向空口延迟在 0.1ms 到 1ms 之间，连接密度在每平方千米 106~108 个设备等；以及 6G 系统性能提升，例如感知、AI、可持续性、互操作性、定位能力等。2024 年 3GPP 新立项的 6G 需求项目中将运维增强、通感、沉浸式通信、泛在连接、大规模通信等作为 6G 关键应用场景。可以看出两大标准组织对新场景和新需求的定义总体是一致的。以下将以沉浸式多媒体交互、通感互联以及泛在覆盖这三类典型业务场景为例分析 6G 新需求场景。

沉浸式多媒体交互要求网络必须在支持大规模用户通信和计算的基础上灵活弹性组网，并对网络指标提出更极致的要求。例如元宇宙业务，在网络业务交互协同方面，要求网络从以能力为导向转变为以服务为导向，增强与应用的融合设计、与应用建立多种协同模式，更好地支撑强交互的需求。在使能技术方面，需要采用交互技术、

AI 技术、数字孪生技术、区块链技术和 NFT（Non-Fungible Token，非同质化代币）实现从网络到服务的转化；支持虚拟世界丰富的场景创建和互动。

通感互联要求网络架构能够集成通信与感知能力，拓展传统通信网络的服务维度。感知能力将是 6G 时代移动通信系统基本通信能力之外的一大重要能力。6G 基站需要具备对覆盖区域的目标状态监控能力，同时还具备对天气、自然环境状态、城市立体构造等的实时测量感知能力；终端将演进成为能感知人、物品，其他终端动作和状态的智能设备。通感一体化技术将赋予 6G 网络实时感知物理世界的能力，在网络和算力的共同支持下，6G 网络将能实时处理分析感知结果。

泛在覆盖要求网络支持统一的一体化架构，打破地理限制，扩展网络覆盖维度。依托 6G 网络覆盖范围广、灵活部署、超低功耗、超高精度的特征，支持智慧交通、普智教育、精细化社会治理等。6G 网络需要支持卫星通信、空间通信与地面通信的一体化发展，推动它们从业务、体制、频谱、系统等不同层次融合，构建空天地海一体化通信系统，实现全球无缝立体覆盖，用户随时随地接入。

新业务形态和需求要求能灵活弹性组网、支持大规模算网能力、融合通信能力与感知能力、构建统一的一体化架构等，这是设计 6G 网络架构最直接、最关键的驱动之一，将推动网络进一步从数据连接功能转变成信息服务提供功能。

8.1.3 新技术融合驱动

6G 是通信技术、信息技术、大数据技术、AI 技术、控制技术深度融合的新一代移动通信系统，呈现出极强的跨学科、跨领域发展特征。DOICT 融合将是 6G 端到端信息处理和服务架构的发展趋势，而 IP（Internet Protocol，互联网协议）新技术的出现，为 6G 网络技术发展提供了更多能力参考，二者的结合可以称为 DOI2CT。

IT 技术与 CT 技术融合可实现资源虚拟化、功能容器化、架构服务化、交互 API 化、控制集中化等，是柔性网络的基础。从云原生、存算一体到无服务器计算，以数据为中心的计算架构不断向高效、敏捷、弹性演进；从云计算、边缘计算到算力路由、在网计算，计算和网络正在打破彼此的边界，呈现出算网一体化、平台原生化的特征。

DT 技术将助力全社会的数字化、智能化发展，推动人工智能与大数据全面渗透网络，是网络智能化的基础。面向 6G 新的应用场景，AI 技术将成为 6G 网络的内生能力，并对 6G 网络的支持能力和演进能力提出严苛的要求，同时应用于未来网络中的智能技术必须具备自身演化能力和较高的自我优化能力。

OT 技术随着工业互联网快速发展，其中 TSN、vPLC、RTOS 等技术的探索发展，将助力工业生产逐步向柔性、开放、交互的智能制造模式转变。为了更好地承接并服务工业互联网的需求，6G 网络需要考虑对 OT 新技术的支持和适配，一方面助力 6G 满足 OT 网络确定性、高可靠的性能指标要求，另一方面借助 6G 网络的算网能力，助力 OT 网络的算力整合与算力提升。

IP 新技术具有基础性、自底向上的创新机制。IP 网络领域近几年创新活跃，进入新的发展时期，包括 SRv6（Segment Routing over IPv6）、DetNet（Deterministic Networking，确定性网络）、CAN（Computing Aware Network，算力感知网络）、APN（Application Aware Networking，应用感知网络）、HTTP/3（HyperText Transfer Protocol/3，超文本传输协议第 3 版）等在内的 IP 新技术正在逐渐显现。IP 组网和移动网络的融合创新，有望促成 6G 网络跨越式发展。

面向 6G 商用落地的 2030 年，在论证跨界领域新技术发展态势和引入可行性的基础上，需不断推进 DOI2CT 与 6G 网络架构技术的融通发展，更好地为上层应用提供服务。

8.1.4　现网部署的启示

以 SBA 为代表的 5G 架构已全面走向商用，经过三年商用的考验，基本论证了 5G 网络的架构设计是成功的，而 5G 架构的创新性变革，也被公认是具有前瞻性和必要性的——为 5G 网络高效响应千行百业个性化需求提供了有力的基础架构支撑。但随着 5G 商用部署的不断深入，也呈现出设计理念有待深化、面向新场景的新需求有待满足、服务能力与业务深度融合亟待增强三大问题。

首先，设计理念有待深化。以服务化架构设计为例，通过网元的结构，使其具备更加灵活、高效、简洁的服务，为后续敏捷迭代、灵活组合提供便利。但也出现以下问题：一方面，原子化服务需优化。受到兼容 2G 至 4G 网络互操作的影响，部分服务尚存耦合性，导致新特性、新服务的加入会波及已有服务；另一方面，服务化机制尚未普及至所有网元，导致此类网元仍被传统接口绑定，不利于实现敏捷网络的目标。

其次，5G SA 深入行业场景部署后，涌现出新的场景。以边缘网络的安全为例，在设计之初，已考虑 5G 与行业深度结合，存在本地分流、用户面网元下沉部署的需求，引入了边缘计算的机制和部署架构。但是，下沉后的网元会散落于各种行业客户的机房，部分机房可能存在设施环境、网络管理要求等与通信机房标准差距较大等问题，这导致运营商网络安全的边界扩展到不可信域，需考虑进一步保障边缘计算架构下的网络安全、设备安全、数据安全。

再次，在 5G SA 服务能力与业务深度融合后，出现更高的需求。以边缘高精度定位为例，5G 考虑到高精度定位的需求，规划并设计了米级精度的定位服务能力。但是随着定位业务的发展，逐步出现行业边缘场景中，如园区设备定位及追踪“数据不出园”的要求，厂区内 AGV 小车高精度定位导航的毫秒级准实时要求等。现有定位方案依赖于部署在集中节点的核心网网元和定位平台，面向随着业务发展出现的新需求，既需要提升数据安全要求，也需要满足准实时要求。

实际上，在规模商用过程中，我们还发现了用户数据难迁移、SLA 跨域协作不便利、网络自动化运维能力不高等问题，这些现网问题给我们带来的启示，均需在 6G 架构的设计过程中充分思考、总结和优化设计。

8.1.5　5G-A 发展的启示

从历代通信系统架构演进来看，前一代架构后期引入的技术都将成为下一代架构的重要组成技术，例如 4G 后期引入的核心网 C/U 分离、NB-IoT 空口、双连接等，在 5G 时代均成为重要的技术方向。5G-A 的关键技术也将为 6G 架构的演进埋下伏笔。

5G-A 网络作为承前启后的阶段，在 3GPP 的 R18、R19 的部分项目中已能看到“6G 技术 5G 化”的趋势。例如 5G-A 的沉浸式多媒体增强、通感一体、天地一体、家庭网络融合、本地化移动通信下的元宇宙服务、面向低碳的系统化设计、分布式智能、无源物联网等。5G-A 的演进发展呈现出多网融合、AI 内生、持续使能垂直行业这三大趋势，将影响 6G 架构发展的走向。

8.2　6G 网络架构设计理念

6G 网络将秉承兼容、跨域、分布、内生、至简、孪生六大设计理念进行架构设计。

（1）兼容设计：移动通信网络沿着 IP 化、云化、服务化的方向发展变革，6G 架构设计将延续这些柔化发展方向，实现前后向兼容。

在连接柔化方面，6G 架构将在端到端 IP 化的基础上，进一步实现确定性 IP；在资源柔化方面，6G 架构将在云化的基础上，进一步实现算网一体；在功能柔化方面，6G 架构将在核心网服务化的基础上，进一步实现全域服务化和服务化技术演进。这三个柔化方向的持续发展，都将充分延续 5G 的架构优势，支持 5G 网络平滑发展演进为 6G 网络。

（2）跨域设计：6G 架构设计将支持管理固定、移动、卫星等多种接入，支持管理公众/行业、物理/数字的多种网络，支持网内不同域的协同。

面向端到端、全域全网提供质量可保障的信息通信服务，要求 6G 架构面向固定、移动、卫星等多种接入进行跨域一体化设计，在架构层面实现多接入的控制融合、业务融合及管理融合。面向公众和行业的多样应用场景，要求 6G 架构面向不同组网方式、不同功能需求进行核心网、传输网、接入网等多域的跨层、一体化设计，在架构层面实现网络组织的融合。

（3）分布设计：6G 架构设计将由集中规划式向分布自治式转变，满足大规模组网下的海量连接和极致性能要求。

6G 时代将出现控制面时延<1ms、用户面时延<0.1ms 的极致性能要求，大规模运营商的基站数量将达到千万量级。面向 6G 需求，集中式、人工管理的网络架构无法满足网络的性能和规模要求，需要通过集中+分布的协同组网，实现资源、路由、功

能、业务层面的分布式管理，并实现自生长、自优化、自演进的网络自治，从而在大规模复杂组网环境下实现网络资源和网络能力的优化调度。

（4）内生设计：6G 架构设计将由外挂式向内生式转变，包括安全内生、AI 内生，在架构中内置核心能力。

面向多域融合、连接泛在、资源异构的 6G 网络，增量式、补丁式的能力增强难以满足大规模组网下的多样化、多元化服务需求，需要将安全、AI 等核心技术能力内置在 6G 架构中，并渗透到各领域、各网络、各单元的全生命周期中，通过内生设计实现安全、AI 等核心技术能力与通信网络最深融合。

（5）至简设计：6G 架构设计将由复杂增量式向至简一体式转变，对外呈现为一体化系统，对内微服务化。

对外，界面清晰成本可控，呈现易实施易部署的一体化架构，屏蔽内部复杂逻辑、操作指令和业务参数，便于运维人员使用、外部系统对接、用户/客户调用。因此，一方面需要从整体上整合零散的服务功能，减少网络复杂度；另一方面需要进一步深化微服务理念，细化服务和功能的颗粒，减少服务间的耦合度，并支持智能化的组织能力，降低系统维护难度。

（6）孪生设计：6G 架构设计将从单纯的物理网络实体向物理+数字孪生方向演进，实现虚实映射、虚实交互。

6G 网络需构建平行的物理和数字网络，形成虚实融合的管理手段，一方面支持不同的网络和业务形态的实时建模，另一方面支持从虚拟向物理实体灵活实时的一体化策略控制，进一步支持基于数字系统实现物理系统的预测和迭代。

8.3 6G 网络架构总体设计

8.3.1 6G 网络架构全视图

6G 网络架构全视图如图 8-1 所示。

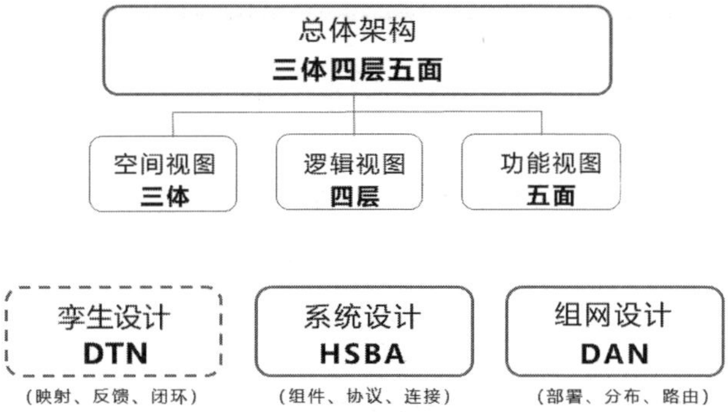

图 8-1　6G 网络架构全视图

作为一个复杂的系统，6G 网络架构设计需从多个视图考虑，多个维度设计。中国移动于 2022 年发布的《6G 网络架构技术白皮书》[37]从空间视图、逻辑视图和功能视图阐述了“三体四层五面”的 6G 总体逻辑架构。

（1）“三体”是架构的空间视图，描述 6G 网络实体的客观存在形式，分为网络本体、管理编排体和数字孪生体。

（2）“四层”是架构的逻辑视图，展现 6G 网络设计的结构与组织，由通信与算力层、连接与路由层、服务化功能层、服务使能层组成。

（3）“五面”是架构的功能视图，展示 6G 网络功能的划分和组成，包括控制面、用户面、数据面、计算面与安全面五个基本功能面。

以“三体四层五面”的总体架构为基础，基于物理空间和数字虚拟空间结合的设计思路，构建数字孪生网络（DTN，Digital Twin Network）架构。6G 网络的孪生架构包括映射、反馈和闭环的空间设计，这部分的架构已有初步定义，见中国移动 2021 年发布的《数字孪生网络（DTN）》白皮书[18]，后续将进一步发展。

以“三体四层五面”的总体架构为基础，通过服务定义端到端的系统，构成全服务化架构（HSBA，Holistic Service-Based Architecture）。它设计了整个端到端系统的交互形式，包括组件、协议和连接，基于服务化传递信息并处理业务，体现了整个 6G 网络架构的系统设计方法。

以“三体四层五面”的总体架构为基础，在组网中达到灵活智能的设计，构成分布式自治网络（DAN，Distributed Autonomous Network）架构。组网设计展现了6G网络之间的连接关系和组网形态，由功能自包含、同质化的、自闭环的微云单元（SCU，Small Cloud Unit）组成，采用集中加分布的方式部署，分布式部署的SCU采用至简设计，作为靠近用户的前台，集中式部署的SCU功能相对完备，作为靠近用户的中后台。

8.3.2 “三体四层五面”总体架构

“三体四层五面”的6G总体架构，从空间、逻辑与功能组成三个角度呈现一个跨域、跨层、多维的6G网络。具体如图8-2所示。

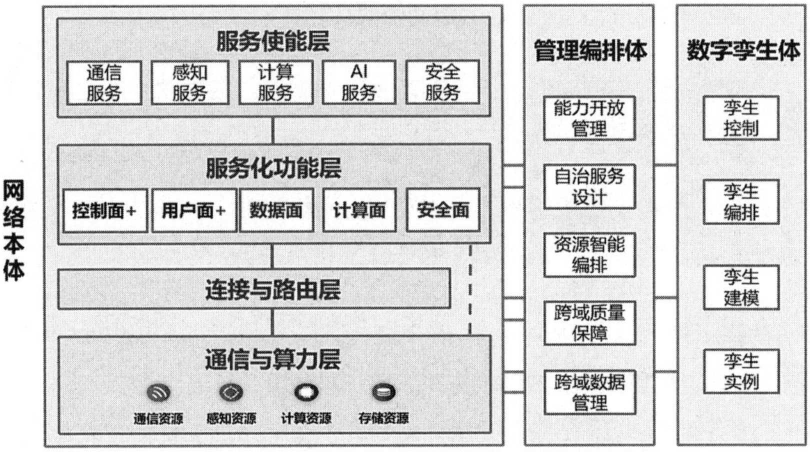

图8-2　“三体四层五面”的6G总体架构

“体”是架构的空间视图，立体式地描述了网络的构成。“层”是架构的逻辑视图，从逻辑上描述网络的分层架构，在实现过程中，可被一体化集成。“面”是架构的功能视图，主要是指功能类别，沿用传统3GPP网络中控制面和用户面的“面”的概念。

在空间视图上，6G网络包括网络本体、管理编排体、数字孪生体三大实体。其中管理编排体和数字孪生体是在6G中新定义的两个实体。网络本体是最重要的网络实体，实现网络功能和网络运行；管理编排体对网络进行实例化及变更操作，实现全生命周期编排管理；数字孪生体构建了网络的数字空间，实现了虚实映射。随着数字孪生技术的发展以及整个网络运维越来越复杂，考虑到网络故障的高代价以及昂贵的试验成本，需要在传统物理网络进行外部抽象映射，建立一个新的发展体系，构建全新的数字孪生体，通过虚实结合的闭环控制，来改变现有网络规、建、维、优的既定规则，有效保障网络运维，实时优化网络，实现未来网络自治。

从逻辑层次上，6G 网络自下而上包含通信与算力层、连接与路由层、服务化功能层、服务使能层“四层”，拉通 6G 网络本体的逻辑层。“四层”的设计一方面突出了 6G 架构在分层要素和能力上的丰富，另一方面体现了路由跨域拉通、多域协同及融合发展的理念。通信与算力层的设计理念突出了“算力”资源要素，将为 6G 提供频谱、存储、算力、网络进一步融合的基础资源。连接与路由层延续开放协议的设计理念，不断吸收新机制和新协议（如 SRv6），向可编程、确定性演进。服务化功能层延续服务化的设计理念，SBA 从核心网拓展到端到端的领域，支持不同功能的有机构建。服务使能层进一步丰富对外开放的信息和通信能力，通过提取、封装、编排、组合，为自有业务和第三方应用提供服务。

在功能构成方面，6G 网络增强传统控制面、用户面功能，并引入新的数据面、计算面、安全面，共同组成“五面”。控制面进一步增强，向全服务化方向演进，实现多种接入方式的融合控制。增强用户面，向可编程、服务化、跨域确定性方向演进，实现灵活、高性能转发。新增数据面，解决用户数据迁移的历代难题，系统性地提供可信数据服务。新增计算面，通过分布式计算节点及其协同提供泛在计算能力，实现计算内生。新增安全面，以“安全数据+AI”为驱动的安全感知和主动防护、零信任的安全体系，实现安全内生。

8.3.2.1　三体：网络本体、管理编排体、数字孪生体

随着数字孪生等技术的发展以及网络运维复杂度的提升，需要在传统物理网络进行外部抽象映射，建立一个新的发展体系，构建全新的数字孪生体，通过管理编排体对网络本体实现闭环控制。

1. 网络本体

网络本体包括传统意义上的基站、核心网、传输承载等物理设备。网络本体是为

用户提供信息服务的真实的、实际运行的网络，是架构实现的载体。

（1）在基础资源上，引入“算力”作为新的资源要素。网络从调度连接向调度算力资源扩展，为6G新的网络能力，如感知能力、智能内生能力提供基础。

（2）在提供方式上，从云化、软件化进一步向池化发展。网络本体逐步发展为一个可调度的、可流动的灵活实体。一体化、池化地提供连接、计算、存储的能力。

（3）在服务能力上，进一步向服务化、平台化网络发展。6G将深化5G开启的网络平台能力。如以用户管理、连接管理、服务管理、移动性管理等基础模块化服务为基础，构建面向特定场景的功能和服务能力。

2. 管理编排体

管理编排体是对网络资源、网络能力进行智能的编排管理，实现网络全生命周期管理的功能实体。

（1）管理编排体的主要操作对象是网络本体，同时也对孪生体进行编排和优化。管理编排体根据用户的业务以及网络本身运维运营需求，统一编排所需的资源和功能，形成所需的能力，保证用户的业务体验。管理体可通过与孪生体交互，接受孪生体输出的网络配置参数，对物理网络进行编排管理，实现网络自动化运营，提升网络对新业务、新场景和新需求差异化需求的适应性。

（2）整合多方资源，端到端拉通以实现管理系统的更新换代。面向网络资源，管理编排体需具备对频谱、存储、算力等相关资源的统筹和精细化管理能力。面向网络能力，管理编排体需拉通端到端网络的各层、各面，将连接能力、算力能力、数据能力、智能能力、安全能力等编排为可对内对外提供的服务，并通过服务使能层对外提供。借助网络智能化和自动化等技术手段实现网络自治的闭环管理运维。

3. 数字孪生体

数字孪生体是物理实体对象在虚拟空间中的映射，实现网络的低成本试错、智能化决策、高效率创新。

（1）对网络本体进行部分或者全部孪生镜像。构建一个网络孪生体需要数据、模型、映射和交互四个关键要素。6G 网络架构中所有网络功能均可以按需构建对应的网络功能孪生体，孪生体与真实物理网络可实时交互数据，通过建模和映射还原真实物理网络的运行状态和环境，进行网络部署前预验证，进而提供网络策略最优解，提升网络决策和部署的可靠性。

（2）通过内外闭环，助力 6G 网络实现智能的可靠性和确定性，达成柔性网络和智慧内生等目标。网络运维和优化、网络智能化应用、意图驱动的网络智能自治，以及网络新技术、新业务创新等均可通过北向接口向孪生体输入需求，并通过孪生体的模型化实例进行业务的部署和验证。通过孪生体的内生闭环，验证网络能力，验证后，孪生体通过南向接口将控制更新下发至物理实体网络。

8.3.2.2 四层：通信与算力层、连接与路由层、服务化功能层、服务使能层

1. 通信与算力层

通信与算力层是 6G 网络的物理资源，包括频谱、存储、算力、网络等基础资源。4G 完成核心网软硬件解耦，5G 核心网完成云化、并向无线云化扩展。以此为基础，6G 网络向以算力网络为典型特征的一体化网络演进。6G 网络跨域设计、分布式的设计思路，要求无线和网络架构融合，资源共享。因此，6G 网络将聚合端、边、网、云的物理资源，以算力为核心，实现网络、算力和存储的深度融合，实现信息通信资源的智能调度和优化利用，为上层服务提供物理资源。

2. 连接与路由层

连接与路由层将 6G 网络中的物理节点连接成网，实现状态的感知、确定性的转发、灵活的服务化调用。

（1）对下实现物理连接。连接与路由层根据时间、空间等要素，通过静态、动态连接等多种方式，将通信与算力层的各种物理节点连通，组成有机网络。并动态地感知节点状态、链路状态，实时调整网络连接，实现网络的路径最优和实时可达。

（2）对上构建逻辑连接。连接与路由层为服务化功能层的各实体之间提供安全、具备 QoS 保障的逻辑连接，实时感知功能层的工作状态和负荷情况，接收并解析功能

层的微服务消息、数据报文，并实现高效路由、无状态传输、确定性转发。构建高效、智能、安全、可靠的连接基座。根据至简设计的原则，具体设计连接与路由层时，可以采用通用、统一的接口协议。

3. 服务化功能层

为继承 SBA 的架构优势，该层延续 5G 服务的柔性设计，具备接入控制、移动性管理、会话管理、网络安全、数据报文处理和转发等基础功能，并支持跨域融合、漫游互通、人工智能等增强能力。功能层的不同面应支持灵活组合、按需构成微云单元并支持分布式部署及独立工作。服务化功能层的逻辑功能定义，参考 8.3.2.3 节。

4. 服务使能层

服务使能层通过对下层信息和通信能力的提取、封装、编排、组合，为自有业务和第三方应用提供能力和服务。通过服务使能层，开放运营商网络的通信服务、感知服务、算力服务、数据服务、AI 服务、安全服务，为运营商带来更多增值业务，同时也为用户带来更好的业务体验。具体实现时，可通过能力组件、服务插件、定制业务、API、SDK 等方式，开放能力和服务。

例如，面向智慧内生业务，网络架构将内建泛在 AI 能力，支持按需提供分布式或集中式的 AI 服务。同时，通过集成 AI 平台，引入外部 AI 功能，以扩展网络的业务能力和容量，支持高效整合外部数据，提升数据处理的效率和智能化水平。此外，网络中的分析数据和 AI 能力也可以开放给第三方，向其提供定制化服务和所需的支持。

面向全域立体覆盖业务，通过构建空间网络与地面网络相结合的空天地一体化三维立体网络，形成具有大时空尺度的多维异构融合网络，为用户提供无感知无差异化的一致性服务，实现无盲区宽带移动通信，满足不同部署场景和多样化的业务需求。

面向通感算一体化业务，利用无线通信信号，实现对目标的检测、定位、识别、成像等感知功能，进而获取和重构周围的环境信息，构建与物理世界融合的数字世界。网络能够根据业务需求进行业务加载时的预配置和动态调整，增强通信能力，还可以根据对计算资源和计算服务的部署位置、实时状态、负载信息和业务需求的感知，合理分配计算任务，实现高效计算服务。

8.3.2.3　五面：控制面、用户面、数据面、计算面、安全面

6G 系统架构中的服务化功能层需要增加很多网络的核心环节和能力并单独考虑，因此在增强传统控制面、用户面的基础上，增加独立的数据面、计算面、安全面，实现计算内生、安全内生。

1. 控制面

向全服务化方向演进，实现多种接入方式的融合控制。实现无线、核心网资源，以及固定、移动、卫星资源的统一、高效、精准控制，6G 将在传统控制面的基础上，进一步增强以下几个方面。

跨域融合，灵活控制。将接入网功能重构为服务，提升接入网与核心网的融合协同能力，业务的快速定制和响应能力。在天地一体网络中，为了提高网络资源的利用率，提供业务连续性和服务质量保障，有必要实现多种接入方式的融合控制。通过网络功能原子化分割、网元动态编排组合、异构网元动态协作，在固定、移动、卫星融合网络中实现网络功能动态分割、部署与协作、融合控制。

多维感知，精准控制。在尽可能不影响通信功能的前提下，使用通信技术本身感知探测的能力，感知目标、环境或者内容的智能自适应程度，提升网络通信性能或赋予通信系统新的能力。通过感知到的信息，结合人工智能等新技术，更加精准地控制网络。

2. 用户面

以传统网络用户面为基础，向可编程、服务化、跨域确定性方向演进，实现灵活、高性能转发，全面提升用户面的能力。

可编程：通过协议无关的用户面编程语言，可以灵活定义用户面的分组处理逻辑，灵活定义用户面诸多网络功能、优化编排各个可编程网元。网络可编程能够以更高的敏捷性、灵活性提供创新的通信服务，并支持业务的更快速部署。

服务化：服务化的演进可以使数据面获得敏捷、简化、开放的优势，然而由于用户面需要实现快速转发的能力，其服务化的演进将分场景进行。在集中侧需要大流量转发的场景下，其仍然可以采用软硬更加耦合的方式；在分布式边缘的场景下，更多用服务化的方式灵活部署。

跨域确定性：用户面将通过跨域融合，采用资源预留、流量整形、队列调度等技术，实现可预期、可规划的流量调度，将时延、抖动、丢包率控制在确定的范围内，从而满足新型业务的大带宽、低时延、高可靠等多样化需求，同时兼顾普通业务流量的转发。

3. 数据面

数据面是 6G 网络架构中新增的一个平面，其目的是实现庞大用户数据的高效安全迭代、网络状态的可靠迁移以及通过可信的方式引入数据服务。该平面将构建高效、统一的数据管理功能，支持精细化的数据采集、高效的数据传输、灵活的数据存储、分布式数据协同，兼顾数据的可靠性、数据隐私和安全，实现数据全生命周期的闭环管理，同时将数据作为一种服务产品，构建基于数据提供者和消费者的业务逻辑，提供多样化的数据增值服务。

具体说来，数据面需要具备以下三方面能力：

数据融合能力。在 2G/3G/4G/5G/IMS 中，用户数据网元均定位为不同类型的网元，其存储的用户数据和相关接口都不一样。例如，移动用户的标识信息、鉴权信息、业务信息均有所不同，不同代际的通信网络使用的用户数据管理协议也是不同的。为了实现鉴权数据的重用、鉴权同步、被叫域选择等能力，不同系统间的用户数据需要进行融合。传统的用户数据的融合方式，需要通过新建或升级部署用户数据网元，再将全网用户的存量数据割接到新的用户数据网元中，存在网络资源浪费、数据割接量巨大、升级时间长等问题。因此，6G 数据面需要具备高效率的数据融合能力，采用集中+分布的存储方式，支持不同网络间的统一鉴权、认证，向业务平台提供统一的用户视图。

数据连续性能力。除了静态的签约数据、配置数据，用户侧还会产生上下文数据，如所在的位置、网络为其分配的 ID 等半静态数据，以及在通信过程中产生的信令消息、暂态上下文等动态数据。上述数据在相关网元出现故障时，需要迅速从旧网络实体迁移到新网络实体中，以保证通信的快速恢复。因此，6G 数据面具备可靠性和灵活的迁移能力，结合区块链、IPFS 等去中心化的存储方式，实现数据的分布式可靠性存储和转移。

数据服务能力。6G 网络富含数据“金矿”，但这些数据散落在运营商的不同系统中，如同金沙。因此，6G 数据面通过引入数据服务能力，在满足数据法规监管要求的前提下，通过构建可信的数据服务框架，对网络运营数据、业务数据、用户签约数据、感知数据、AI 模型数据等进行采集、处理、分析、共享，从中发现新价值。

4. 计算面

计算面是 6G 网络架构中新增的一个平面，其目的是实现网络内生计算能力的高效供给，在多要素的联合调度和控制，以及分布式计算执行下，满足计算服务灵活、泛在、低时延的性能要求。具体来说包括如下能力。

（1）移动网络内生计算能力：支持为各类应用层业务提供泛在的计算能力，尤其在端网协同的场景下为智能应用提供通用算力。

（2）多样化计算资源度量能力：为异构硬件基础设施提供更精细化的算力统一度量与建模，通过对多厂商多类型计算资源如 CPU、GPU、NPU、FPGA、ASIC 等计算能力统一建模，屏蔽底层硬件差异，抽象算力服务行为。

（3）计算任务的编排和执行能力：识别计算任务需求，对计算任务按需进行分解和汇总，并根据应用部署需求和算网资源情况，完成应用动态部署，进而完成计算任务的高性能执行、实时监控，以及计算任务之间的协同。

5. 安全面

6G 网络中的安全面，是基于网络内部建设的各项安全能力，以信任为纽带、AI 为驱动、协同为手段，形成的主动、智能、弹性、高效的安全体系。提供异网融合场景下的高安全防护能力，并对应用赋能。在传统安全防护的基础上，主要实现的新功能包括：

内生高安全能力。将安全能力与网元/网络特性充分融合，实现网络的“高安全免疫”能力，并进一步形成 6G 内生安全体系。同时，结合移动通信网的特点，布局基于身份的网络原生的安全能力，例如身份管理、认证、高安全密码服务等。

安全感知与主动防护。在现有安全被动防护的基础上，增加主动安全能力，重点包括：以“安全数据+AI”为驱动，感知威胁、发现未知攻击；以“安全数据+DTN+AI”

为驱动，分析和推演安全策略，实现全局最优配置。最终在 6G 网络中实现主动安全能力，从被动防护向主动感知与防御的方向转化。

柔性、协同的安全能力与服务。一是以信任为基础、以安全度量为手段，综合分析“安全+信任”后部署安全措施，打破安全“非 0 即 1”概念，推进动态、适度的安全理念；二是以协同为基础、编排为手段，充分协同各类分布式安全能力、与安全相关的各项机制，实现安全能力的最大化；三是基于业务需求，提供灵活、可调度的安全服务。

8.4 全服务化的逻辑架构：HSBA

8.4.1 核心特征

全服务化架构（HSBA）的提法来源于中国移动发表在《中国通信》的 6G 架构论文[35]。

全服务化架构是“三体四层五面”6G 总体架构的核心基石，是服务化功能层中各个功能面的基本设计。服务化功能层中的各个面之间，以及每一面内部的各个网络功能都统一在服务化架构下，采用模块化、服务化设计，都采用统一的服务框架技术进行服务的自组织，并通过服务化接口交互。

全服务化架构是服务化架构在多个领域的拓展，接入网服务化和核心网用户面服务化是全服务化架构的有机组成。服务化功能层中的控制面基于传统控制面的功能进一步增强，天然支持服务化。数据面、计算面和安全面是新定义的，以信令处理为主，随着它们的功能逐步明确，将原生采用模块化、服务化设计。基站设备功能包含信令控制，数据处理，以及智能化的 QoS 调度等能力，虽然在物理形态上表现为单一的基站设备，但是逻辑上可以由五面或者五面中的部分面来实现。将无线网络重构为功能更细粒度的服务化 RAN，采用和核心网统一的服务化框架，将为端到端网络流程带来新的交互方式。目前，核心网用户面是核心网服务化的孤岛，和控制面之间依然采用传统的定制化接口，制约了网络的敏捷发展。因此，6G 阶段有必要实现用户面的模块化、服务化。

全服务化架构是服务化架构多个要素的拓展，面向敏捷的通感算智安多要素融合服务化是其核心特征。在日益复杂多变的通信环境中，单一的要素往往难以满足多样化的应用需求。而通过融合通信、感知、计算、智能和安全等多个要素，可以形成互补优势，实现更高效的数据处理、更精准的信息感知、更智能的决策支持和更可靠的安全保障。在全服务化架构下，多个要素之间通过统一的服务化框架进行集成和交互，实现深度融合与协同工作。面向敏捷的多要素融合服务化，不仅能提升网络的整体性能和智能化水平，也为各种创新应用提供了更加广阔的空间和机遇。通过不断优化和拓展全服务化架构要素，可以推动网络的持续演进和升级，为数字化转型提供更加坚实的基础和支撑。

全服务化架构是服务化架构的进一步深化，从服务框架、服务接口、原子服务等方面增强，适应网络的分布式组织、服务的智能化调度、行业专网的灵活化部署。服务化框架技术已经实现了网络功能和服务的自动化管理，但是在未来网络中，随着网络规模增大、行业网络个性化需求的增长，6G 网络呈现集中加分布的组合部署形式。因此，服务化框架技术有必要进一步深入，一方面支持分布式网络功能和服务的自动注册、发现和调用，另一方面支持分布式网络的自动化管理，即分布式的网络和其中的网络功能及服务能自动化地被其他网络节点找到。服务化接口进一步升级，实现更加灵活可靠的服务调用。服务将进一步解耦，根据场景智能化地实现服务的最佳调用，构成最满足客户需求的至简网络，甚至为用户提供更加轻量级的函数级服务。

总结来看，全服务化架构（如图 8-3 所示）所实现的全服务化在广度和深度方面将进一步发展。

（1）从广度上，全服务化架构将在全系统、全网元范围内实现服务化设计，统一采用服务化接口，同时实现通感算智安等多要素融合及对外能力提供。

（2）从深度上，全服务化架构将更加深入地贯彻服务化设计理念，优化服务设计、进一步消除原子服务之间的耦合性。

（3）引入新的协议及服务化技术的增强，如引入 HTTP/3、无服务器机制、函数服务等更多的服务化技术。

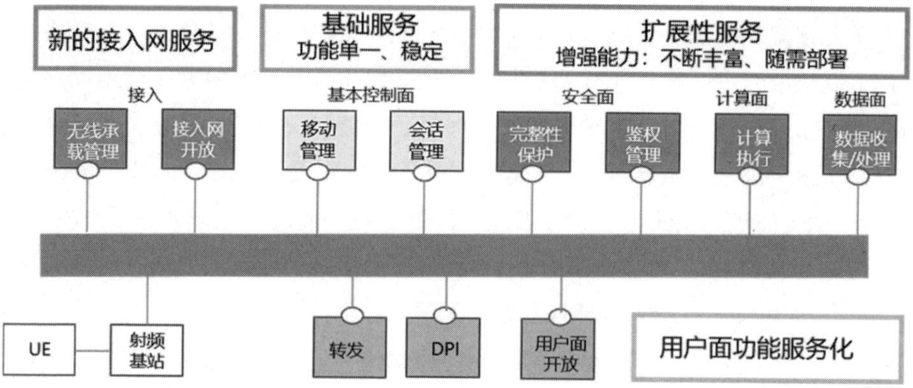

图 8-3 全服务化架构示意

8.4.2 服务化架构的拓展

自 5G 控制面引入服务化架构以来，历经 3 个版本的迭代，已经在核心网控制面、计费系统中实现了服务化。服务化架构所带来的优势正在逐步展现。

8.4.2.1 核心网用户面功能的服务化

用户面接口的服务化有助于实现 6G 网络的全云化部署。用户面作为移动网络数据处理的核心组成部分，需要加强对服务设计的支持，包括定义用户面的典型服务、支持基于服务的接口来代替目前使用包转发控制协议接口。

用户面的服务可以设计为数据处理及转发服务、PDU 会话隧道管理服务、策略控制服务、会话锚点服务、安全管理服务、能力开放服务。

数据处理及转发服务对用户上下行业务数据进行转发、丢弃以及缓存。PDU 会话隧道管理服务实现数据封装与解封装；隧道建立与释放。策略控制服务支持管理编排体的预定义规则；支持控制面的动态策略配置，例如服务质量保障策略、业务数据转发规则。会话锚点服务提供数据接入；支持单会话内的多个锚点。安全管理服务提供用户数据的隐私保护；接入设备安全监控；接入地址安全性验证；接口安全监测。能力开放服务开放会话和节点信息；向智能服务开放所需的用户业务与行为数据；向管理编排体开放节点信息；向垂直行业开放用户与节点信息。

8.4.2.2　无线接入网（RAN）的服务化

目前，基站的最小粒度为集中单元（Centralized Unit，CU）或分布式单元（Distributed Unit，DU），颗粒度较大，依然不能满足特定新功能快速上线、灵活部署的需求；从接口角度，基站内部、基站之间、基站与核心网之间依然使用点对点专用接口互连，每当基站或相关核心网网络功能发生改变时，都需要在相关接口上进行调整，标准化工作量大、运维管理复杂度高。为了敏捷响应未来更加多样化的业务功能需求、服务质量需求、管理策略需求、部署需求、开放需求，使网络具备更强的前向兼容性，下一代无线接入网需要从服务能力角度着手发力，将无线网络控制面功能与用户面功能深度解耦，并重构为功能更细粒度的服务化 RAN。

RAN 的控制面功能通过服务化重构为多个服务，大致可以包括如下几种类型：无线承载管理服务、连接与移动性管理服务、本地定位服务、多播广播服务、数据采集服务、信令传输服务、接入网开放服务等。RAN 控制面服务可以与核心网的服务直接互访，减少网络中不必要的连接与移动性管理功能转发。此外，RAN 的控制面服务与其他服务（包括核心网服务、其他 RAN 控制面服务）之间的交互可从串行交互转为多方并行交互，由此可优化控制面流程。

RAN 的用户面功能通过服务化重构为多个 RAN 用户面服务，并在需要时按需灵活组合，以更好满足多种业务需求。本质上，用户面服务化旨在突破传统分层协议设计理念，使功能与功能之间的调用关系不再受限于上下层协议关系，功能模块之间可以灵活调用。

8.4.2.3　多要素融合服务化

6G 网络需要更好地适应多样化、复杂化的应用场景需求，提供更高质量、更个性化的服务。为实现这一目标，6G 网络需要进一步扩展其网络能力，通感算智安等多要素融合是其核心特征，具体体现在融合和内生两个方面，融合包括感知与通信融合、空天地一体融合，内生包括网络内生计算、网络内生安全及网络内生 AI。

新增要素需要通过服务化支持敏捷的对外供给。通过服务化的方式，通信应用能够实现更加稳定、高效的通信服务；通感融合应用能够借助感知与通信的深度融合，实现更加精准、实时的环境监测与数据分析；通算协同应用则能够利用计算与通信资源的灵活调度，加速数据处理与分析过程；AI 驱动应用能够借助网络提供的强大计算能力，实现更加智能、自主的决策与控制；而安全应用能够利用网络安全要素的集成，提供更加全面、可靠的安全保障。

8.4.2.4 服务化架构的深化

5G 网络开启了电信网络向服务化演进的大门，但作为引入服务化架构的第一个代际系统，5G 服务化设计还存在原子服务解耦不彻底的问题，一些新兴的服务化技术也尚未引入 5G 网络。因此，全服务化架构还需要进一步消除原子服务间的耦合关系，吸纳更多的服务化技术，从服务框架、服务接口、原子服务等方面增强，充分发挥服务化技术优势。

服务框架朝着更加分布式的方向演进，并优化服务的解耦设计。将网络的业务处理和通用的通信功能解耦，并进一步将通信功能独立，作为服务框架的一部分，从而在海量服务、复杂的架构和网络中建立稳定的通信机制。新功能引入时，只需关注功能本身，而无须提供服务的通信等基础能力，大大降低了新功能引入门槛。独立的服务化框架，在 5G 服务化框架支持网络功能和服务自动化管理的基础上，进一步地扩展支持网络级的自动化管理。服务化框架的代理可以分布在不同的分布式网络中，通过框架之间的协同来支持网络的分布式部署。同时因为 6G 分布自治的组网、要素应用时延不同，设计全服务、分布式服务编排框架，实现子网、功能、原子服务的自动化、层次化编排，以及从控制面拓展到多域/多面，实现多类型服务的自动化编排。

服务接口朝着更加灵活开放、高效可靠的方向发展。QUIC 等协议日臻成熟，QUIC 协议在保障网络可靠性的同时，有效降低了连接建立的时间，多路复用可实现无队头阻塞，同时 QUIC 协议改进了 TCP 的拥塞控制机制。6G 网络演进过程中也需要积极吸取新型的 IT 协议，控制面及用户面协议设计，朝着下一代互联网协议演进。

原子服务进一步解耦重构，支持更加灵活的组合及更加轻量级的调用。通过将原子服务进一步解耦重构，并引入函数服务技术，充分利用其免运维、高可用、弹性伸缩、按需付费等优势，对 6G 服务化架构进行函数划分，通过 Serverless 服务分类处理，可以真正做到部署应用时无须考虑基础设施建设，实现自动化构建、一键式部署和启动服务。

8.5　分布式自治的组网架构：DAN

本节将从分布式自治组网架构的核心特征、架构设计及其核心单元——分布式微云单元（SCU）来阐述分布式自治网络（DAN）架构的设计理念和设计方案。

8.5.1　核心特征

分布式自治组网架构是指构建以分布式架构为核心、中心网络加边缘子网的网络架构，其核心特征为分布式、网络自治、单元自包含。

8.5.1.1　分布式

6G 网络分布式部署将成为必然。为应对 6G 时代大规模连接、超低时延通信、多样化定制需求，网络需引入分布式部署机制。

大规模连接导致基站规模增加，亟须高效管理。预计 6G 时代流量密度将比 5G 时代的提升 10~1000 倍（5G 时代的流量密度为 $10Mbps/m^2$），连接密度将达到 0.1 亿~1 亿台设备/km^3。6G 时代预计将采用更高带宽频谱承载 6G 业务，通信基站将“致密化”，预测将达到千万量级。如何管理终端的大规模连接，以及大规模的基站和小基站成为 6G 网络架构设计考虑的关键问题。

超低时延通信需求。沉浸式交互、车联网业务越发成熟，此类业务为实现高实时的业务体验，需要网络具备更低时延、更快响应的服务能力。网络部署必须靠近用户端，支持控制设备本地化部署（如机械臂，智能小车，定位服务等）。

数据本地化的需求。出于安全和隐私的考虑，企业用户对自身的生产、经营数据的隐私和保密性要求很高，有强烈的数据不出厂需求。这就要求网络不仅实现数据的本地传输、分析，还要实现控制信令的本地传输处理。

8.5.1.2　网络自治

网络自治是指 6G 网络具备自组织、自管理、自优化的能力。

自组织实现网络能力的灵活部署、动态的连接、高效的互通、即插即用。与 5G 及之前的网络需依靠提前规划、固定配置、组网部署时间过长相比，6G 面向未来的分布式部署，需支持网络连接动态建立、动态调优，因此可考虑引入通用的、可快速互通的 IP 化协议。

分布式部署带来的管理复杂性，需要依靠网络自管理解决。与集中式网络架构相比，网络节点分布式部署（千个或万个量级）、边缘化的对等节点间快速交互导致网络管理复杂度倍增，需引入网络自治解决。6G 网络控制面功能如移动性管理、会话管理、数据存储等核心能力需分布式下沉部署，并在网络边缘对控制信息进行合理处理和响应。为支持能力的按需下沉，其相关的网络资源和网络连接也需要配套下沉部署。

管理多样化网络功能和适配多样化场景，需要引入网络自优化能力。为适配千行百业定制化要求而衍生的多样化定制化功能/服务，将在 6G 网络大规模出现。对多样化服务进行按需设计、快速上线、版本管理、全生命周期调度将极其复杂。随着卫星通信的引入以及各类呈指数级增长的用户终端和 IoT 设备出现，各种样式终端的管理与组织也变得愈加困难。

8.5.1.3 单元自包含

分布式和网络自治是从网络维度对 6G 设计进行考虑，自包含是从网络单元能力进行考虑。

6G 分布式节点需支持自包含，具备完整的功能、资源、连接能力，可独立完成闭环网络流程处理。要求分布式节点具备完整的系统框架，即支持控制面信息处理、用户面业务处理、用户数据、安全防护、网络自管理自优化等。

8.5.2 DAN 架构设计

基于上述分布式、自治、自包含的设计理念，本书提出 6G 组网设计，即 DAN 架构。

DAN 架构由 SCU 及其相关协议组成（如图 8-4 所示）。SCU 为构成 DAN 架构最关键的模块单元，可支持在网络中分布式部署，具备自包含和自治能力。

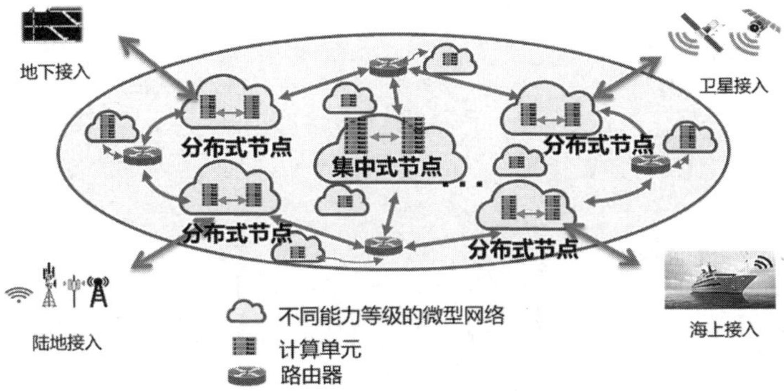

图 8-4 6G 分布式自治网络（DAN）架构

以下将从模块设计和协议设计两方面阐述该架构设计。

（1）模块设计：引入可灵活部署、即插即用、资源自足的 SCU。SCU 包含以下技术特征。

- 一致性组织框架，均包含前述的“四层五面”能力，服务化功能层按照 HSBA 架构进行组织和通信，具备本地化完成数据和信令处理的能力，实现网络高效响应。
- 按需定制化，其基础设施规格、连接协议、服务化能力、开放能力均可以按场景需求进行定制化设计。在网络中按需建立，SCU 之间可快速便捷组网。
- 具备自治能力，可以实现无人管理、自主运行、自动感知环境变化、实时网络调整，满足差异化多样化的业务需求。

详细的 SCU 设计将在 8.5.3 节描述。

（2）协议设计：引入通用传输协议，支持连接自动化，支持多 SCU 间灵活连接、按需互通。

实现 SCU 即插即用、快速部署，支持与其他 SCU 之间灵活通信，SCU 对外的网络接口支持通用传输协议。在 2G 到 5G 移动网络中，控制面和用户面使用多种协议进行交互，使得网络复杂，协议维护难度高。因此，在 6G 网络的设计中，尽可能引入统一的控制面和用户面协议。对于用户面协议，可考虑与承载网协议融合的用户面协议如 SRv6，通过源路由概念设计，不再需要端到端隧道，网络可以方便地控制和调整数据包的转发路径。

8.5.3 分布式微云单元

8.5.2.1 SCU 的功能

分布式微云单元（SCU）为构成 DAN 架构的基本单元。其结构如图 8-5 所示，包括“四层”能力和“五面”功能。

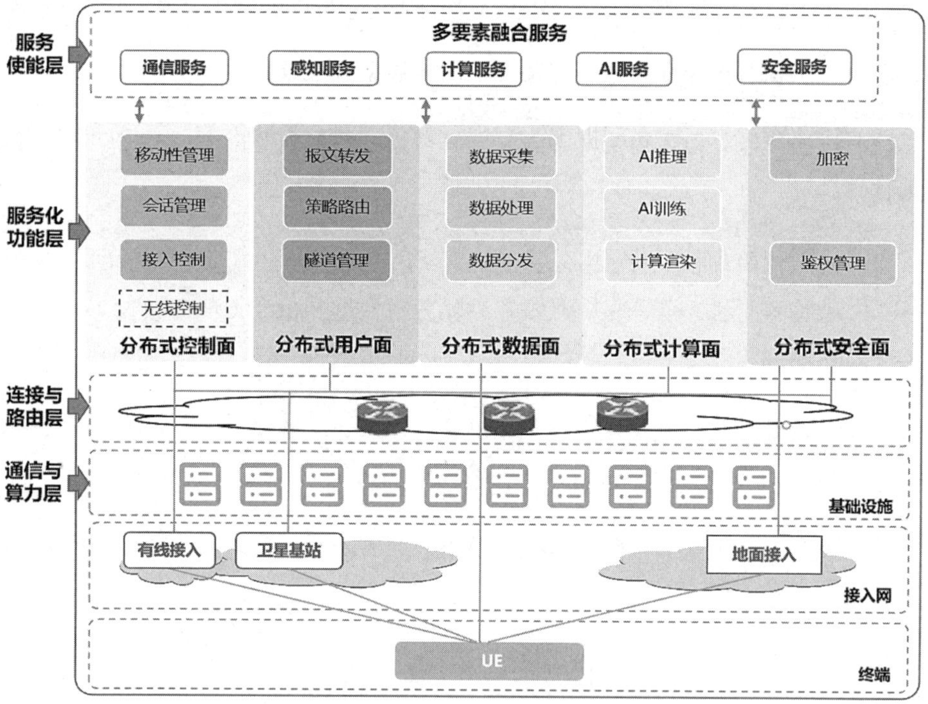

图 8-5 SCU 结构

1. 服务使能层，提供对外开放接口支持第三方需求定制。主要包括三方面能力：对外进行网络信息开放，开放网络定制化能力，对网络功能定制化；也可以开放网络的算力资源、智能化处理能力等。

2. 服务化功能层，包括分布式的“五面”。

（1）分布式控制面，基于统一的平台化、分布化的服务框架。基于 NRF 的网络功能/服务的自动化注册、发现、授权的服务框架进一步扩展。

（2）分布式用户面，可实现数据本地快速处理。目前 5G 网络的 UPF 已实现分布式部署，在区县、地市和大区均可进行数据转发和处理。面向未来 6G 网络，用户面能力将进一步支持服务化接口，实现处理能力的按需加载和删除。

（3）分布式数据面，基于分布式数据库等技术，对不同类别的数据按需分布式管理，安全就近访问。对于 SCU 中的用户上下文数据、模型数据等，通过 DHT（Distributed Hash Table，分布式哈希表）分布式存储在相邻 SCU 中。

（4）分布式计算面，基于分布式计算、联邦学习等技术，实现就近计算卸载、并行计算加速、分布式计算协同。提供面向渲染、AI 计算、AI 推理等业务的边缘计算能力，与数据面、控制面协同提供 AI 服务能力，对内实现局域自治，对外实现泛在计算平台能力。

（5）分布式安全面，保障 SCU 的信息安全、访问安全，防攻击。SCU 按需部署在网络边缘，远离网络传统的核心控制域，带来较大的安全风险。分布式安全面可保障 SCU 的信息安全、访问安全，并抵挡外界的攻击。

3. 连接与路由层，实现 SCU 之间的信息路由和规划。SCU 之间基于简单的、通用的传输层协议（如 SRv6）实现按需、快速、动态的路径建立，支持分布式 SCU 的按需、实时交互。

4. 通信与算力层，可提供一个 SCU 完整运行的算力和存储资源。

8.5.2.2 SCU 的定制化设计

在多样化场景需求下，SCU 的各层能力和各面功能均可以定制化设计。统一的逻辑架构大大减少了网络设计和部署的复杂性，支持 SCU 按需部署、快速生成、快速构建网络连接。

SCU 之间的能力差异由业务需求决定。在通常情况下，SCU 将具备普通的设备规格和网络能力。在特定的情况下，部分 SCU 需具备更高的可靠性、稳定性和处理并发大流量的能力，对硬件规格、软件设计、算力资源均有较高要求。

SCU 支持跨域设计（如空天和地面、移动网和承载网），能够灵活定制。以卫星接入为例，网络拓扑变化快，传输时延大，导致现有接入与移动性管理策略无法满足网络需求。需设计高效的移动性管理方案，多接入、多连接的高效协同会话管理机制，才能够满足卫星接入用户体验。

8.5.2.3 SCU 的潜在部署形态

6G 网络将通过分布式协同的方式进行灵活组网。SCU 在网络边缘部署时，还可适配不同的无线接入网能力，如 SCU 可承载无线集中单元。SCU 包括以下两种潜在部署形态。

（1）SCU 只包含核心网能力。在此组网形式下，SCU 包含核心网能力、路由控制能力和资源层，可与本地基站快速对接。

（2）SCU 融合接入网控制能力。在无线云化的基础上，CU 功能可按需部署在 SCU 中，使用统一的资源层和路由控制层进行接入网控制。

SCU 的组网形式可包括环形组网、星形组网以及混合组网模式。其中环形组网主要依靠边缘的 SCU 与其附近的边缘 SCU 形成网络；星形组网由一个中心 SCU 节点和其关联的边缘 SCU 组成，边缘 SCU 受中心 SCU 的控制；混合组网是指环形组网和星形组网共存的组网形态。